Gernot Weber

STRÖMUNGSLEHRE IN DER GEBÄUDESYSTEMTECHNIK

Meinen Enkeln Nina, Hans, Oskar, Paul und Jan gewidmet.

Das Gebäude

Die Fachbuchreihe zu den Themen

- Baurechtpraxis und Baumanagement
- Bautechnik
- Energieeffizientes Bauen
- Energiesystemtechnik
- Gebäudetechnik, TGA und Facility Management
- Klima- und Lüftungstechnik
- Sicherheitstechnik

DR. GERNOT WEBER

STRÖMUNGSLEHRE IN DER GEBÄUDE-SYSTEMTECHNIK

Heizung · Lüftung · Wasser · Kälte

2., erweiterte und völlig neu bearbeitete Auflage

VDE VERLAG GMBH

ICS: 17.200.01; 17.200.99

Bibliografische Information der Deutschen Nationalbibliothek
Die Deutsche Nationalbibliothek verzeichnet diese Publikation in der Deutschen Nationalbibliografie; detaillierte bibliografische Daten sind im Internet über http://dnb.dnb.de abrufbar.

ISBN 978-3-8007-5210-2 (Buch)
ISBN 978-3-8007-5211-9 (E-Book)

Satz: Reemers Publishing Services GmbH, Krefeld
Druck: Plump Druck + Medien GmbH, Rheinbreitbach
Printed in Germany 2021-10

Vorwort zur 2. Auflage

„Die Berechnung technischer Einrichtungen zur Heizung, Lüftung und Klimatisierung von Gebäuden basiert auf Erkenntnissen der Wärmeübertragung und der Strömungslehre – soweit sie wissenschaftlich gesichert sind", so *Hermann Rietschel*, Institut für Heizung und Klimatechnik, TU Berlin.

Die Auslegungsmethoden und Druckverlustberechnungen in Anlagen gehören zu den vernachlässigsten Gebieten, wenn man bedenkt, dass der Anteil am Stromverbrauch in Deutschland zum Beispiel für Pumpenantriebe zwischen 8 % und 9 % liegt.

Die gute Aufnahme der 1. Auflage dieses Buches hat mich bewogen, einzelne Kapitel zu überarbeiten und zu erweitern. Neu ist das Kapitel zu Strömungsarbeitsmaschinen mit den Pumpen und Ventilatoren als ein wichtiger Bestandteil der Technischen Gebäudeausrüstung (TGA) sowie das Kapitel zur instationären Rohrleitungsströmung.

Dieses Lehrbuch der Strömungslehre oder Fluiddynamik mit fast 90 Beispielen und rund 140 Abbildungen wendet sich an Studierende und Dozenten in praxisorientierten Studiengängen. Das Buch ist auch geeignet für Ingenieure und Techniker im Rohrleitungsbau.

Das Buch ist ein Ergebnis von Vorlesungen zur TGA, die ich seit vielen Jahren an einer dualen Hochschule halte.

Kleinostheim, September 2021 *Dr. Gernot Weber*

Inhaltsverzeichnis

Formelzeichen und Einheiten		
A	m^2	Fläche, Querschnitt
a	m/s^2	Beschleunigung
c	m/s	Geschwindigkeit
c_p	J/kg K	spez. Wärmekapazität bei p = konstant
D	m	Durchmesser
D_q	m	spez. Durchmesser
e	J/kg	spez. Energie
E_{kin}	J	kinetische Energie
E_{pot}	J	potenzielle Energie
e_{kin}	J/kg	spez. kin. Energie
e_{pot}	J/kg	spez. pot. Energie
F	N	Kraft
f	s^{-1}	Frequenz
g	m/s^2	Erdbeschleunigung
H	m	Fallhöhe
I	kg·m/s	Impuls
$\dot{I}$	$kg \cdot m/s^2$,N	Impulsstrom, Kraft
L	$kg \cdot m^2/s$	Drehimpuls
$\dot{L}$, M	Nm	Drehimpulsstrom, Drehmoment
l	m	Länge
m	kg	Masse
$\dot{m}$	kg/s	Massenstrom
n	min^{-1}	Drehzahl
n_q	min^{-1}	spez. Drehzahl
p	N/m^2, Pa, bar	Druck

Formelzeichen und Einheiten		
P	J/s, W	techn. Leistung
Q	J	Wärmemenge
$\dot{Q}$	J/s, W	Wärmestrom
q	J/kg	spez. Wärmemenge
R	J/kg K	spez. Gaskonstante
r	m	Radius
r	-	Reaktionsgrad
s	m	Weg
T	K	Kelvintemperatur
t	°C	Celsiustemperatur
t	s	Zeit
u	m/s	Umfangsgeschwindigkeit
V	m^3	Volumen
$\dot{V}$	m^3/s	Volumenstrom
v	m^3/kg	spez. Volumen
W_t	J	techn. Arbeit
$\dot{W}_t$	J/s, W	techn. Leistung
w_t	J/kg	spez. techn. Arbeit
W_N	J	Nutzarbeit
W_W	J	Wellenarbeit
z	m	Höhe
NPSH	m	Haltedruckhöhe
Y	J/kg	spez. Stutzenarbeit

Griechische Formelbuchstaben		
α	Grad	Winkel
β	Grad	Winkel
Γ	-	Drehimpuls
δ	-	Durchmesserzahl
ε	-	Leistungszahl
ζ	-	Widerstandszahl
η	-	Wirkungsgrad
κ	-	Isentropenexponent
λ	-	Leistungszahl
λ	-	Rohrreibungszahl
μ	-	Minderfaktor
ν	m^2/s	kinematische Viskosität
π	-	Kreiszahl
ρ	kg/m^3	Stoffdichte (l/V)
σ	-	Laufzahl
τ	-	Drosselzahl
φ	-	Durchflusszahl
ψ	-	Druckzahl
ω	s^{-1}	Kreisfrequenz $(2\pi \cdot f)$

1 Grundlagen der Strömungsvorgänge

Die Strömungslehre oder **Fluiddynamik** befasst sich mit den Gesetzmäßigkeiten strömender Fluide (Flüssigkeiten und Gase).

Bei den in der Gebäudetechnik betrachteten Strömungsvorgängen der heizungs-, sanitär- und klimatechnischen Anlagen sind die Strömungsgeschwindigkeiten kleiner als 100 m/s und die Fluidbewegungen finden bei **unveränderlicher** Dichte (ρ = konst.) statt. In der praktischen Strömungsmechanik betrachtet man Strömungen mit solch relativ geringen Druck- und Geschwindigkeitsänderungen als **inkompressibel**. Entsprechend werden in der Lufttechnik und bei Ventilatoren die Strömungen als inkompressibel angesehen und man rechnet mit mittleren Dichtewerten (Systemdrücke < 30 kPa).

Es werden also in der Gebäudesystemtechnik für flüssige und gasförmige Medien (Heizungs- bzw. Lufttechnik) die Strömungsgesetze der **inkompressiblen Fluide** zugrunde gelegt.

Als **kompressibel** bezeichnet man dagegen Gase und Dämpfe, die eine Geschwindigkeit > 100 m/s und Drücke > 30 kPa aufweisen.

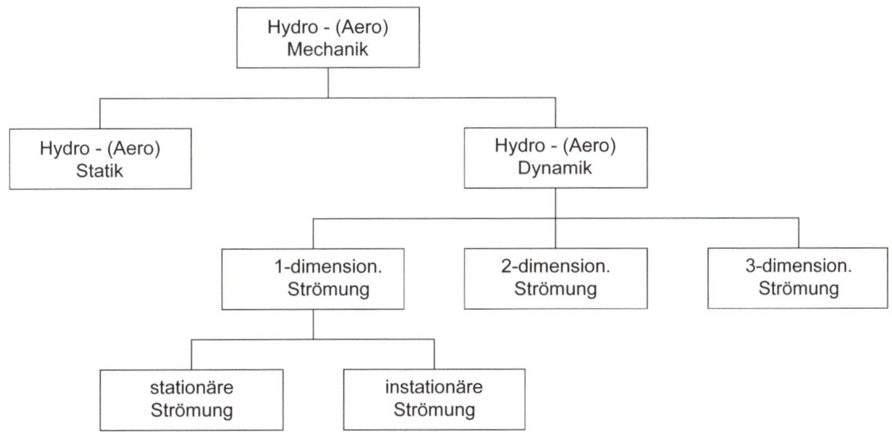

Abb. 1.1: Einteilung der Hydro-(Aero)-Mechanik

In diesem Buch werden nur **stationäre Strömungen** behandelt, d. h. keine Aufheiz- oder Abkühlvorgänge (das wären die instationären Strömungen).

Bei Strömungsprozessen wird keine Arbeit zu- oder abgeführt. Wird Arbeit oder Leistung zugeführt, so handelt es sich um **Arbeitsprozesse** (Pumpen, Ventilatoren). Wird Arbeit oder Leistung abgeführt, so bezeichnet man diese als **Kraftprozesse** (Turbinen, Motoren etc.), bei denen meist die kinetischen und potentiellen Energieänderungen vernachlässigt werden können.

Aus der Technischen Thermodynamik wissen wir: Strömungsvorgänge sind offene Systeme und werden in **Strömungs- und Arbeitsprozesse** unterschieden.

1.1 Stationäre Strömung ohne Reibung

Das „ideale Fluid" ist reibungsfrei und inkompressibel. Dichteunterschiede durch Druckunterschiede werden vernachlässigt.

1.1.1 Kontinuitätsgleichung

Aus dem **Satz von der Erhaltung der Masse** folgt für ein inkompressibles Fluid:

$$\dot{m} = \rho \cdot \dot{V} = \rho \cdot A_1 \cdot c_1 = \rho \cdot A_2 \cdot c_2 \; \_\_\_ = \text{konst.} \qquad (1.1)$$

$\dot{m}$ = Massenstrom in kg/s

$\dot{V}$ = Volumenstrom in m³/s

ρ = Dichte in kg/m³ ($1/\rho = v$)

A = Rohrquerschnitt in m²

c = Strömungsgeschwindigkeit in m/s

Das heißt, bei einer stationären Rohrströmung fließt durch jeden Querschnitt des Rohres immer der gleiche Massenstrom. Diese Gesetzmäßigkeit drückt die **Kontinuitätsgleichung** aus.

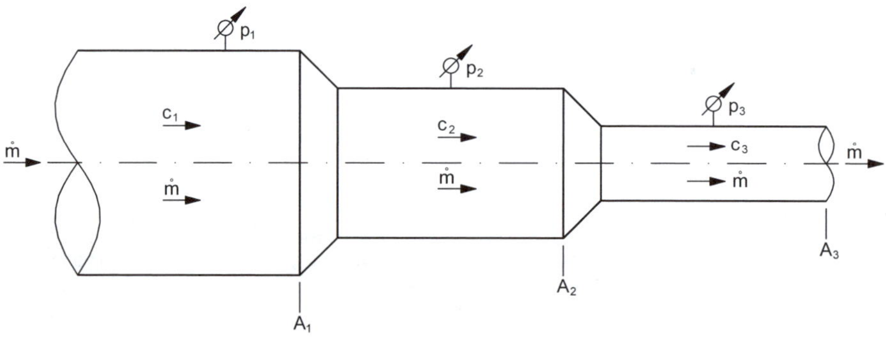

Abb. 1.2: Abgestufte Rohrleitung zu Gleichung 1.1

Die Kontinuitätsgleichung für kompressible Fluide lautet:

$$\dot{m} = \rho_1 \cdot A_1 \cdot c_1 = \rho_2 \cdot A_2 \cdot c_2 = \rho_3 \cdot A_3 \cdot c_3 = \text{konst.} \qquad (1.1a)$$

Beispiel 1.1

Aus einem Rohr mit einem Innendurchmesser von d_1 = 150 mm, das sich auf einen Innendurchmesser d_2 = 110 mm verjüngt, strömt Wasser von $\dot{V}$ = 75 m³/12 min. Die Wasserdichte beträgt ρ = 1000 kg/m³.

Gesucht: a) Volumenstrom $\dot{V}$ in m³/s

b) Massenstrom $\dot{m}$ in kg/s

c) Strömungsgeschwindigkeiten c_1, c_2

Zu a)

$$\dot{V} = \frac{75\,\text{m}^3}{12\,\text{min} \cdot 60} = \frac{75\,\text{m}^3}{720\,\text{s}} = 0{,}1\frac{\text{m}^3}{\text{s}}$$

Der Volumenstrom beträgt 0,1 m³/s.

Zu b)

$$\dot{m} = \dot{V} \cdot \rho = 0{,}1\frac{\text{m}^3}{\text{s}} \cdot 1000\frac{\text{kg}}{\text{m}^3} = 100\frac{\text{kg}}{\text{s}}$$

Der Massenstrom beträgt 100 kg/s.

Zu c)

$$c_1 = \frac{\dot{V}}{A_1} = \frac{\dot{V}}{\pi/4 \cdot d_1^2} = \frac{0{,}1\text{m}^3/\text{s}}{\pi/4 \cdot (0{,}15\,\text{m})^2} = 5{,}66\,\frac{\text{m}}{\text{s}}$$

Die Strömungsgeschwindigkeit c_1 beträgt 5,66 m/s.

$$c_2 = \frac{\dot{V}}{A_2} = \frac{\dot{V}}{\pi/4 \cdot d_2^2} = \frac{0{,}1\text{m}^3/\text{s}}{\pi/4 \cdot (0{,}11\,\text{m})^2} = 10{,}53\,\frac{\text{m}}{\text{s}}$$

Die Strömungsgeschwindigkeit c_2 beträgt 10,53 m/s.

1.1.2 Energiegleichung längs einer Stromröhre – Gleichung von Bernoulli – Energiesatz

Nach Abbildung 1.2:

Strömt ein Fluid mit dem Volumen V und der Masse m **ohne** Höhenunterschied durch ein waagerechtes sich verengendes Rohr oder Kanal, so erhöht sich die Strömungsgeschwindigkeit von c_1 auf c_2 (bzw. von c_2 auf c_3). Nach den Gesetzen der Dynamik ist der Zuwachs an kinetischer Energie gleich dem Volumendifferenzdruck:

$$(p_1 - p_2) \cdot V = \frac{m}{2} \cdot (c_2^2 - c_1^2);$$

mit $\rho = \dfrac{m}{V}$ wird:

$$p_1 - p_2 = \frac{\rho}{2}(c_2^2 - c_1^2)$$

oder:

Bernoulli-Gleichung

$$p + \frac{\rho}{2} \cdot c^2 = \text{konst.} \tag{1.2}$$

bzw. zu Abb. 1.2:

$$p_1 + \frac{\rho}{2} \cdot c_1^2 = p_2 + \frac{\rho}{2} \cdot c_2^2 = p_3 + \frac{\rho}{2} \cdot c_3^2 = \text{konst.} \qquad (1.2a)$$

Man nennt:

p = **statischer Druck** (Wanddruck) in Pa

$\frac{\rho}{2} \cdot c^2$ = **dynamischer Druck** oder Geschwindigkeitsdruck oder **Staudruck** in Pa

$p + \frac{\rho}{2} \cdot c^2 = p_{ges}$ = **Gesamtdruck** in Pa

Beispiel 1.2

Wie groß ist der Druck p_2 auf die Rohrwandung in Abbildung 1.2 unter folgenden Bedingungen:

p_1 = 1 bar

c_1 = 10 m/s

c_2 = 20 m/s

ρ = 1,2 kg/m^3

Lösung:

p_1 = 1 bar = 100.000 Pa = 100.000 kg/ms^2

$$p_1 - p_2 = \frac{\rho}{2}(c_2^2 - c_1^2);$$

$$p_2 = p_1 - \frac{\rho}{2}(c_2^2 - c_1^2) = 100000\,\text{Pa} - 0{,}6\frac{\text{kg}}{\text{m}^3}(400\frac{\text{m}}{\text{s}} - 100\frac{\text{m}}{\text{s}}) = 99820\,\text{Pa}$$

Der Druck p_2 auf die Rohrwandung beträgt 99820 Pa.

Weist die Stromröhre einen Höhenunterschied auf (siehe Abbildung 1.3), so stellt sich die Bernoulli-Gleichung 1.2a wie folgt dar:

$$p_1 + \frac{\rho}{2} \cdot c_1^2 + \rho \cdot g \cdot z_1 = p_2 + \frac{\rho}{2} \cdot c_2^2 + \rho \cdot g \cdot z_2 = \text{konst.} \qquad (1.3)$$

Die Gleichung 1.3 ist die spezifische **Bernoulli-Druckgleichung**.

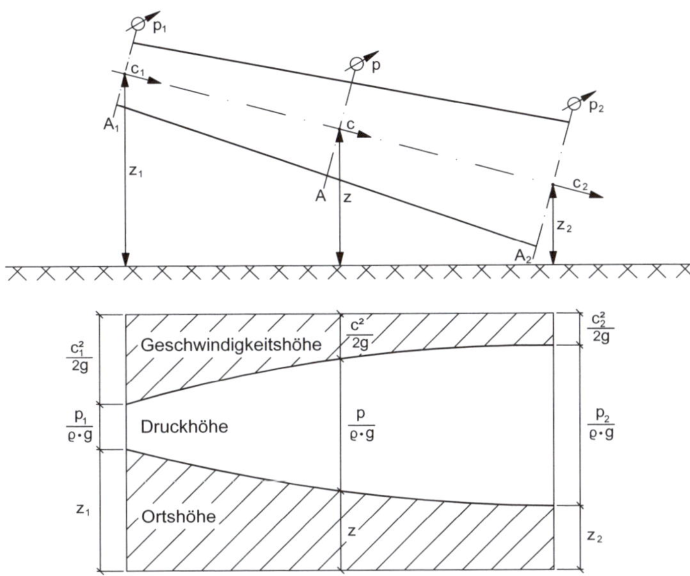

Abb. 1.3: Stromröhre aus Abbildung 1.2 mit Höhenunterschied; Darstellung der Gleichung 1.3 mit der geodätischen Höhe z

Bei Gasen kann wegen der geringen Dichte ρ und der höheren Geschwindigkeiten die Lageenergie (potenzielle Energie) gegenüber den beiden anderen Summanden in der Bernoulli-Gleichung vernachlässigt werden. Für jeden Punkt der Stromlinie in Abbildung 1.3 gilt für ein Fluidteilchen der Masse m:

$$\underbrace{\frac{m}{2}\cdot c^2}_{\text{kinetische Energie}} + \underbrace{m\cdot g\cdot z}_{\text{Lageenergie}} + \underbrace{m\cdot\frac{p}{\rho}}_{\text{Druckenergie}} = \underbrace{E_{\text{ges}}}_{\text{Gesamtenergie}} = \text{konstant in J} \qquad (1.4)$$

Die verschiedenen Formen der spezifischen Bernoulli-Gleichung durch Umstellung:

Dynamischer Anteil		Geodätischer Anteil		Statischer Anteil	Gesamt	
Energiegleichung						
$\frac{c^2}{2}$	+	$g\cdot z$	+	$\frac{p}{\rho}$	$= e_{\text{ges}}$	= konst.
Druckgleichung						
$\frac{\rho}{2}\cdot c^2$	+	$\rho\cdot g\cdot z$	+	p	$= p_{\text{ges}}$	= konst.
Höhengleichung						
$\frac{c^2}{2g}$	+	z	+	$\frac{p}{\rho\cdot g}$	$= z_{\text{ges}}$	= konst.

(1.5)

Anstelle von z wird oft h gesetzt

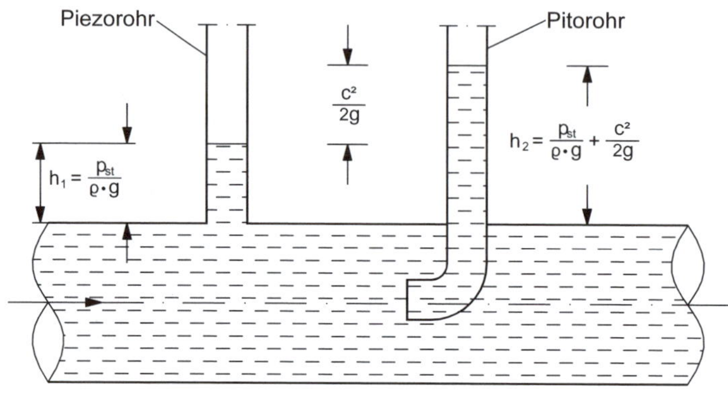

Abb. 1.4: Darstellung der Höhengleichung mit statischem und dynamischem Anteil in einer waagerechten Rohrleitung

Bestimmung der Fließgeschwindigkeit c:

$$\Delta h = h_2 - h_1 = \left(\frac{p_{st}}{\rho \cdot g} + \frac{c^2}{2g} \right) - \frac{p_{st}}{\rho \cdot g} = \frac{c^2}{2g}$$

$c = \sqrt{2 \cdot g(h_2 - h_1)}$ in m/s;

p_{st} = statischer Druck auf der Rohrwandung

Beispiel 1.3

Gesucht sind gemäß Abbildung 1.5

a) die Austrittsgeschwindigkeit c_a

b) der Volumenstrom von Wasser

mit p_1 = 4 bar(ü) und ρ =1000 kg/m³; 1 bar(ü) = 2 bar

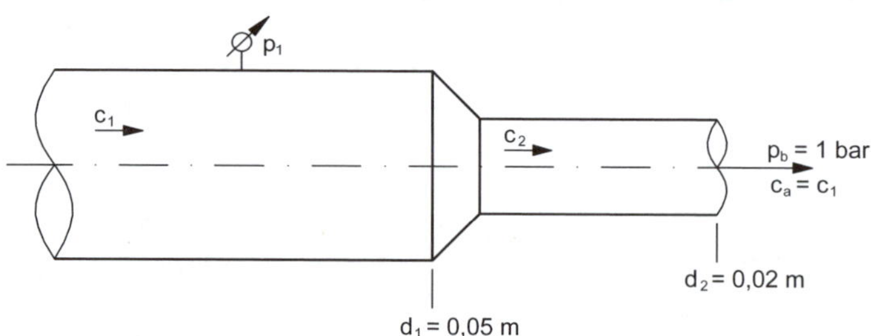

Abb. 1.5: Darstellung zu Beispiel 1.3

Lösung:

zu a)

$$\frac{p_1}{\rho}+\frac{c_1^2}{2}=\frac{p_b}{\rho}+\frac{c_a^2}{2}\ ;$$

$$\dot{V}=A_1\cdot c_1=A_2\cdot c_a=d_1^2\cdot\frac{\pi}{4}\cdot c_1=d_2^2\cdot\frac{\pi}{4}\cdot c_a\ ;$$

$$c_1=c_a\left(\frac{d_2}{d_1}\right)^2$$

$$\frac{c_a^2}{2}\left[\left(\frac{0{,}02}{0{,}05}\right)^4-1\right]=-\frac{4\cdot 10^5}{10^3}\frac{\text{Pa}\cdot\text{m}^3}{\text{kg}}$$

$$c_a=\sqrt{\frac{-2\cdot 4\cdot 10^2}{\left[\left(\frac{0{,}02}{0{,}05}\right)^4-1\right]}}=\sqrt{\frac{800\,\text{Pa}\cdot\text{m}^3/\text{kg}}{0{,}9744}}$$

c_a = 28,65 m/s (c_1 = 4,58 m/s)

Die Austrittsgeschwindigkeit beträgt 28,65 m/s.

zu b)

$$\dot{V}=A_1\cdot c_1=A_2\cdot c_2$$

$$\dot{V}=d_1^2\cdot\frac{\pi}{4}\cdot c_1=(0{,}05\,\text{m})^2\cdot\frac{\pi}{4}\cdot 4{,}58\frac{\text{m}}{\text{s}}=0{,}009\frac{\text{m}^3}{\text{s}}$$

$$\dot{V}=32{,}4\frac{\text{m}^3}{\text{h}}$$

Der Volumenstrom des Wassers beträgt 32,4 m^3/h.

Beispiel 1.4

Eine Wasserstrahlpumpe gemäß Abbildung 1.6 mit

$\dot{V}$ = 0,02 m^3/s, p_1 = 1,5 bar, p_b = 1,0 bar, ρ = 1000 kg/m^3

Gesucht:

a) Strömungsgeschwindigkeiten c_1, c_2

b) statischer Druck p_2

c) maximale Saughöhe h_2 an Punkt 2

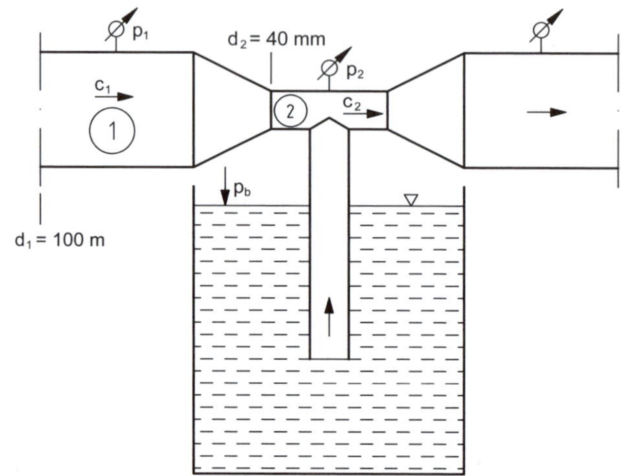

Abb. 1.6: Wasserstrahlpumpe gemäß Beispiel 1.4

Lösung:

zu a)

$$c_1 = \frac{\dot{V}}{A} = \frac{\dot{V}}{d_1^2 \cdot \pi/4} = \frac{0{,}02\,\text{m}^3/\text{s}}{(0{,}1\,\text{m})^2 \cdot \pi/4} = 2{,}55\,\frac{\text{m}}{\text{s}}$$

Die Strömungsgeschwindigkeit c_1 beträgt 2,55 m/s.

$$c_2 = \frac{0{,}02\,\text{m}^3/\text{s}}{(0{,}04\,\text{m})^2 \cdot \pi/4} = 15{,}92\,\frac{\text{m}}{\text{s}}$$

Die Strömungsgeschwindigkeit c_2 beträgt 15,92 m/s.

zu b)

$$p_1 + \frac{\rho}{2} \cdot c_1^2 = p_2 + \frac{\rho}{2} \cdot c_2^2$$

$$p_2 = p_1 + \frac{\rho}{2}\left(c_1^2 - c_2^2\right)$$

$$p_2 = 1{,}5\,\text{bar} \cdot 10^5 + 500\,\text{kg/m}^3\left((2{,}55\,\text{m/s})^2 - (15{,}92\,\text{m/s})^2\right) = 26526{,}75\,\text{Pa}$$

$$p_2 = 0{,}266\,\text{bar}$$

Der statische Druck p_2 beträgt 0,266 bar.

zu c)

Laut Gleichung 1.5 ist

$$h_2 \cdot \rho \cdot g = p_2 - p_b$$

$$h_2 = \frac{2652{,}75\,\text{Pa} - 100000\,\text{Pa}}{1000\,\text{kg/m}^3 \cdot 9{,}81\,\text{m/s}^2} = -7{,}49\ \text{m}$$

Die maximale Saughöhe h_2 an Punkt 2 beträgt 7,49 m.

Beispiel 1.5

Wasserhochbehälter gemäß Abbildung 1.7

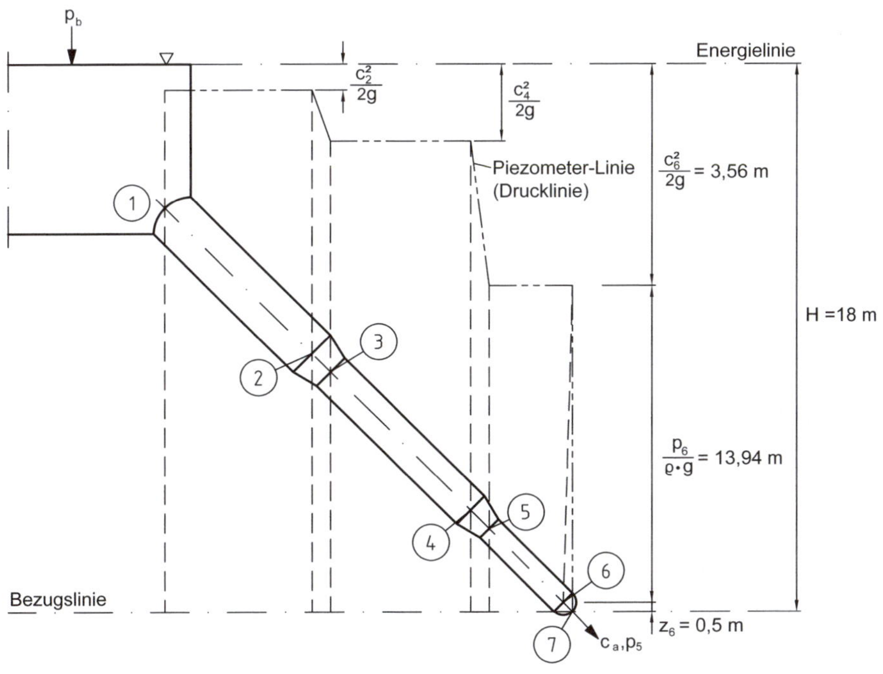

Abb. 1.7: Wasserhochbehälter gemäß Beispiel 1.5

Gegeben: $d_1 = d_2 = 250$ mm

$d_3 = d_4 = 200$ mm

$d_5 = d_6 = 150$ mm

$d_7 = 100$ mm

$z_1 = 10$ m; $z_2 = 6$ m; $z_3 = 5{,}5$ m; $z_4 = 4$ m; $z_5 = 3{,}5$ m; $z_6 = 0{,}5$ m; $z_7 = 0$ m

Gesucht: a) die Ausflussgeschwindigkeit c_a

b) die Strömungsgeschwindigkeiten $(c_{2,1}, c_{4,3}, c_{6,5})$ zu den Höhepunkten

c) die Geschwindigkeitshöhen H $(c_6^2/2g,\ c_4^2/2g,\ c_2^2/2g)$ zu b)

d) die Druckhöhen $(p_6/\rho \cdot g,\ p_4/\rho \cdot g,\ p_2/\rho \cdot g)$ gemäß b)

Lösung:

zu a)

$$c = \sqrt{2 \cdot g \cdot H}$$

$$c_a = c_7 = \sqrt{2 \cdot 9{,}81\text{m/s}^2 \cdot 18\ \text{m}} = 18{,}8\text{m/s}$$

Die Ausflussgeschwindigkeit c_a beträgt 18,8 m/s.

zu b)

$$c_{6..5} = c_7 \cdot \left(\frac{d_7}{d_6}\right)^2 = 18{,}8\frac{\text{m}}{\text{s}} \cdot \left(\frac{0{,}1\text{m}}{0{,}15\text{m}}\right)^2 = 8{,}36\frac{\text{m}}{\text{s}}$$

$$c_{4..3} = c_7 \cdot \left(\frac{d_7}{d_4}\right)^2 = 18{,}8\frac{\text{m}}{\text{s}} \cdot \left(\frac{0{,}1\text{m}}{0{,}2\text{m}}\right)^2 = 4{,}7\frac{\text{m}}{\text{s}}$$

$$c_{2..1} = c_7 \cdot \left(\frac{d_7}{d_2}\right)^2 = 18{,}8\frac{\text{m}}{\text{s}} \cdot \left(\frac{0{,}1\text{m}}{0{,}25\text{m}}\right)^2 = 3\frac{\text{m}}{\text{s}}$$

Die Strömungsgeschwindigkeiten betragen 8,36 m/s und 4,7 m/s sowie 3 m/s.

zu c)

$$\frac{c^2}{2g} = H$$

$$\frac{c_6^2}{2g} = \frac{8{,}36^2}{2 \cdot 9{,}81} = 3{,}56\ \text{m}$$

Die Geschwindigkeitshöhe H am Punkt c_6 beträgt 3,56 m.

$$\frac{c_4^2}{2g} = \frac{4{,}7^2}{2 \cdot 9{,}81} = 1{,}13\ \text{m}$$

Die Geschwindigkeitshöhe H am Punkt c_4 beträgt 1,13 m.

$$\frac{c_2^2}{2g} = \frac{3^2}{2 \cdot 9{,}81} = 0{,}46\ \text{m}$$

Die Geschwindigkeitshöhe H am Punkt c_2 beträgt 0,46 m.

zu d)

$$\frac{p}{\rho \cdot g} = H - z - \frac{c^2}{2g}$$

$$H = \frac{c_6^2}{2g} + z_6 + \frac{p_6}{\rho \cdot g} = 3,56\ \text{m} + 0,5\ \text{m} + 13,94\ \text{m} = 18\ \text{m}$$

$$\frac{p_6}{\rho \cdot g} = 18\ \text{m} - 0,5\ \text{m} - \frac{(8,36\ \text{m/s})^2}{2 \cdot 9,81\ \text{m/s}^2} = 13,94\ \text{m}$$

$$\frac{p_4}{\rho \cdot g} = 18\ \text{m} - 4\ \text{m} - \frac{(4,7\ \text{m/s})^2}{2 \cdot 9,81\ \text{m/s}^2} = 12,87\ \text{m}$$

$$\frac{p_2}{\rho \cdot g} = 18\ \text{m} - 6\ \text{m} - \frac{(3,0\ \text{m/s})^2}{2 \cdot 9,81\ \text{m/s}^2} = 11,54\ \text{m}$$

Die Druckhöhen betragen 13,94 m und 12,87 m sowie 11,54 m.

Beispiel 1.5a

Ein Staubecken gemäß Abbildung 1.8 mit $\dot{V} = 10\ \text{m}^3/\text{s}$.

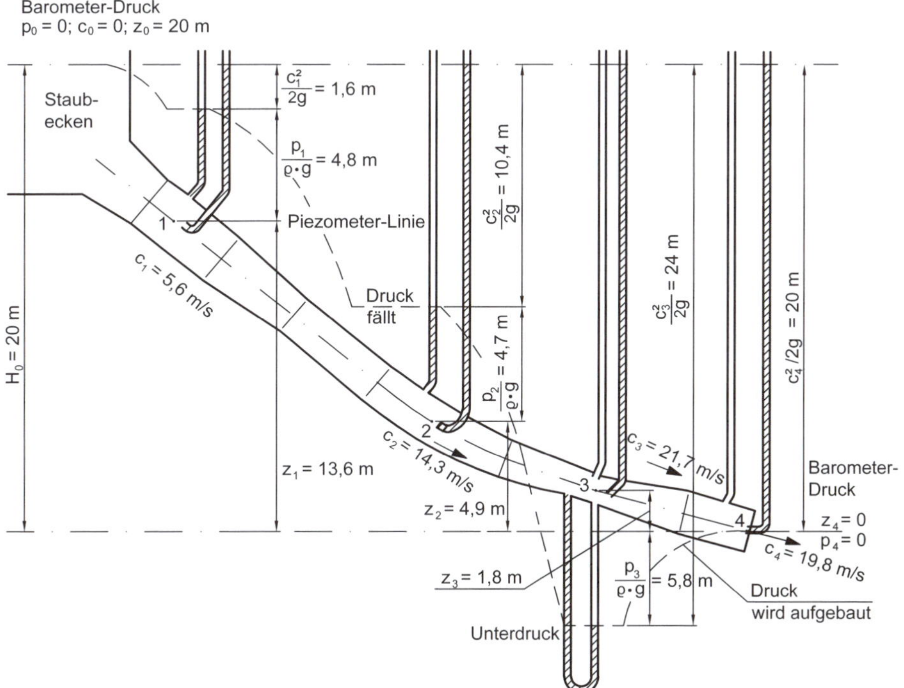

Abb. 1.8: Energieumwandlung in einer Druckrohrleitung; d_1, d_2, d_3 gegeben

Austrittsgeschwindigkeit $c_a = c_4 = \sqrt{2 \cdot g \cdot h}$

$$= \sqrt{2 \cdot 9{,}81\,\text{m/s}^2 \cdot 20\,\text{m}} = 19{,}8\,\text{m/s}$$

Diese Austrittsgeschwindigkeit ist immer gleich, unabhängig davon, wie viel Wasser strömt!

Mit $\dot{V} = A \cdot c$ wird der Austrittsquerschnitt $A_a = A_4 = \dfrac{10\,\text{m}^3/\text{s}}{19{,}8\,\text{m/s}} = 0{,}5\,\text{m}^2 \mathrel{\hat{=}} d_4 = 0{,}8\,\text{m}$

Die **Druckhöhe** (Piezometerlinie) ist am Rohraustritt = 0 = Umgebungsdruck, der auch auf dem Oberwasserspiegel liegt.

Die Niveaulinie wird durch Mitte Rohraustritt gelegt, sodass $z_4 = 0$. Das an Punkt 4 angebrachte Pitorohr (Gesamtdrucklinie) zeigt $H = 20$ m Geschwindigkeitshöhe. An den Punkten 1 und 2 sowie 3 werden bei gegebenen Rohrduchmessern die Geschwindigkeiten und die Geschwindigkeitshöhen und schließlich die Druckhöhen $\dfrac{p}{\rho \cdot g} = H - z - \dfrac{c^2}{2g}$ berechnet.

An der Stelle 3 steigt die Strömungsgeschwindigkeit c_3 so hoch, dass im Rohr ein Unterdruck entsteht. Die Geschwindigkeitshöhe wird höher als die zur Verfügung stehende Gesamthöhe. Der Mehrbedarf an Druckhöhe wird dem atmosphärischen Umgebungsdruck entnommen, der auf dem Oberwasserspiegel herrscht.

Bei $p_b = 1\text{bar} = 10^5\text{Pa} = 10^5\,\dfrac{\text{N}}{\text{m}^2}$ und mit $\rho = 1000\dfrac{\text{kg}}{\text{m}^3}$

wird $\dfrac{p}{\rho \cdot g} = 100000\dfrac{\text{kg} \cdot \text{m}}{\text{s}^2 \cdot \text{m}^2} \cdot \dfrac{\text{m}^3}{1000\,\text{kg}} \cdot \dfrac{\text{s}^2}{9{,}81\text{m}} = 10{,}2\,\text{m WS}$

könnte die Geschwindkeit an dieser Stelle 3 bei theoretischer, reibungsfreier Strömung noch bis auf

$$\frac{c^2}{2g} = H - z - \frac{p}{\rho \cdot g} = 20\,\text{m} - 1{,}8\,\text{m} - (-10{,}2\,\text{m})$$

$$= 28{,}4\text{ m bzw. auf } c = \sqrt{2 \cdot 9{,}81\frac{\text{m}}{\text{s}^2} \cdot 28{,}4\,\text{m}} = 23{,}8\frac{\text{m}}{\text{s}}$$

gesteigert werden.

Solche Unterdrücke werden in Wasserstrahlpumpen (Beispiel 1.4) und bei der Dach-Unterdruckentwässerung (Abb. 3.27) nutzbar gemacht. Zu beachten ist dabei der Wasserdampfteildruck (Kapitel 2), der die Strömung abreißen kann.

Tafel der Auswertung von Beispiel 1.5a:

Stelle	z in m	d in m	A in m²	c in m/s	$c^2/2g$ in m	p/ρg in m	
0	20	-	∞	0	0	0	Atmosphäre
1	13,6	1,51	1,79	5,6	1,6	4,8	Überdruck
2	4,9	0,94	0,70	14,3	10,4	4,7	Überdruck

Stelle	z in m	d in m	A in m²	c in m/s	$c^2/2g$ in m	$p/\rho g$ in m	
3	1,8	0,76	0,46	21,7	24,0	-5,8	Unterdruck
4	0	0,80	0,50	19,8	20,0	0	Atmosphäre

Diese Umwandlung von Druckhöhen in Geschwindigkeitshöhen und umgekehrt gilt allgemein beim Durchfluss von z. B. Wasserturbinen. Dort können durch klein bemessene Querschnitte in den Laufschaufeln Unterdrücke entstehen, die durch ein sogenanntes **Saugrohr** abgebaut werden müssen, um das Wasser dem Unterwasser zuführen zu können.

1.1.2.1 Druckbegriffe eines strömenden Fluids

Ausgehend von der Energiegleichung Gl. 1.3

$$\rho \cdot g \cdot z + p + \frac{\rho}{2} + c^2 = \text{konst.}$$

stellen

$\rho \cdot g \cdot z$ den **Höhendruck** (bei Wasser den hydrostatischen Druck),

$p = p_{st}$ den **statischen Druck** (Wanddruck),

$\frac{\rho}{2} \cdot c^2 = p_d$ den **dynamischen Druck**

dar.

In der horizontalen Ebene gilt:

$p_{st} + p_d = p_t$ **Totaldruck**

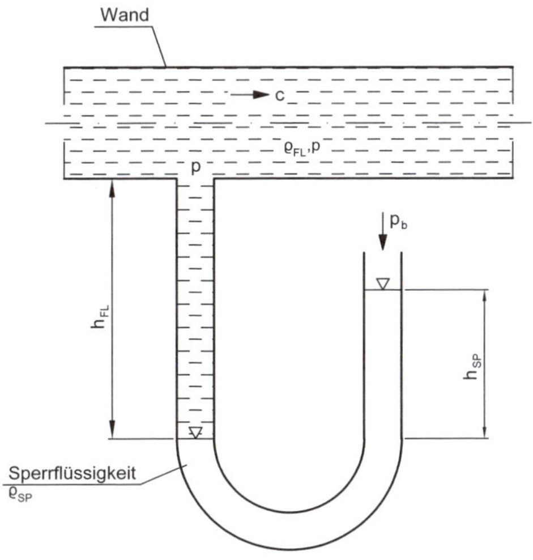

Abb. 1.9: Überdruck

Überdruck gemäß Abbildung 1.9: $p + \rho_{FL} \cdot g \cdot h_{FL} = p_b + \rho_{SP} \cdot g \cdot h_{SP}$

Absolutdruck: $p = p_b + g\left(\rho_{SP} \cdot h_{SP} - \rho_{FL} \cdot h_{FL}\right)$

Überdruck: $p_ü = p - p_b$ in bar(ü)

mit

$p = p_{st}$	statischer Absolutdruck
p_b	Bezugsdruck (Umgebungsdruck)
ρ_{SP}	Dichte der Sperrflüssigkeit
ρ_{FL}	Dichte des Fluids
h_{SP}	Sperrflüssigkeitshöhe
h_{FL}	Fluidhöhe
g	Erdbeschleunigung = 9,81 m/s²

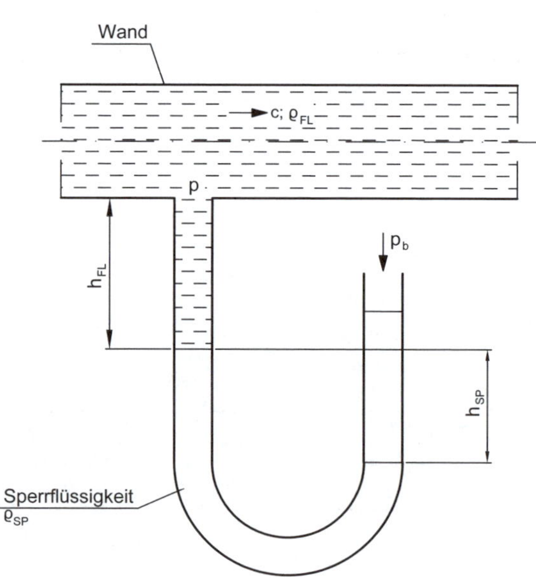

Abb. 1.10: Unterdruck

Unterdruck gemäß Abbildung 1.10: $p_b = p + g\left(\rho_{FL} \cdot h_{FL} + \rho_{SP} \cdot h_{SP}\right)$

Absolutdruck: $p = p_b - g\left(\rho_{FL} \cdot h_{FL} + \rho_{SP} \cdot h_{SP}\right)$

Unterdruck: $p_u = p_b - p$ in bar(u)

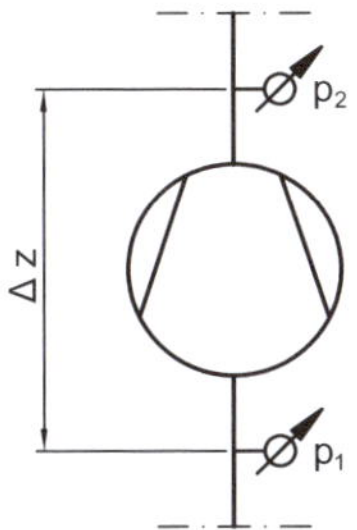

Abb. 1.11: Differenzdruck

Differenzdruck gemäß Abbildung 1.11: $\Delta p = p_2 - p_1 + \rho \cdot g \cdot \Delta z$

Δz wird in der Praxis oft vernachlässigt.

In der Lufttechnik werden zur Messung der Über- oder Unterdrücke bzw. Differenzdrücke U-Rohr-Manometer verwendet.

In der SHK- und Dampftechnik kommen Federmanometer (oder Ähnliches) zum Einsatz, die den statischen Druck **auf** die Rohrwandung messen.

Überdruck $p_ü = p_{st} - p_b$ in bar(ü)

Unterdruck $p_u = p_b - p_{st}$ in bar(u)

Differenzdruck $\Delta p = p_2 - p_1 = p_{st1} - p_{st2}$

Gesamtdruck (Totaldruck) $p_t = p_{st} + p_d = p_{st} + \frac{\rho}{2} \cdot c^2$

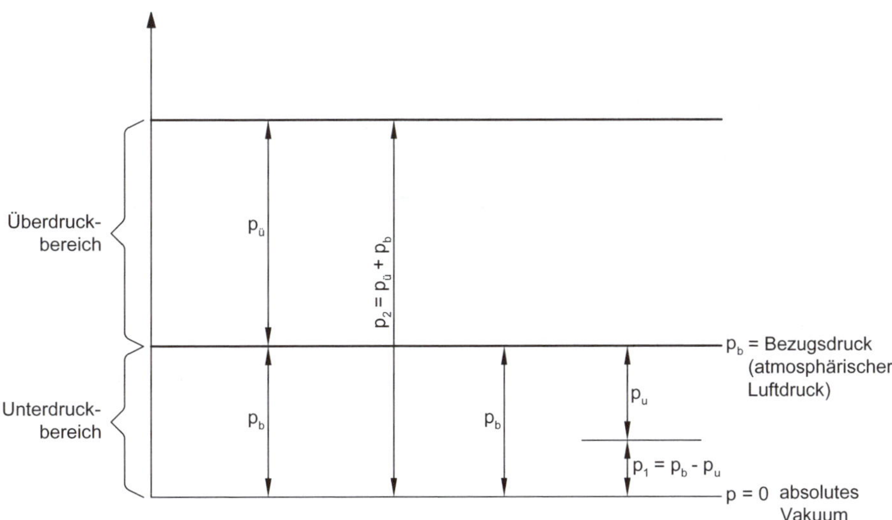

Abb. 1.12a: Druckbereiche

Beispiel 1.6

An einem Lüftungskanal werden folgende Werte gemessen:

$p_{st} = 25$ mbar

$p_d = 2{,}5$ mbar = 250 Pa

$\rho = 1{,}173$ kg/m³

Wie groß ist die Strömungsgeschwindigkeit *c*?

$$c = \sqrt{\frac{2 \cdot p_d}{\rho}} = \sqrt{\frac{2 \cdot 250\,\text{Pa}}{1{,}173\,\text{kg/m}^3}} = 20{,}65\,\frac{\text{m}}{\text{s}}$$

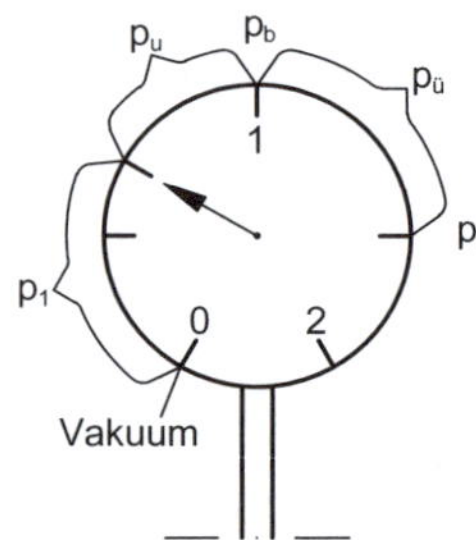

Abb. 1.12b: Manometer

1.2 Stationäre Strömung mit Reibung (erweiterte Bernoulli-Gleichung)

Die Strömung eines realen Fluids in Rohrleitungsanlagen ist mit Verlusten verbunden. Dieses sind

a) die Reibungsverluste

und

b) die Stoßverluste (siehe weiter unten).

Das heißt, die Gleichung 1.3 bzw. die Gleichung 1.4 erhalten ein **Verlustglied**, zum Beispiel den Druckverlust Δp_v:

$$p_1 + \frac{\rho}{2} \cdot c_1^2 + \rho \cdot g \cdot z_1 = p_2 + \frac{\rho}{2} \cdot c_2^2 + \rho \cdot g \cdot z_2 + \Delta p_v \quad (1.5a)$$

Wobei hier die Strömung von der spezifischen Lageenergie $g\,(z_1 - z_2)$ in Abbildung 1.3 verursacht wird (siehe Beispiel 1.7). Die Gleichung 1.5a gilt auch zum Beispiel für ein Speicher-Wasserkraftwerk, bei dem die austretende Geschwindigkeit c_2 ein Turbinenrad antreibt.

Ist die Strömungsrichtung in Abbildung 1.3 und in Beispiel 1.7 umgekehrt, so muss ein **Arbeitsglied** eingebaut werden, damit eine Strömung bzw. Förderung stattfindet.

Somit lautet die **erweiterte Bernoulli-Gleichung** zwischen zwei Punkten (Ein- und Austritt):

$$m\left(\frac{c_1^2}{2}+g\cdot z_1+\frac{p_1}{\rho}+w_z\right)=m\left(\frac{c_2^2}{2}+g\cdot z_2+\frac{p_2}{\rho}+w_v\right) \tag{1.6}$$

mit

w_z spez. Antriebsarbeit in J/kg , auch **Stutzenarbeit** Y bei Pumpen genannt

w_v spez. Verlustarbeit in J/kg

oder

$$p_1+\frac{\rho}{2}\cdot c_1^2+\rho\cdot g\cdot z_1+\Delta p_t=p_2+\frac{\rho}{2}\cdot c_2^2+\rho\cdot g\cdot z_2+\Delta p_v \tag{1.6a}$$

Die v.g. Gleichungen gelten für **offene Systeme**.

Entfällt der Term $\rho\cdot g\cdot z$, so handelt es sich um **geschlossene Systeme**, wie Heizungs- und Kühlwasseranlagen, und Gleichung 1.6a wird (siehe Abbildung 1.2) zu

$$p_1+\frac{\rho}{2}\cdot c_1^2+\Delta p_t=p_2+\frac{\rho}{2}\cdot c_2^2+\Delta p_v \tag{1.6b}$$

mit

Δp_t totale Druckdifferenz in Pa

Der Zuwachs an mechanischer Leistung im Fluid am Pumpenaustritt gegenüber dem Pumpeneintritt wird als **hydraulische Leistung** P_h bezeichnet:

$$P_h=\dot{m}\cdot Y=\dot{V}\cdot\rho\cdot Y$$

bzw. mit dem Pumpenwirkungsgrad wird die zugeführte Wellenleistung zu

$$P_w=\frac{P_h}{\eta_w}\text{ in W}$$

Bei Ventilatoren wird die Lageenergie $m\cdot\rho\cdot g\cdot z$ vernachlässigt und die erforderliche Gesamtdruckerhöhung wird zu

$$\Delta p_t=\left(p_2-p_1\right)+\frac{\rho}{2}\left(c_2^2-c_1^2\right)+\Delta p_v\text{ in Pa}$$

1.2.1 Strömungsformen, Viskosität, Reibungsdruckverluste

Der o. g. Verlust der Arbeitsfähigkeit, das Verlustglied Δp_v, bei einer realen Strömung wird u. a. verursacht durch die Viskosität (Zähigkeit) des Fluids, die Haftung an der Oberfläche und Stoßverluste (s. später). Die mechanische Energie des strömenden Teilchens (kinetische + potenzielle + Druckenergie) ist nicht mehr konstant. Weiterhin von Bedeutung für den Druckverlust ist die Strömungsform des Fluids. Bei der Bewegung von Fluiden unterscheidet man die **laminare Strömung** von der **turbulenten Strömung**.

Abb. 1.13: Strömungsformen; a) laminare Strömung, b) turbulente Strömung

Bei der laminaren Strömung verlaufen die Strombahnen geordnet nebeneinander. Die turbulente Strömung entsteht beim Überschreiten einer bestimmten Geschwindigkeit aus der laminaren Strömung. Sie ist durch fortwährende Wirbelbildung und den Zerfall dieser Wirbel gekennzeichnet. Die Strombahnen kreuzen sich dabei. Als Folge wird das Verlustglied (Reibungsverlust) bei der turbulenten Strömung größer als bei der laminaren Strömung. Wird die v. g. Grenzgeschwindigkeit, die sogenannte **kritische Geschwindigkeit,** überschritten, so ist die Strömung turbulent.

Die Kennzahl, die den **Strömungszustand eines Fluids** kennzeichnet, heißt Reynolds'sche Zahl Re:

$$\mathrm{Re} = \frac{c \cdot d}{\nu} \tag{1.7}$$

und ist dimensionslos.

c = Strömungsgeschwindigkeit in m/s

d = Rohrdurchmesser in m

ν = kinematische Zähigkeit des strömenden Fluids in m²/s (laut Tabellen)

Die kritische Reynolds'sche Zahl lautet:

$$\mathrm{Re}_{\mathrm{krit}} = \frac{c_{\mathrm{krit}} \cdot d}{\nu} = 2320 \tag{1.7a}$$

Das heißt, übersteigt die Reynoldszahl 2320, dann schlägt die laminare Strömung i. d. R. in eine turbulente Strömung um.

Anmerkung:

Man bezeichnet $\nu \cdot \rho = \eta$ in kg/m·s als **dynamische Zähigkeit**. In technischen Rohrleitungen ist eine Strömung praktisch immer turbulent.

		10 mm ∅	100 mm ∅	300 mm ∅
Wasser von	0 °C	0,42 m/s	0,042 m/s	0,014 m/s
	20 °C	0,23 m/s	0,023 m/s	0,0077 m/s
	100 °C	0,07 m/s	0,0020 m/s	0,0023 m/s
Luft von	0 °C	3,2 m/s	0,32 m/s	0,11 m/s
	20 °C	3,6 m/s	0,36 m/s	0,12 m/s
	40 °C	4,1 m/s	0,41 m/s	0,14 m/s
Sattdampf	1 bar	5,0 m/s	0,5 m/s	0,17 m/s
	5 bar	1,4 m/s	0,14 m/s	0,064 m/s

Tab. 1.1: Kritische Geschwindigkeiten bei Rohren

Bei Rohrleitungen und Kanälen, deren Strömungsquerschnitt vom Kreisquerschnitt abweicht, lässt sich bei **turbulenten** Strömungen der **hydraulische** Durchmesser d_h ansetzen:

$$d_h = \frac{4 \cdot A}{U} \text{ in m} \tag{1.8}$$

mit

A = Strömungsquerschnitt in m²

U = vom Fluid benetzter Umfang in m

Um ein Fluid durch ein Rohr zu fördern, ist zur Überwindung des an den Wandungen des Rohres oder Kanals (je nach Rauigkeit) auftretenden Reibungswiderstands ein **Druckunterschied** Δp erforderlich nach der empirischen Gleichung:

$$\Delta p = \lambda \cdot \frac{l}{d} \cdot \frac{\rho}{2} \cdot c^2 \text{ in Pa} \tag{1.9}$$

mit

λ = dimensionslose Rohrreibungszahl

l = Rohrlänge in m

ρ = Fluiddichte in kg/m³

Dieser Druckunterschied ist ein **Druckverlust** Δp_v. Man kennt auch das **Druckgefälle** $\Delta p/l$ in Pa/m oder mbar/m oder bar/m. Die Reibungszahl λ ist eine Funktion der Reynolds'schen Zahl Re (s. Anhang). Man erkennt, dass die Druckverluste in Rohrleitungsanlagen ein Vielfaches des dynamischen Anteils der Bernoulli-Gleichung sind. Bei der **laminaren Strömung** ist λ unabhängig von der Rohrrauigkeit:

$$\lambda = \frac{64}{Re} \tag{1.10}$$

Bei der **turbulenten Strömung** und **glatten Rohren** ist:

$$\lambda = \frac{0,3164}{\sqrt[4]{Re}} \text{ (nach } \textit{Blasius} \text{ für Re} > 2 \cdot 10^3\text{)} \tag{1.11}$$

Und nach *Prandtl*:

$$\frac{1}{\sqrt{\lambda}} = 2,0 \cdot \lg\left(Re\sqrt{\lambda}\right) - 0,8$$

Der Rohrreibungswert λ ist nicht nur eine Funktion der Reynoldszahl Re, sondern auch der **relativen Rauigkeit** ε/d, wobei ε in mm die Rauigkeitserhebung darstellt und d der Rohrdurchmesser ist. Dies ist im Diagramm A.1 **nach Colebrook** gezeigt. In anderen Fachbüchern wird anstelle ε/d der reziproke Wert d/k verwendet, wobei $\varepsilon = k$ ist.

Rohr	ε in mm
Kupfer, Edelstahl	0,001 - 0,005
Stahlrohr neu	0,02 - 0,1
Stahlrohr gebraucht	0,15 - 1,5
Faserzement (Eternit)	0,05 - 0,1
Betonrohre (glatt)	0,3 - 0,8
Gummi-Druckschlauch	0,0016
Kunststoff	0,0015 - 0,007

Tab. 1.2: Rauigkeitswerte von Rohren

Die gleiche Graphik zur λ-Ermittlung stellt das Rohrreibungsdiagramm nach *Nikuradse* mit d/k dar.

Beispiel 1.7 nach Abb. A.1 im Anhang:

Gesucht ist die Rohrreibungszahl λ.

Weg 1:

Stahlrohr DN 100, Wassertemperatur t = 80 °C, Strömungsgeschwindigkeit c = 1 m/s, kinematische Viskosität $\nu = 0,37 \cdot 10^{-6}\ \text{m}^2/\text{s}$, Rauigkeitserhebung ε = 0,045 mm

$$c \cdot d = 1\text{m/s} \cdot 0,1\,\text{m} = 0,1\text{m}^2/\text{s}$$

$$\frac{\varepsilon}{d} = 5 \cdot 10^{-4}$$

$$Re = 0,27 \cdot 10^6$$

$$\lambda = 0,018$$

Die Rohrreibungszahl beträgt λ = 0,018.

Weg 2:

Gleiches Rohr wie zuvor, jedoch $\varepsilon = 0{,}15$ mm. Man liest $\lambda = 0{,}023$ ab.

Weg 3:

Verrostetes Dampfrohr DN 25, Strömungsgeschwindigkeit $c = 15$ m/s, Dampfdruck 0,1 bar (ü), die Rauigkeitserhebung $\varepsilon = 1$ mm

$$\frac{\varepsilon}{d} = 0{,}036 \; ; \; c \cdot d \text{ bzw. } w \cdot d = 0{,}415 \text{ m}^2/\text{s}$$

Die Rohrreibungszahl lautet hier $\lambda = 0{,}063$.

Weg 4:

Lüftungsrohr DN 125, die Strömungsgeschwindigkeit $c = 5$ m/s, die Temperatur $t = 20$ °C

$$c \cdot d = 0{,}625 \text{ m}^2/\text{s} \, , \; \varepsilon = 0{,}15 \text{ mm}$$

Die Reibungszahl beträgt $\lambda = 0{,}027$.

Beispiel 1.8

Wie groß ist der Strömungsdruckverlust Δp_v von Heizöl ($\rho = 850$ kg/m³) bei einer Rohrlänge von $l = 100$ m, Rohrdurchmesser $d = 50$ mm ∅, Strömungsgeschwindigkeit $c = 0{,}6$ m/s, $\nu = 303 \cdot 10^{-6}$ m²/s?

$$\text{Re} = \frac{c \cdot d}{\nu} = \frac{0{,}6 \text{ m/s} \cdot 0{,}05 \text{ m}}{303 \cdot 10^{-6} \text{ m}^2/\text{s}} = 99 \text{ laminare Strömung}$$

$$\lambda = \frac{64}{\text{Re}} = \frac{64}{99} = 0{,}65$$

$$\text{Druckverlust } \Delta p_v = \lambda \cdot \frac{l}{d} \cdot \frac{\rho}{2} \cdot c^2 = 0{,}65 \cdot \frac{100 \text{ m}}{0{,}05 \text{ m}} \cdot \frac{850 \text{ kg/m}^3}{2} \cdot \left(0{,}6 \frac{\text{m}}{\text{s}}\right)^2$$

$$= 198.900 \text{ Pa}$$

$$= \text{ca. } 2 \text{ bar}$$

Der Strömungsdruckverlust Δp_v beträgt ca. 2 bar.

1.2.2 Druckverlust durch Impulsströme

Es gibt drei Erhaltungssätze in der Strömungstechnik:

- Massenstrom-Kontinuitätsgleichung (siehe Gleichung 1.1)
- Ernergiesatz (oder Energiegleichung) – Bernoulli-Gleichungen (siehe Gleichungen 1.3 und 1.4)
- Impulssatz – Newton'sches Grundgesetz

Während die Bernoulli-Gleichung eine Aussage über den Geschwindigkeits- und Druckzustand längs eines Stromfadens formuliert, befasst sich der **Impulssatz** mit den Kräften, die das strömende Medium auf seine Systemgrenze, d. h. auf die durchflutete Stromröhre ausübt.

Der Impulssatz gilt für kompressible und inkompressible Fluide.

Impuls = Bewegungsgröße

Ableitung des Impulssatzes

Kraft gleich Masse mal Beschleunigung:

$$F = m \cdot a = m \cdot \frac{\mathrm{d}c}{\mathrm{d}t} \text{ in N}$$

Impuls gleich Masse mal Geschwindigkeit:

$$I = m \cdot c \text{ in kg} \cdot \text{m/s}$$

Impulsstrom:

$$\dot{I} = \frac{\mathrm{d}I}{\mathrm{d}t} = \frac{\mathrm{d}(m \cdot c)}{\mathrm{d}t} = F \text{ in kg} \cdot \text{m/s}^2 = \text{N}$$

Die zeitliche Änderung des Impulses ist die Kraft.

$$\mathrm{d}F = \mathrm{d} \cdot \frac{(m \cdot c)}{\mathrm{d}t} = \mathrm{d} \cdot \left(c \cdot \frac{\mathrm{d}m}{\mathrm{d}t} + m \cdot \frac{\mathrm{d}c}{\mathrm{d}t} \right)$$ mit $\mathrm{d}c/\mathrm{d}t$ = null bei stationärer Strömung,

sodass die **stationäre Impulsgleichung** der **Impulssatz** ist:

$$\dot{I} = F = \int_1^2 \dot{m} \cdot \mathrm{d}c = \dot{m} \cdot (c_2 - c_1) \text{ in N} \tag{1.12}$$

Jede Geschwindigkeitsänderung – **Beschleunigung oder Bremsung** – einer strömenden Masse verursacht eine Kraft!

Der Impulssatz gilt für

- reibungsfreie (ideale),
- reibungsbehaftete (reale),
- instationäre und
- stationäre

Strömungen.

Im Abschnitt 1.2.1 wurde der Druckverlust durch die Flächenreibung behandelt. Die Druckverluste durch Rohrleitungsteile wie Formstücke, Armaturen und Einbauten (s. Anhang Tabelle A.1/A.2 und A.3) basieren auf Wirbelbildung, Ablösungen, Vermischungen etc. Es handelt sich um die sogenannten **Stoßverluste**. Diese Stoßverluste sind die aus der Mechanik bekannten **elastischen** und **unelastischen** Stöße zweier Festkörper.

In der Strömungstechnik mit Flüssigkeiten und Gasen handelt es sich um Stöße der Wasser- und Luftmoleküle.

Was die Reibungszahl λ im Abschnitt 1.2.1 ist, ist hier der **Widerstandswert** ζ (empirischer Wert) als Vielfaches des dynamischen Anteils der Bernoulli-Gleichung.

Analog $\Delta p_{v1} = \lambda \cdot \frac{l}{d} \cdot \frac{\rho}{2} \cdot c^2$ gilt hier:

$$\Delta p_{v2} = \sum \zeta \cdot \frac{\rho}{2} \cdot c^2 \text{ in Pa, } \zeta \text{ ist dimensionslos} \tag{1.12a}$$

Folglich wird der **Gesamtdruckverlust**:

$$\Delta p_{v\,ges} = \Delta p_{v1} + \Delta p_{v2} = \left(\lambda \cdot \frac{l}{d} + \sum \zeta \right) \cdot \frac{\rho}{2} \cdot c^2 \text{ in Pa} \tag{1.13}$$

Die Reibung bei den v. g. Rohreinbauteilen wird vernachlässigt.

Einige Erläuterungen zu den Stoßverlusten: Während beim **elastischen** Stoß (idealer Stoß) kein kinetischer Energieverlust entsteht, entsteht beim **unelastischen** Stoß der Fluide ein kinetischer Energieverlust, der in Wärme- und Druckenergie umgewandelt wird.

Diesem kinetischen Energieverlust liegt der **Impulserhaltungssatz**

$$m_1 \cdot c_1 + m_2 \cdot c_2 = (m_1 + m_2) \cdot \overline{c}$$

des unelastischen Stoßes zugrunde, sodass der Energieerhaltungssatz Gleichung 1.4 zu Gleichung 1.14 wird:

$$\frac{m_1}{2} \cdot c_1^2 + \frac{m_2}{2} \cdot c_2^2 = \frac{m_1 + m_2}{2} \cdot \overline{c}^2 + E_{v-kin} \tag{1.14}$$

Nachstehend wird anhand von Beispielen der Druckverlust der v. g. Einzelwiderstände als Stoßverlust, basierend auf der Impulsströmung, nachgewiesen.

Plötzliche Querschnittserweiterung (oder unstetige Erweiterung)

Man nennt dies auch **Carnot-Stoßverlust**.

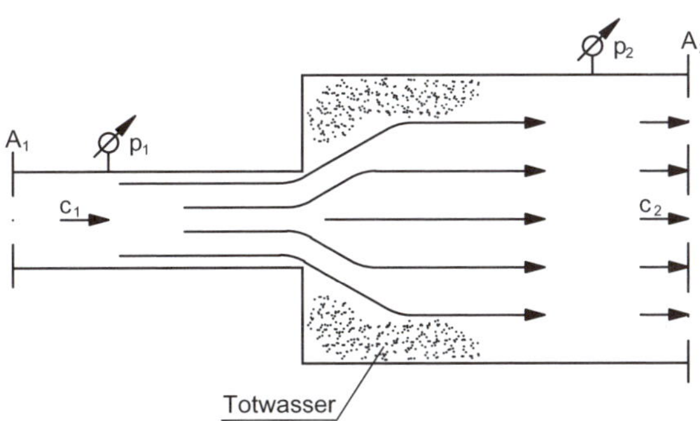

Abb. 1.14: Carnot-Stoßverlust

Bei einem sich allmählich erweiternden Kanal oder Röhre würde die Bernoulli-Gleichung (Gleichung1.2a) für die Druckdifferenz

$p_2' - p_1 = \frac{\rho}{2}\left(c_1^2 - c_2^2\right)$ ergeben (ohne Reibung).

Nach dem Impulssatz Gleichung 1.12

$$F = \dot{m} \cdot (c_1 - c_2) = A_2 \cdot c_2 \cdot \rho (c_1 - c_2)$$

$$\Delta p_R = \frac{F}{A_2} = p_2 - p_1 = \rho \cdot c_2 (c_1 - c_2) = \text{Druckrückgewinn oder Druckerhöhung}$$

Der Druckverlust Δp_v ist die Differenz der Bernoulli-Gleichung (1.2a) und der Impulssatz-Druckerhöhung Gleichung 1.12.

$$\left(p_2' - p_1\right) - (p_2 - p_1) = p_2' - p_2 = \Delta p_v$$

$$= \left[p_1 + \frac{\rho}{2}\left(c_1^2 - c_2^2\right)\right] - \left[p_1 + \rho \cdot c_2 (c_1 - c_2)\right]$$

$$= \frac{\rho}{2}\left[c_1^2 - c_2^2 - 2c_2 \cdot c_1 + 2c_2^2\right] = \frac{\rho}{2}(c_1 - c_2)^2 = \Delta p_v \tag{1.15}$$

Der Druckverlust Δp_v entspricht in der Gleichung 1.13 dem Wert $\Delta p_{v2} = \zeta \cdot \frac{\rho}{2} \cdot c^2$

Nachweis des ζ-Widerstandbeiwertes für den Carnot-Stoßverlust mit der erweiterten Bernoulli-Gleichung (Druckgleichung):

$$p_1 + \frac{\rho}{2} \cdot c_1^2 = p_2' + \frac{\rho}{2} \cdot c_2^2 + \Delta p_v = p_2' + \frac{\rho}{2} \cdot c_2^2 + \frac{\rho}{2}(c_1 - c_2)^2$$

$$\Delta p_v = \frac{\rho}{2}\left(c_1 - \frac{A_1}{A_2} \cdot c_1\right)^2 = \frac{\rho}{2}\left(c_1^2 - 2\frac{A_1}{A_2} \cdot c_1^2 + \frac{A_1^2}{A_2^2} \cdot c_1^2\right)$$

$$= \frac{\rho}{2} \cdot c_1^2 \underbrace{\left(\frac{A_1}{A_2} - 1\right)^2}_{\zeta} \quad \text{oder } \zeta = \left(1 - \frac{A_1}{A_2}\right)^2 \quad \text{s. Tabelle A.1}$$

Maximaler Druckrückgewinn $p_2 - p_1 = \frac{\rho}{4} \cdot c_1^2$ bei $A_1 = \frac{A_2}{2}$

Nun kann man das Anlagenelement, z. B. eine Armatur (Ventil, Schieber, Klappe, Drossel), allgemein gemäß Abbildung 1.15 betrachten:

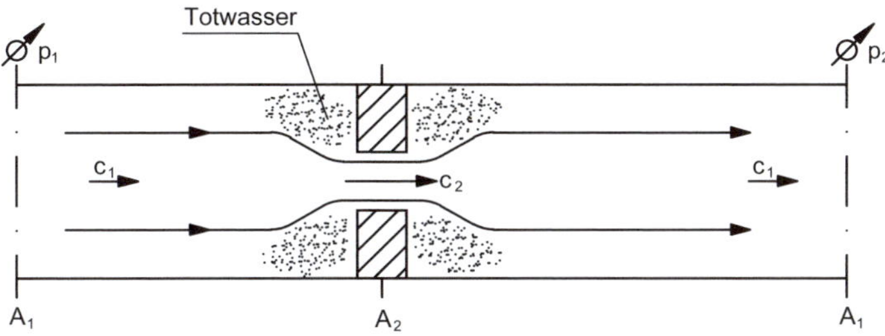

Abb. 1.15: Rohrleitungswiderstand (ohne Reibung)

Statischer Druckabfall vor der Armatur nach Bernoulli:

$$\Delta p_1 = \frac{\rho}{2}\left(c_2^{\,2} - c_1^{\,2}\right)$$

Statischer Druckrückgewinn nach dem Impulssatz:

$$\Delta p_2 = \rho \cdot c_1\left(c_2 - c_1\right)$$

Der Druckverlust:

$$\Delta p_v = \Delta p_1 - \Delta p_2 = \frac{\rho}{2}\left(c_2 - c_1\right)^2 = p_1 - p_2$$

oder mit

$$c_2 = c_1 \cdot \frac{A_1}{A_2} \text{ wird } \Delta p_v = \zeta \cdot \frac{\rho}{2} \cdot c_1^2$$

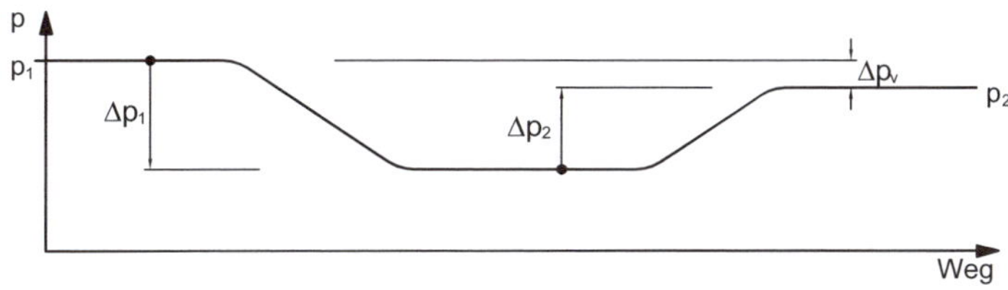

Abb. 1.16: Druckabfall zu Abbildung 1.15

Bei Anlagenelementen, in denen keine Längenabhängigkeit des Widerstandes definiert werden kann (Formstücke, Armaturen etc.), wird der Proportionalitätsfaktor ζ aus Versuchen ermittelt und in Tabellen ausgegeben (s. Anhang). Die Ergebnisse basieren auf dem Impuls- und Energiesatz.

Mit dem Widerstandsbeiwert ζ lässt sich auch definieren:

$l_{glw} = \zeta \cdot \frac{d}{\lambda}$, sodass mit der gleichwertigen Rohrlänge l_{glw} die Gleichung 1.13 zu

$$\Delta p_v = \lambda \cdot \frac{l + l_{glw}}{d} \cdot \frac{\rho}{2} \cdot c^2 \text{ wird.}$$

Stetige Querschnittserweiterung (Diffusor)

Um einen möglichst geringen Druckverlust zu erreichen, muss die Wirbelbildung verhindert werden. Wie bereits erwähnt, entspricht dies dem idealen Druckanstieg der Bernoulli-Gleichung (bei Vernachlässigung der Rohrreibung). Bei Einhaltung eines entsprechenden Öffnungswinkels reißt die Strömung nicht von der Rohrwand ab (∢ ca. 8°).

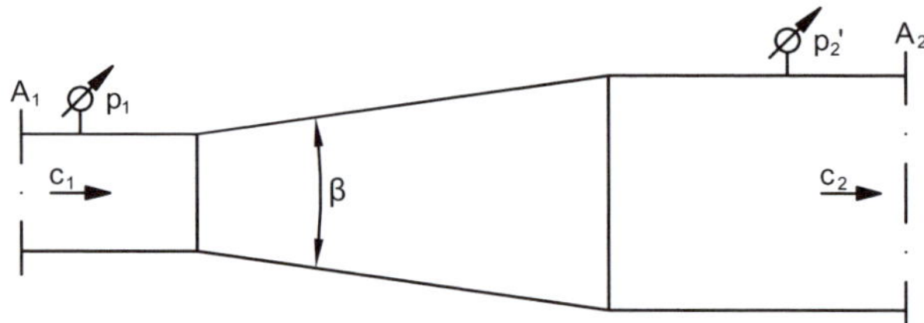

Abb. 1.17: Diffusor

Druckanstieg bei idealer, reibungsfreier Strömung:

$$\Delta p_v = p_2 - p_1 = \frac{\rho}{2}\left(c_1^2 - c_2^2\right)$$

$$= \frac{\rho}{2} \cdot c_1^2 \underbrace{\left[1 - \left(\frac{A_1}{A_2}\right)^2\right]}_{\zeta} = \zeta \cdot \frac{\rho}{2} \cdot c_1^2$$

Plötzliche Verengung (oder unstetige Verengung)

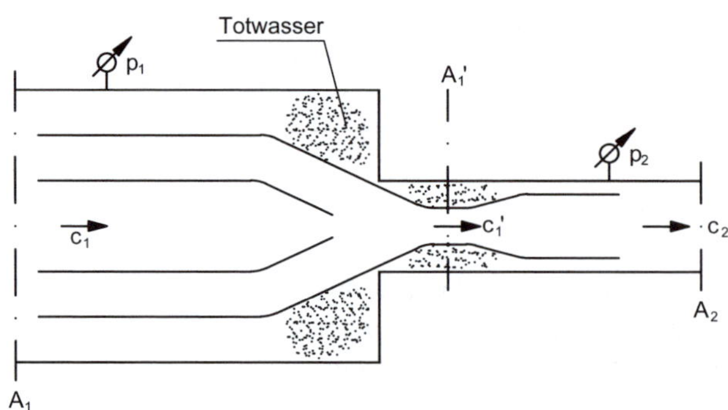

Abb. 1.18: Unstetige Verengung

Analog der plötzlichen Querschnittserweiterung lässt sich mit A_1' und dem Impulssatz der Druckverlust der plötzlichen Verengung ermitteln. Man nennt $A_1' / A_1 = \alpha$ die **Kontraktionszahl.** So ergibt sich in gleicher Weise wie in Abbildung 1.14:

$$\Delta p_v = \frac{\rho}{2}\left(c_1'^2 - c_2^2\right) = \frac{\rho}{2} \cdot c_2^2 \left(\frac{1}{\alpha} - 1\right)^2 = \zeta \cdot \frac{\rho}{2} \cdot c_2^2$$

Stetige Querschnittserweiterung (Düse/Konfusor)

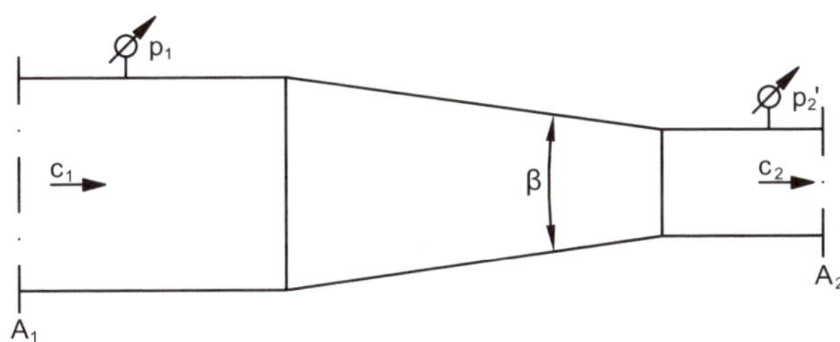

Abb. 1.19: Konfusor

Wie beim idealen Diffusor gilt auch hier:

$$\frac{p_2}{\rho} + \frac{c_2^2}{2} = \frac{p_1}{\rho} + \frac{c_1^2}{2}$$

$$\Delta p_v = p_2 - p_1 = \frac{\rho}{2}\left(c_1^2 - c_2^2\right) = \frac{\rho}{2} \cdot c_1^2 \left[1 - \left(\frac{A_1}{A_2}\right)^2\right] = \zeta \cdot \frac{\rho}{2} \cdot c_1^2$$

Zusammenfassung

Gemäß den Abschnitten 1.2.1 und 1.2.2 wurden die Druckverluste der Rohrreibung Gleichung 1.9 und die Druckverluste der Formstücke und Einbauten $\Delta p_v' = \zeta \cdot \frac{\rho}{2} \cdot c^2$ behandelt. Diese ergeben den Gesamtdruckverlust nach Gleichung 1.13. Die Abbildung 1.3 wird ergänzt um das Verlustglied h_v :

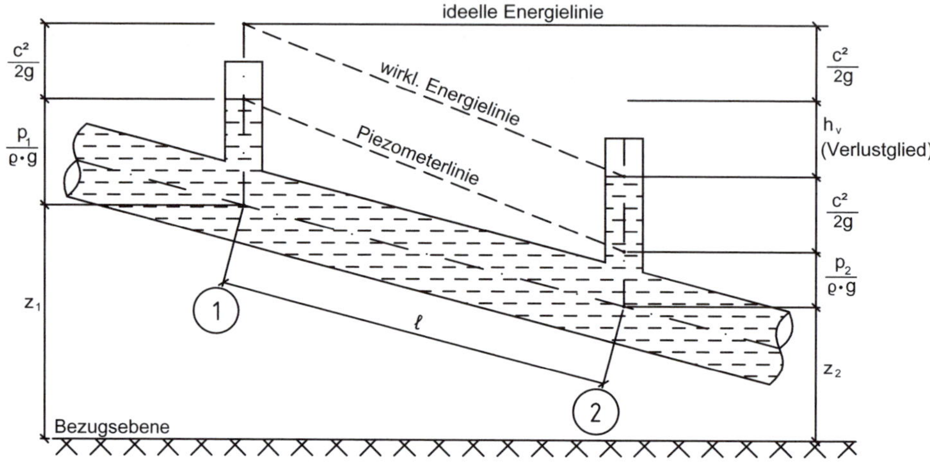

Abb. 1.20: Erweiterte Bernoulli-Höhengleichung zu Abb. 1.3

$$\frac{p_1}{\rho \cdot g} + \frac{c_1^2}{2g} + z_1 = \frac{p_2}{\rho \cdot g} + \frac{c_2^2}{2g} + z_2 + h_v \tag{1.16}$$

oder

$$p_1 + \frac{\rho}{2} \cdot c_1^2 + \rho \cdot g \cdot z_1 = p_2 + \frac{\rho}{2} \cdot c_2^2 + \rho \cdot g \cdot z_2 + \Delta p_v$$

Δp_v entspricht der Gleichung 1.13.

Beispiel 1.9

Ein Wasserrohr mit einem Durchmesser d_1 = 100 mm wird durch einen Bolzen mit d_2 = 3 cm versperrt. Es gelten: $c_1 = 4$ m/s, $\rho = 1000$ kg/m^3

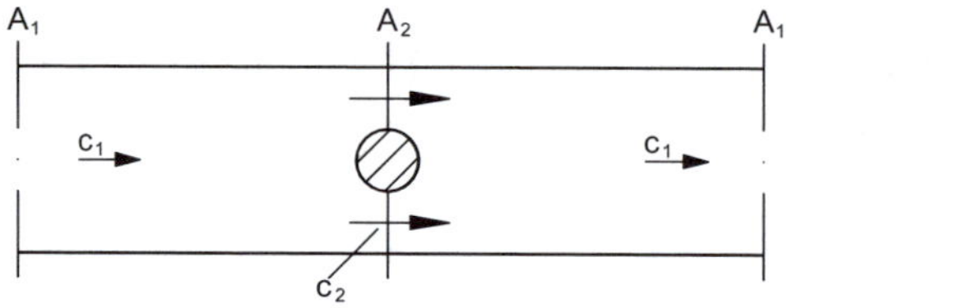

Abb. 1.21: Darstellung zu Beispiel 1.9

Gesucht:

a) Druckabfall nach Bernoulli

b) Druckrückgewinn nach dem Impulssatz

c) Druckverlust (Reibung vernachlässigt)

Zu a)

$$\Delta p_{12} = \frac{\rho}{2}\left(c_2^{\,2} - c_1^{\,2}\right)$$

$$\dot{m} = \text{konst} = \dot{V} \cdot \rho = A_1 \cdot c_1 \cdot \rho = A_2 \cdot c_2 \cdot \rho$$

$$c_2 = c_1 \cdot \frac{A_1}{A_2}; \quad A_1 = 0{,}1^2 \cdot \frac{\pi}{4} = 0{,}00785\ \text{m}^2$$

$$A_2 = A_1 - 0{,}03 \cdot 0{,}1 = 0{,}00485\ \text{m}^2$$

$$c_2 = 4\frac{\text{m}}{\text{s}} \cdot \frac{0{,}00785\ \text{m}^2}{0{,}00458\ \text{m}^2} = 6{,}47\frac{\text{m}}{\text{s}}$$

$$\Delta p_{12} = 500\,\text{kg/m}^3 \cdot \left[\left(6{,}47\,\text{m/s}\right)^2 - \left(4\,\text{m/s}\right)^2\right] = 12\,930{,}5\ \text{Pa}$$

Der Druckabfall Δp_{12} nach Bernoulli beträgt 12930,5 Pa.

Zu b)

$$\Delta p_{21} = \rho \cdot c_1\left(c_2 - c_1\right) = 1000\,\text{kg/m}^3 \cdot 4\,\text{m/s} \cdot 2{,}47\,\text{m/s} = 9\,880\ \text{Pa}$$

Der Druckrückgewinn Δp_{21} nach dem Impulssatz beträgt 9880 Pa.

Zu c)

$$\Delta p_v = \Delta p_{12} - \Delta p_{21} = \frac{\rho}{2}\left(c_2 - c_1\right)^2$$

$$= 12930{,}5 - 9880 = 500\left(6{,}47 - 4\right)^2$$

$$= 3050{,}5\ \text{Pa}$$

Der Druckverlust Δp_v beträgt 3050,5 Pa.

Beispiel 1.10

In einem Rohr mit $D = 600$ mm ist ein Einbauelement angeordnet mit $d = 400$ mm. Die Luftdichte ρ beträgt 1,6 kg/m³ und die Strömungsgeschwindigkeit $c_1 = 20$ m/s.

Gesucht:

a) Druckabfall Δp_{12}

b) Druckrückgewinn Δp_{23}

c) Druckverlust Δp_v

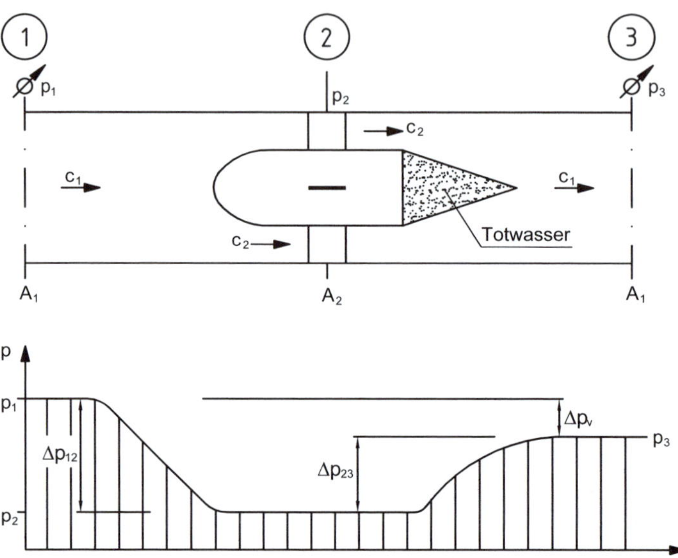

Abb. 1.22: Darstellung zu Beispiel 1.10

Infolge von Beschleunigung tritt zwischen Punkt 1 und 2 ein Druckabfall gemäß Bernoulli-Gleichung (Reibung vernachlässigt) auf. Von Punkt 2 zu 3 verzögert sich die Strömung wieder, wobei durch turbulente Mischung im Totwassergebiet Stoßverluste auftreten und der ursprüngliche Druck im Punkt 1 nicht mehr erreicht wird (Δp_v). Mithilfe des Impulssatzes lässt sich dieser Druckverlust theoretisch vorausberechnen.

Zu a)

$$\Delta p_{12} = \frac{\rho}{2}\left(c_2^{\,2} - c_1^{\,2}\right)$$

$$A_1 = 0{,}6^2 \cdot \frac{\pi}{4}\mathrm{m}^2 = 0{,}2826\,\mathrm{m}^2;\; A_2 = 0{,}4^2 \cdot \frac{\pi}{4}\mathrm{m}^2 = 0{,}126\,\mathrm{m}^2$$

$$\Delta A = A_1 - A_2 = 0{,}157\mathrm{m}^2$$

$$c_2 = c_1 \cdot \frac{A_1}{\Delta A} = 20\frac{\mathrm{m}}{\mathrm{s}} \cdot \frac{0{,}2826\mathrm{m}^2}{0{,}157\mathrm{m}^2} = 36\frac{\mathrm{m}}{\mathrm{s}}$$

$$\Delta p_{12} = \frac{1{,}6\,\mathrm{kg/m}^3}{2} \cdot \left[\left(36\,\mathrm{m/s}\right)^2 - \left(20\,\mathrm{m/s}\right)^2\right] = 717\,\mathrm{Pa}$$

Der Druckabfall Δp_{12} beträgt 717 Pa.

Zu b)

$$\Delta p_{23} = \rho \cdot c_1\left(c_2 - c_1\right) = 1{,}6 \cdot 20 \cdot 16 = 512\,\mathrm{Pa}$$

Der Druckrückgewinn Δp_{23} beträgt 512 Pa.

Zu c)

$$\Delta p_v = \Delta p_{12} - \Delta p_{23} = 717 - 512 = 205\,\text{Pa} = p_1 - p_3$$

oder

$$\Delta p_v = \zeta \cdot \frac{\rho}{2} \cdot c_1^2 = \left(1 - \frac{A_1}{\Delta A}\right)^2 \cdot 0,8 \cdot 20^2 = 205\,\text{Pa}$$

Der Druckverlust Δp_v beträgt 205 Pa.

Beispiel 1.11

Druckgewinn durch Mischung (Stoßverluste) zweier Wasserströme.

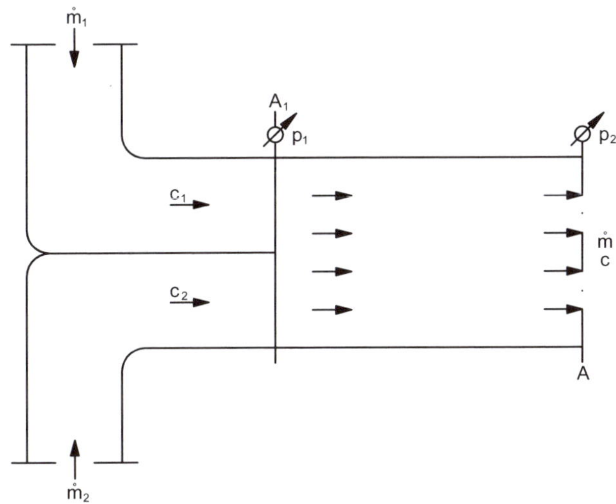

Abb. 1.23: Darstellung zu Beispiel 1.11

$c_1 = 4$ m/s, $c_2 = 2$ m/s

$A_1 = 0{,}02$ m², $A_2 = 0{,}01$ m², $A = 0{,}03$ m²

$\rho = 1000$ kg/m³

Gesucht:

a) Ausgleichsgeschwindigkeit c

b) Druckdifferenz aus dem Impulssatz (Gleichung 1.12)

c) kinetischer Energieverlust der Mischungsvorgänge (Gleichung 1.14)

Zu a)

Laut Kontinuitätsgleichung Gl. 1.1:

$$\dot{m}_1 = \rho \cdot \dot{V}_1 = \rho \cdot A_1 \cdot c_1 = 1000\,\text{kg/m}^3 \cdot 0{,}02\,\text{m}^2 \cdot 4\,\text{m/s} = 80\ \text{kg/s}$$

$$\dot{m}_2 = \rho \cdot \dot{V}_2 = \rho \cdot A_2 \cdot c_2 = 1000\,\text{kg/m}^3 \cdot 0{,}01\,\text{m}^2 \cdot 2\,\text{m/s} = 20\ \text{kg/s}$$

$$\dot{m} = \dot{m}_1 + \dot{m}_2 = 80 + 20 = 100\ \text{kg/s}$$

$$c = \frac{\dot{m}}{\rho \cdot A} = \frac{100\,\text{kg/s}}{1000\,\text{kg/m}^3 \cdot 0{,}03\,\text{m}^2} = 3{,}33\frac{\text{m}}{\text{s}}$$

Die Ausgleichsgeschwindigkeit c beträgt 3,33 m/s.

Zu b)

$$F = A \cdot p_1 - A \cdot p_2 = \dot{m}_1\left(c - c_1\right) + \dot{m}_2\left(c - c_2\right)$$

$$p_1 - p_2 = \frac{\dot{m}_1}{A} \cdot (c - c_1) + \frac{\dot{m}_2}{A} \cdot (c - c_2) = \frac{F}{A}$$

$$p_1 - p_2 = \frac{80\,\text{kg/s}}{0{,}03\,\text{m}^2} \cdot \left(-0{,}67\,\text{m/s}\right) + \frac{20\,\text{kg/s}}{0{,}03\,\text{m}^2} \cdot \left(1{,}33\,\text{m/s}\right) = -889\ \text{Pa}$$

$p_2 = p_1 + 889$ ergibt eine Druckzunahme und keinen Druckabfall durch den reibungsbehafteten Mischvorgang. Ein analoger Vorgang – wie bereits erwähnt – ist der unelastische Stoß in der Festkörperdynamik. Trotz des Druckanstiegs ist der Vorgang mit einem Energieverlust verbunden.

Zu c)

Vor dem Mischungsvorgang:

$$\dot{E}_{\text{kin1}} + \dot{E}_{\text{kin2}} = \frac{\dot{m}_1}{2} \cdot c_1^2 + \frac{\dot{m}_2}{2} \cdot c_2^2$$

Nach dem Mischungsvorgang:

$$\dot{E}_{kin} = \frac{\dot{m}}{2} \cdot c^2$$

Energieverlust (Stoßverlust):

$$\dot{E}_v = \dot{E}_{\text{kin}} - \left(\dot{E}_{\text{kin1}} + \dot{E}_{\text{kin2}}\right)$$

$$= \frac{100\,\text{kg/s}}{2} \cdot \left(3{,}33\,\text{m/s}\right)^2 - \left(\frac{80\,\text{kg/s}}{2} \cdot \left(4\,\text{m/s}\right)^2 + \frac{20\,\text{kg/s}}{2} \cdot \left(2\,\text{m/s}\right)^2\right) = -125{,}55\ \text{W}$$

Der Energieverlust, hier Stoßverlust, beträgt −125,55 W.

Beispiel 1.12

Zwei Luftströme gem. Abbildung 1.24 in gleichen Kanälen werden zu einem zusammengefasst.

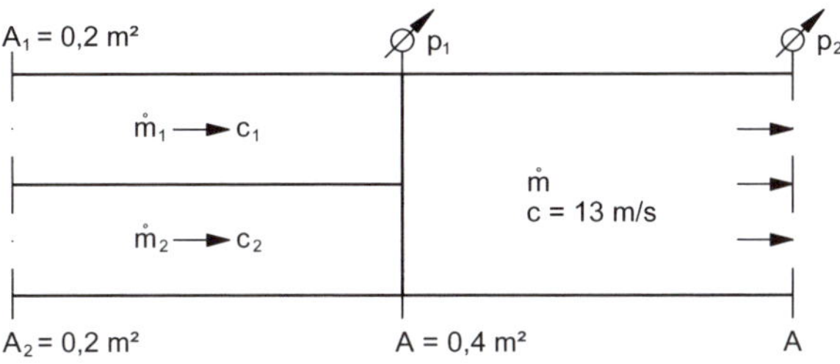

Abb. 1.24: Darstellung zu Beispiel 1.12

$c_1 = 15$ m/s

$c_2 = 11$ m/s

$\rho = 1{,}1$ kg/m³

Gesucht:

- Welche Druckveränderung gegenüber p_1 ergibt sich aus dem Impulssatz an der Stelle p_2?
- Welchen kinetischen Energieverlust bewirkt die Mischung?
- Wie viel davon geht in Wärme über?

Zu a)

$$\dot{I} = F = \dot{m}_1(c - c_1) + \dot{m}_2(c - c_2)$$

$$= A_1 \cdot c_1 \cdot \rho(c - c_1) + A_2 \cdot c_2 \cdot \rho(c - c_2)$$

$$= 0{,}2\,\text{m}^2 \cdot 15\,\text{m/s} \cdot 1{,}1\,\text{kg/m}^3 \cdot (13\,\text{m/s} - 15\,\text{m/s}) + 0{,}2\,\text{m}^2 \cdot 11\,\text{m/s} \cdot 1{,}1\,\text{kg/m}^3 \cdot (13\,\text{m/s} - 11\,\text{m/s}) = -1{,}76\,\frac{\text{kg} \cdot \text{m}}{\text{s}^2}$$

$$\frac{F}{A} = p_1 - p_2 = \Delta p = -\frac{1{,}76\,\text{kg} \cdot \text{m/s}^2}{0{,}4\,\text{m}^2} = -4{,}4\ \text{Pa}$$

$$p_2 = p_1 + \Delta p = \text{Druckerhöhung}$$

Die Druckveränderung Δp beträgt –4,4 Pa.

Zu b)

$$\dot{m} = \dot{m}_1 + \dot{m}_2 = \rho \cdot A_1 \cdot c_1 + \rho \cdot A_2 \cdot c_2$$

$$\dot{E}_{kin} = \frac{\dot{m}}{2} \cdot c^2$$

$$\dot{E}_v = \dot{E}_{\text{kin}} - \left(\dot{E}_{\text{kin1}} + \dot{E}_{\text{kin2}}\right)$$

$$\dot{E}_{v-kin} = \frac{5{,}72\,\text{kg/s}}{2} \cdot (13\,\text{m/s})^2 - \left(\frac{3{,}3\,\text{kg/s}}{2} \cdot (15\,\text{m/s})^2 + \frac{2{,}42\,\text{kg/s}}{2} \cdot (11\,\text{m/s})^2\right) = -34{,}32\ \text{W}$$

Zu c)

$$\dot{E}_{v-kin} = \dot{m}\left(\frac{\Delta p}{\rho} + q\right)$$

$$\dot{Q} = \dot{m} \cdot q = \dot{E}_{v-kin} - \frac{\dot{m}}{\rho} \cdot \Delta p = -34{,}32\,\text{W} - \frac{5{,}72\,\text{kg/s}}{1{,}1\,\text{kg/m}^3} \cdot \left(-4{,}4\frac{\text{kg}}{\text{m} \cdot \text{s}}\right) = -11{,}44\ \text{W}$$

Diese Wärmeleistung wird - durch den irreversiblen Mischungsprozess - an die Umgebung abgeführt.

Anmerkung: Zugeführte Energie wird mit (+), abgeführte Energie wird mit (–) bezeichnet.

1.2.3 Kraftwirkungen der Impulsströme

Die Kraftwirkung der Impulsströme ergibt sich aus den genannten Erhaltungssätzen der Strömungstechnik:

- Kontinuitätsgleichung
- Energiesatz
- Impulssatz

Kreisbewegung mit konstanter Bahngeschwindigkeit

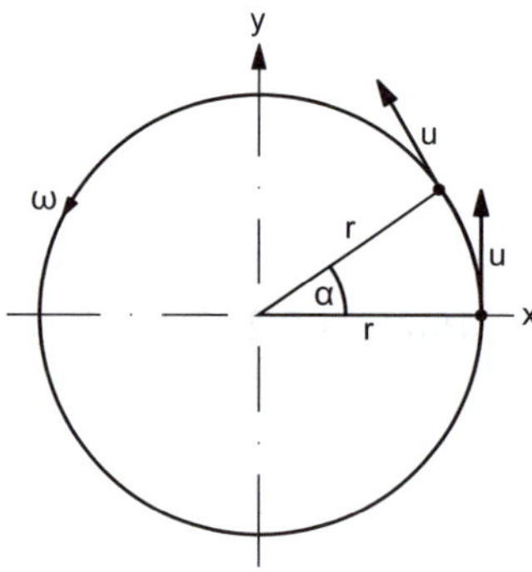

Abb. 1.25: Bahngeschwindigkeit

Die Bahngeschwindigkeit u ist konstant (ω = konstant), ändert aber ständig die Richtung. Wie bereits festgestellt, tritt bei Geschwindigkeitsänderung eine Beschleunigung auf und damit einhergehend eine Kraft.

Das Gleiche tritt auf, wenn eine Geschwindigkeit die Richtung ändert. Man nennt diese Kraft, da sie den Körper aus der geradlinigen Bahn gegen das Zentrum des Kreises zieht, **Zentripedalkraft** F_{zp}.

In Tangentenrichtung ist die Bewegung gleichförmig (stationär) mit der Umfangsgeschwindigkeit u ($u = r \cdot \omega$). In der Normalrichtung ist die Bewegung durch die konstante Zentripedalkraft F_{zp} gleichmäßig beschleunigt.

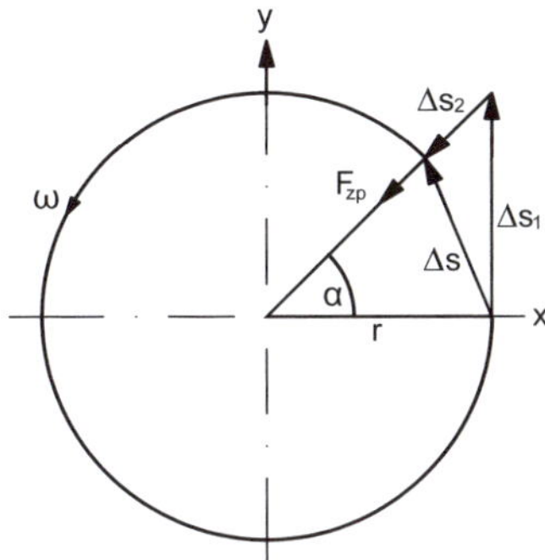

Abb. 1.26: Zentripedalkraft

Mit ds anstellte von Δs wird:

$$\mathrm{d}s_1 = u \cdot \mathrm{d}t \quad \text{und} \quad \mathrm{d}s_2 = -\frac{1}{2} \cdot a_{zp} \cdot \mathrm{d}t^2$$ (negativ, da nach innen gerichtet)

(aus der Mechanik $s = \frac{a}{2} \cdot t^2$)

Und umgestellt:

$$\mathrm{d}s_2 = -\frac{1}{2} a_{zp} \cdot \frac{\mathrm{d}s_1^2}{u^2}$$

Nach dem Tangenten-Sekantensatz wird:

$$\mathrm{d}s_1^2 = 2 \cdot r \cdot \mathrm{d}s_2 \quad \text{und} \quad \mathrm{d}s_2 = -\frac{1}{2} a_{zp} \cdot \frac{2 \cdot r \cdot \mathrm{d}s_2}{u^2}$$

Und schließlich die Zentripedalbeschleunigung:

$$a_{zp} = -\frac{u^2}{r} \quad \text{bzw.} \quad a_{zp} = -r \cdot \omega^2$$

Die zentripedale Kraft:

$$F_{zp} = -m \cdot \frac{u^2}{r} = m \cdot r \cdot \omega^2 \text{ in N} \tag{1.17}$$

Zu jeder Kraft gehört (nach Newton-Axiom) eine Gegenkraft. Im vorliegenden Fall die sogenannte **Fliehkraft** $F_z = -F_{zp}$ oder **Zentrifugalkraft**.

Das v.g. ist von Bedeutung im Kapitel 2.

Anmerkung:

Die **ungleichförmige** Kreisbewegung ist die Bahn- oder Tangentialbeschleunigung. Diese tritt beim „Hochfahren" (instationär) oder „Runterfahren" von Strömungsmaschinen auf.

1.2.3.1 Druckänderung durch die Fliehkraft

Beispiel 1.13

Bei Rohrkrümmern wirkt „außen" ein größerer Druck als „innen".

Es gilt ein „konstanter Drall" $c \cdot r = c \cdot r_m = c_i \cdot r_i = c_a \cdot r_a$ bei stationärer Strömung.

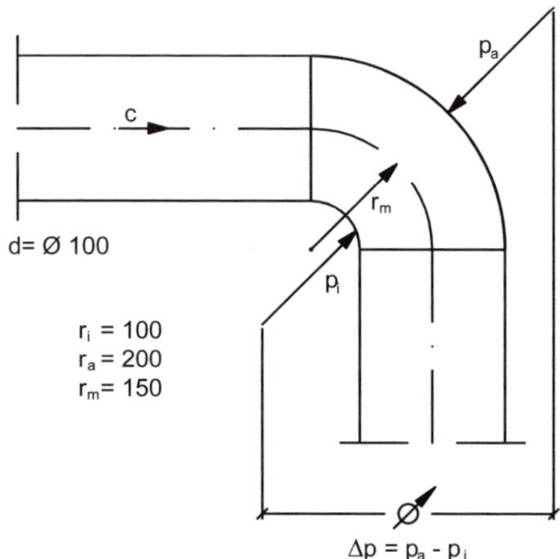

Abb. 1.27: Darstellung zu Beispiel 1.13

Anstelle von u (Umfangsgeschwindigkeit) tritt c (Strömungsgeschwindigkeit):

$$\mathrm{d}m = \rho \cdot \mathrm{d}V = \rho \cdot A \cdot \mathrm{d}r$$

$$\frac{\mathrm{d}F_z}{\mathrm{d}A} = \mathrm{d}p = \rho \cdot \omega^2 \cdot r \cdot \mathrm{d}r \text{ und } \frac{\mathrm{d}p}{\mathrm{d}r} = \rho \cdot \omega^2 \cdot r = \rho \cdot \frac{c^2}{r} \tag{1.17a}$$

(bei Parallelströmung sind $r = \infty$ und $\frac{\mathrm{d}p}{r} = 0$ und der statische Druck = konstant)

Die Gleichung 1.17a stellt die sogenannte **Krümmungsdruckformel** dar.

Gegeben: 90°-Bogen, d = 100 mm Ø mit $\dot{V} = 78{,}5$ l/s Wasser.

Gesucht: Wie groß ist $\Delta p = p_a - p_i$?

Druckanstieg zwischen r_i und r_a: $\frac{\mathrm{d}p}{\mathrm{d}r} = \rho \cdot \frac{c^2}{r}$

$$c = \frac{\dot{V}}{A} = \frac{0{,}0785\,\mathrm{m}^3/\mathrm{s}}{(0{,}1\mathrm{m})^2 \cdot \pi/4} = 10\ \mathrm{m/s}$$

$$\mathrm{d}p = \rho \cdot \frac{c^2}{r} \cdot \mathrm{d}r; \quad c \cdot r_m = 10\frac{\mathrm{m}}{\mathrm{s}} \cdot 0{,}15\,\mathrm{m} = 1{,}5\frac{\mathrm{m}^2}{\mathrm{s}} \rightarrow c = \frac{1{,}5}{r}$$

$$\int_{p_1}^{p_2} \mathrm{d}p = \int_{r_i}^{r_a} \frac{1{,}5^2}{r^2} \cdot \frac{1}{r} \cdot \mathrm{d}r = 2250 \int_{r_i}^{r_a} r^{-3} \cdot \mathrm{d}r$$

$$p_a - p_i = 2250\left[-\frac{1}{2}\cdot r^{-2}\right]_{0,1}^{0,2} = 84375\,\text{Pa} = 0{,}844\,\text{bar}$$

oder nach Bernoulli $\Delta p = \frac{\rho}{2}\left(c_i^2 - c_a^2\right) = \frac{\rho}{2}\left[\left(\frac{1{,}5}{r_\text{i}}\right)^2 - \left(\frac{1{,}5}{r_\text{a}}\right)^2\right]$

$$= 500\left[\left(\frac{1{,}5}{0{,}1}\right)^2 - \left(\frac{1{,}5}{0{,}2}\right)^2\right]$$

$$= 0{,}844\,\text{bar}$$

Die Druckveränderung Δp beträgt 0,844 bar.

1.2.3.2 Aktions- und Reaktionskraft (Stoßkräfte)

Ein freier Fluidstrahl, der auf eine Wand trifft, übt gegen die Wand eine Kraft aus, die man **Aktionskraft** nennt. Gleichzeitig wirkt eine Kraft entgegengesetzt auf die Düse, aus der der Strahl austritt. Diese Kraft nennt man **Reaktionskraft** (Aktionskraft = Reaktionskraft).

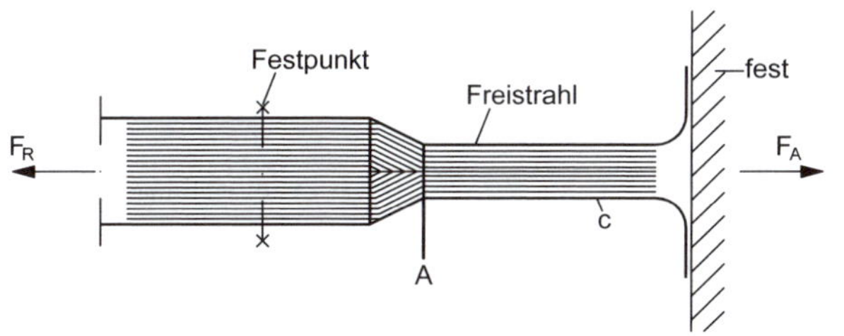

Abb. 1.28: Aktions- und Reaktionskraft

$$F_\text{A} = -F_\text{R} = \dot{I}$$

$$F_\text{A} = \dot{m}\cdot c = \dot{V}\cdot\rho\cdot c = A\cdot\rho\cdot c^2$$

$$(c \mathrel{\hat{=}} c_1 \text{ und } c_2 = 0)$$

Beispiel 1.14

Gegeben ist ein Wasserstrahl (z. B. aus einem Feuerwehrschlauch), der aus einer Düse von 40 mm Ø mit einer Geschwindigkeit von c = 25 m/s austritt und senkrecht auf die Wand trifft. Wie groß ist die Reaktionskraft (Rückstoßkraft), die z. B. der Feuerwehrmann aufbringen muss?

$$F_\text{A} = -F_\text{R} = A\cdot\rho\cdot c^2 = (0{,}04\,\text{m})^2\cdot\pi/4\cdot 1000\,\text{kg/m}^3\cdot(25\,\text{m/s})^2 = 785\,\text{N}$$

Die Reaktionskraft des Wasserstrahls beträgt 785 N.

(Bei Luft wäre $F_\text{A} = -F_\text{R} = 0{,}942\,\text{N}$)

Varianten

Fluidstrahl auf eine geneigte Wand

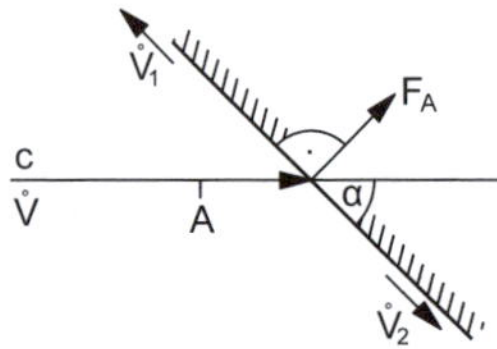

Abb. 1.29: Fluidstrahl auf eine geneigte Wand

$$F_A = \dot{m} \cdot c \cdot \sin\alpha$$

$$\frac{\dot{V}_1}{\dot{V}} = \frac{1-\cos\alpha}{2} \quad \text{und} \quad \frac{\dot{V}_2}{\dot{V}} = \frac{1+\cos\alpha}{2}$$

Fluidstrahl auf eine geknickte Wand

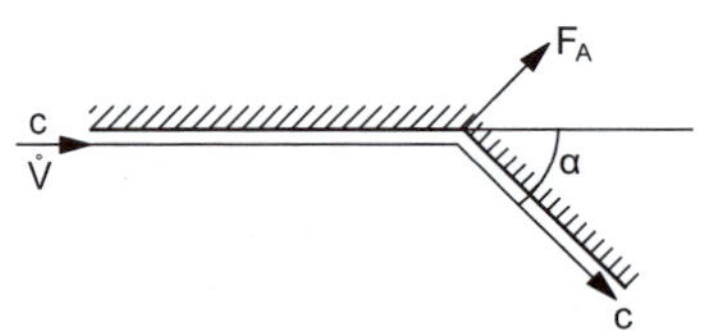

Abb. 1.30: Fluidstrahl auf eine geknickte Wand

$$F_{A\text{-}x} = \dot{m} \cdot c \cdot (1-\cos\alpha)$$

$$F_{A\text{-}y} = \dot{m} \cdot c \cdot \sin\alpha$$

mit $1-\cos\alpha = 2 \cdot \sin^2 \frac{\alpha}{2}$ wird

$$F_A = 2 \cdot \dot{m} \cdot c \cdot \sin\frac{\alpha}{2}$$

Fluidstrahl auf eine gewölbte Wand

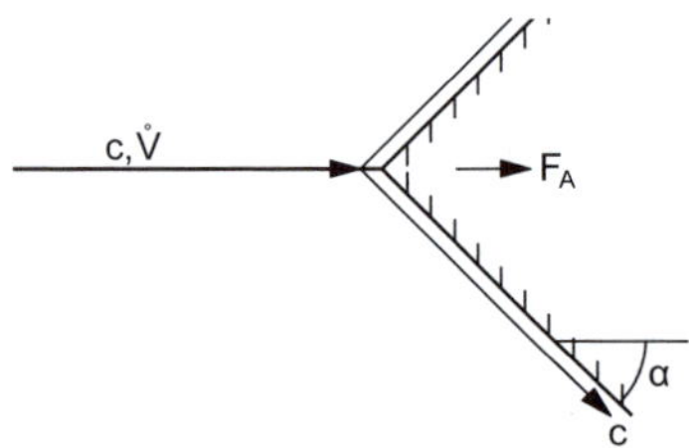

Abb. 1.31: Fluidstrahl auf eine gewölbte Wand

$$F_A = \dot{m} \cdot c \cdot (1-\cos\alpha)$$

Ist die Fläche gegen den Strahl erhaben, mit $\alpha < 90°$, so wird F_A kleiner als bei einer ebenen Platte oder Wand. Ist die Fläche dagegen hohl, so wird cos α negativ und damit F_A größer als bei einer ebenen Platte.

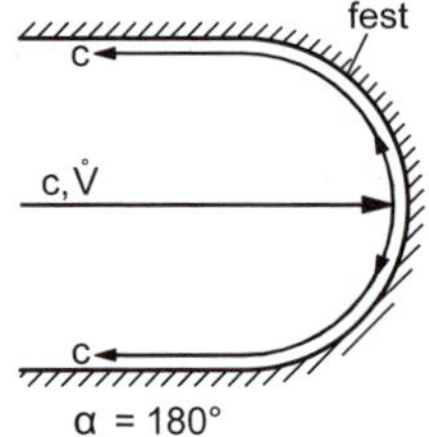

Abb. 1.32: Fluidstrahl auf eine hohle Fläche

$$F = F_A + F_R$$

$$F = \dot{m} \cdot c \cdot (1-\cos\alpha) = \dot{m} \cdot c \cdot 2$$

Bewegt sich die Platte im Beispiel 1.14 mit der Geschwindigkeit u, so kommt für die Berechnung der Aktionskraft (Stoßkraft) die relative Auftreffgeschwindigkeit in Ansatz:

$$F_A = \dot{m}(c-u) = \dot{V} \cdot \rho(c-u) = A \cdot c \cdot \rho(c-u)$$

So wird die Leistung der Stoßkraft:

$$P_A = F_A \cdot u = \dot{m}(c-u) \cdot u = \dot{V} \cdot \rho\left(c \cdot u - u^2\right)$$

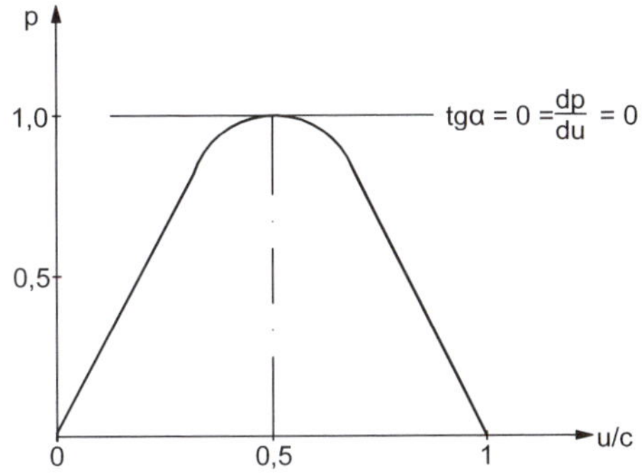

Abb. 1.33: Funktionsgleichung $P = \mathrm{f}(u/c)$ graphisch

$$\mathrm{tg}\alpha = 0 = \frac{\mathrm{d}P}{\mathrm{d}u} = 0$$

$$\frac{\mathrm{d}P}{\mathrm{d}u} = 0 = \dot{V} \cdot \rho \cdot c - \dot{V} \cdot \rho \cdot 2u$$

$$u = \frac{c}{2}$$

sodass die maximale Leistung

$$P_{\mathrm{max}} = \dot{m}\left(\frac{c^2}{2} - \frac{c^2}{4}\right) = \dot{m}\frac{c^2}{4} \text{ ist.}$$

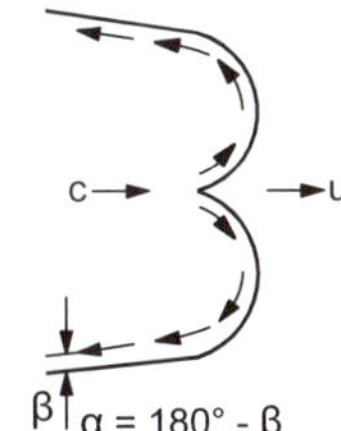

Abb. 1.34: Schaufeln (becherförmig) einer Peltonturbine

Das Vorgenannte wird bei der sogenannten **Freistrahlturbine** (Peltonturbine) angewendet. Der aus der Düse austretende Wasserstrahl trifft auf becherförmige Schaufeln, die gleichmäßig auf dem Umfang einer drehbar gelagerten Scheibe verteilt sind (s. Kapitel 2). Der auftreffende Freistrahl wird durch eine scharfe Schneide in zwei gleiche Teile aufgespalten, die um nahezu 180° umgelenkt werden. Der austretende Strahl erhält den kleinen Neigungswinkel β nach außen, damit er nicht gegen die Rückseite der folgenden Schaufel stößt.

Die Schaufeln bewegen sich mit der Geschwindigkeit u in Richtung des Strahls. Für die Berechnung kommt daher nur die relative Auftreffgeschwindigkeit (c-u) in Betracht. Mit $\alpha = 180° - \beta$ wird dann:

$$F = \dot{m}(c-u)\left[1 - \cos(180° - \beta)\right] = \dot{m}(c-u)(1 + \cos\beta)$$

und

$$P_{\mathrm{th}} = F \cdot u = \dot{m}(c-u) \cdot u(1 + \cos\beta)$$

und mit $u = \frac{c}{2}$ wird $P_{\mathrm{th}}^{\mathrm{max}}$.

Beispiel 1.15

Gegeben: Eine Pelton-Turbine mit folgenden Daten:

Laufrad D = 860 mm Ø, n = 390 Upm, Düse d = 80 mm Ø, $\dot{V} = 0{,}21 \text{m/s}$, β = 5°

Gesucht sind:

a) Strahlgeschwindigkeit:

$$c = \frac{\dot{V}}{A} = \frac{0{,}21 \text{m}^3/\text{s}}{(0{,}08 \text{m})^2 \cdot \pi/4} = 41{,}8 \text{ m/s}$$

b) Radumfangsgeschwindigkeit:

$$u = r \cdot \omega = r \cdot 2\pi \cdot f = r \cdot 2\pi \cdot \frac{n}{60} = 0{,}43 \text{m} \cdot 2 \cdot 3{,}14 \cdot \frac{390}{60 \text{s}} = 17{,}6 \text{ m/s}$$

c) Die am Rad angreifende Kraft:

$$F_u = \dot{m}(c-u)(1+\cos\beta) = \dot{V} \cdot \rho(c-u)(1+\cos\beta)$$

$$= 0{,}21 \text{m}^3/\text{s} \cdot 1000 \text{kg/m}^3 (41{,}8 \text{m/s} - 17{,}6 \text{m/s})(1+\cos 5°) = 10{,}144 \text{ kN}$$

d) Turbinenleistung:

$$P_{th} = F_u \cdot u = 10144 \text{N} \cdot 17{,}6 \frac{\text{m}}{\text{s}} = 178{,}53 \text{ kW}$$

und mit $u = \frac{c}{2}$ wird $u = \frac{41{,}8 \text{m/s}}{2} = 20{,}9 \text{m/s}$

$$P_{th}^{max} = 0{,}21 \text{m}^3/\text{s} \cdot 1000 \text{kg/m}^3 (41{,}8 \text{m/s} - 20{,}9 \text{m/s})(1+\cos 5°) \cdot 20{,}9 \text{m/s} = 183{,}11 \text{kW}$$

Die **Aktions- und Reaktionskräfte** spielen bei den Kraft- und Arbeitsmaschinen eine wichtige Rolle.

Beispiel 1.16

Gegeben: Rohrbogen 90°, d = 200 mm Ø, $p_ü$ = 4 bar(ü), $\dot{V} = 300 \text{ l/s}$

$$c_1 = c_2 = \frac{\dot{V}}{A} = \frac{0{,}3 \text{m}^3/\text{s}}{(0{,}2 \text{m})^2 \cdot \pi/4} = 9{,}55 \text{ m/s}$$

Gesucht: a) Aktions- und Reaktionskraft

b) Schraubenkraft

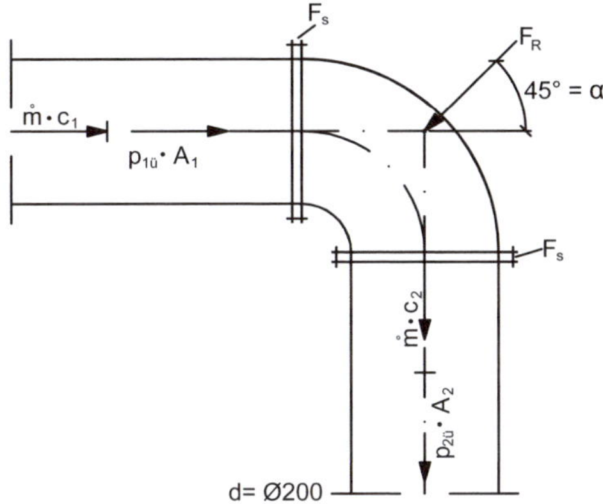

Abb. 1.35: Darstellung zu Beispiel 1.16

Zu a)

$\dot{m} = \dot{V} \cdot \rho = 0{,}3\,\text{m}^3/\text{s} \cdot 1000\,\text{kg/m}^3 = 300\ \text{kg/s}$

$$-F_R = F_A$$

$$= \left[\left(\dot{m} \cdot c_1 + p_{1ü} \cdot A_1\right) \cdot \sin\alpha\right] + \left[\left(\dot{m} \cdot c_2 + p_{2ü} \cdot A_2\right) \cdot \sin\alpha\right]$$

$$= 2 \cdot \sin 45° \left(300\,\text{kg/s} \cdot 9{,}55\,\text{m/s} + 4 \cdot 10^5 \frac{\text{kg}}{\text{m} \cdot \text{s}^2} \cdot (0{,}2\,\text{m})^2 \cdot \pi/4\right)$$

$$= 21{,}8\ \text{kN}$$

Zu b)

$F_s = F_A \cdot \sin\alpha = 21{,}81\ \text{kN} \cdot 0{,}707 = 15{,}42\ \text{kN}$

Beispiel 1.17

Gegeben: Der Krümmer im Beispiel 1.13

Bei p = 6 bar(ü) wird

a) die resultierende Impulskraft

$$F_i = \left(\dot{m} \cdot c \cdot \sin 45°\right) + \left(\dot{m} \cdot c \cdot \sin 45°\right)$$

$$= 2 \cdot \sin 45° \cdot \dot{V} \cdot \rho \cdot c$$

$$= 2 \cdot 0{,}707 \cdot 0{,}0785\,\text{m}^3/\text{s} \cdot 1000\,\text{kg/m}^3 \cdot 10\,\text{m/s} = 1110\ \text{N}$$

b) die resultierende Druckkraft

$$F_p = (A_1 \cdot p_1 \cdot \sin 45°) + (A_2 \cdot p_2 \cdot \sin 45°)$$

$$= 2 \cdot (0{,}1\,\text{m})^2 \cdot \frac{\pi}{4} \cdot 6 \cdot 10^5 \frac{\text{kg}}{\text{m} \cdot \text{s}^2} \cdot 0{,}707 = 6660\,\text{N}$$

c) die resultierende Gesamtkraft des strömenden Wassers auf die Krümmungswand

$$F = F_i + F_p = 1110\,\text{N} + 6660\,\text{N} = 7770\,\text{N}$$

Man erkennt: Die Druckkräfte sind erheblich größer als die Impulskräfte.

Beispiel 1.18

So wie man Energie- und Druckbilanzen aufstellen kann $\left(p_1 + \frac{\rho}{2} \cdot c_1^2 = \frac{\rho}{2} \cdot c_2^{\,2} + \Delta P_v\right)$, lässt sich analog auch eine „Kraftbilanz" aufstellen, z. B. für den Festpunkt:

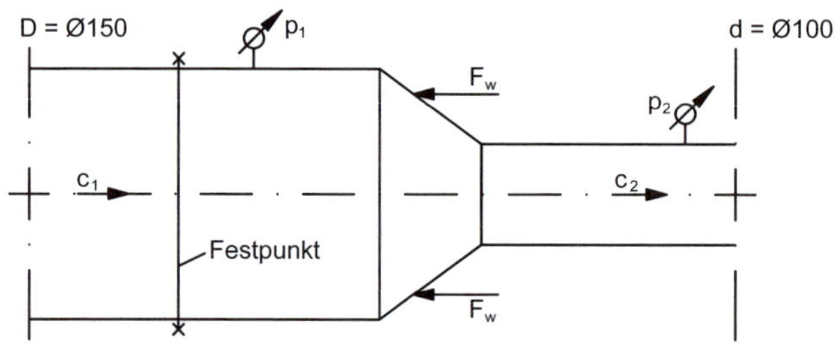

Abb. 1.36: Darstellung zu Beispiel 1.18

$\dot{V} = 50\,\text{l/s}$, $\quad p_1 = 3\,\text{bar(ü)}$, $\quad p_2 = 2{,}8\,\text{bar(ü)}$

$$A_1 = p_1 + \dot{m} \cdot c_1 - F_w = A_2 \cdot p_2 + \dot{m} \cdot c_2$$

$$c = \frac{\dot{V}}{A} \rightarrow c_1 = \frac{0{,}05\,\text{m}^3/\text{s}}{(0{,}15\,\text{m})^2 \cdot \pi / 4} = 2{,}83\,\text{m/s}; \quad c_2 = 6{,}37\,\text{m/s}$$

$$F_w = (A_1 \cdot p_1 + \dot{V} \cdot \rho \cdot c_1) - (A_2 \cdot p_2 + \dot{V} \cdot \rho \cdot c_2)$$

$$F_w = \left((0{,}15\,\text{m})^2 \cdot \frac{\pi}{4} \cdot 3 \cdot 10^5 \frac{\text{kg}}{\text{m} \cdot \text{s}^2} + 0{,}05 \frac{\text{m}^3}{\text{s}} \cdot 1000 \frac{\text{kg}}{\text{m}^3} \cdot 2{,}83 \frac{\text{m}}{\text{s}}\right)$$

$$-\left((0{,}10\,\text{m})^2 \cdot \frac{\pi}{4} \cdot 2{,}8 \cdot 10^5 \frac{\text{kg}}{\text{m} \cdot \text{s}^2} + 0{,}05 \frac{\text{m}^3}{\text{s}} \cdot 1000 \frac{\text{kg}}{\text{m}^3} \cdot 6{,}37 \frac{\text{m}}{\text{s}}\right) = 2923\,\text{N}$$

Bei Rohrströmungen mit den in der Praxis üblichen Strömungsgeschwindigkeiten treten Schubkräfte auf, die die Festpunkte aufnehmen müssen.

Beispiel 1.19

Gegeben: Ein 90°-Bogen gem. Beispiel 1.13 mit

DN100, p_1 = 6 bar(ü), c = 5 m/s, ρ = 1000 kg/m³, reibungsfrei

Gesucht:

a) Resultierende Impulskraft:

$$F_i = (\dot{m} \cdot c \cdot \sin 45°) + (\dot{m} \cdot c \cdot \sin 45°)$$

$$= 2 \cdot \sin 45° \cdot \dot{m} \cdot c = 2 \cdot \sin 45° \cdot A \cdot c \cdot \rho \cdot c$$

$$= 2 \cdot 0{,}707 \cdot (0{,}1\text{m})^2 \cdot \pi/4 \cdot 5\text{m/s} \cdot 1000\text{kg/m}^3 \cdot 5\text{m/s}$$

$$F_i = 277{,}5\text{ N}$$

b) Resultierende Druckkraft: $A_1 = A_2$; $\quad p_1 = p_2$

$$F_p = (A_1 \cdot p_1 \cdot \sin 45°) + (A_2 \cdot p_2 \cdot \sin 45°)$$

$$= 2 \cdot \left((0{,}1\text{m})^2 \cdot \frac{\pi}{4} \cdot 6 \cdot 10^5 \frac{\text{kg}}{\text{m} \cdot \text{s}^2} \cdot 0{,}707 \right) = 6660\text{ N}$$

c) Resultierende Gesamtkraft des strömenden Wassers auf die Krümmungswand

$$F_R = F_i + F_p = 277{,}5\text{N} + 6660\text{N} = 6937{,}5\text{ N}$$

Die Druckkräfte sind erheblich größer als die Impulskräfte, die bei Krümmern i. d. R. vernachlässigbar sind.

Beispiel 1.20

Aus einem Behälter fließt Wasser durch eine Seitenöffnung von 60 mm ∅ bei konstanter Spiegelhöhe von 2,8 m. Wie groß ist die Rückstoßkraft?

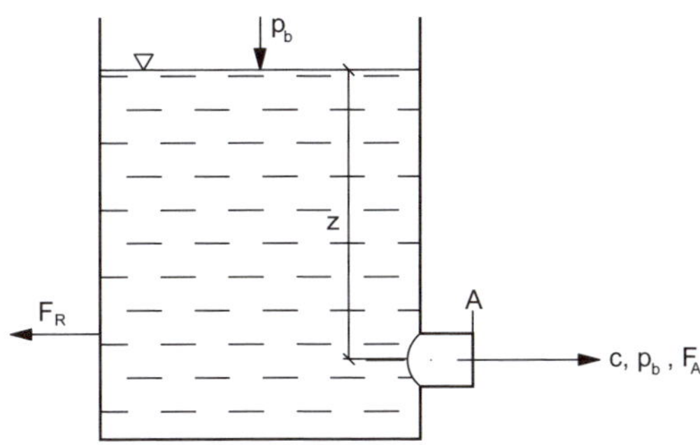

Abb. 1.37: Darstellung zu Beispiel 1.20

$$F_R = \dot{m} \cdot c = A \cdot \rho \cdot c^2; \quad c = \sqrt{2 \cdot g \cdot z}$$

$$= A \cdot \rho \cdot 2 \cdot g \cdot z = (0{,}06\,\text{m})^2 \cdot \pi/4 \cdot 1000\,\text{kg/m}^3 \cdot 2 \cdot 9{,}81\,\text{m/s}^2 \cdot 2{,}8\,\text{m}$$

$$= 155{,}25\,\text{N}$$

Im Vergleich ist die hydrostatische Druckkraft gegen die geschlossene Ausflussöffnung $F_{stat} = A \cdot \rho \cdot g \cdot z$ halb so groß wie die Rückstoßkraft.

Die eindrucksvollste Anwendung des Impulssatzes sind die Schubkraftantriebe:

- Flugzeugantriebe
- Turbo- und Luftstrahltriebwerke
- Raketen

Luftstrahltriebwerk (Gasturbine)

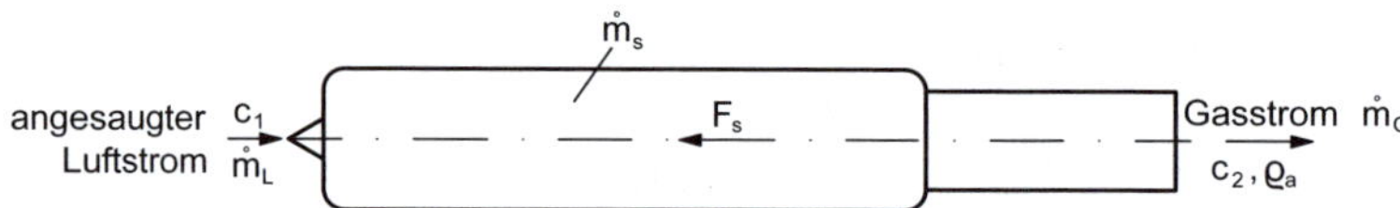

Abb. 1.38: Luftstrahltriebwerk

$$F_s = \dot{m}_G \cdot c_2 - \dot{m}_L \cdot c_1$$
$$\dot{m}_G = \dot{m}_L + \dot{m}_G$$

(Gemisch aus Luftstrom und zugeführtem Gasstrom)

Da der Kraftstoffmassenstrom $\dot{m}_B << \dot{m}_L$ ist:

$F_s \approx \dot{m}_L \cdot (c_2 - c_1)$ mit c_1 = Fluggeschwindigkeit

Raketenantrieb

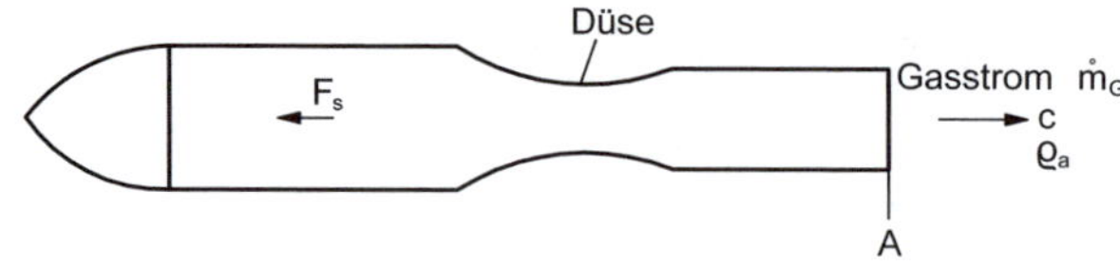

Abb. 1.39: Raketenantrieb

$$F_S = \dot{m}_G \cdot c$$

Der Raketenschub hängt also im Gegensatz zum Schub der Luftstrahltriebwerke nicht von der Fluggeschwindigkeit ab, sondern nur von der Impulskraft (Reaktions- oder Rückstoßkraft) des austretenden Gasstrahles $\dot{m}_G$:

$$\dot{m}_G = \rho \cdot \dot{V}_G \quad \text{und} \quad F_s = \rho_G \cdot \dot{V}_G \cdot c = \rho_G \cdot A \cdot c^2$$

1.3 Anlagenwiderstandskennlinie

Die Verluste in Rohrleitungsanlagen gem. Abschnitt 1.2 für Rohre, Kanäle, Armaturen, Formstücke, Einbauten etc. werden als Vielfaches des dynamischen Anteils der Bernoulli-Gleichung (Gleichung 1.13) $\Delta p_v = \frac{\rho}{2} \cdot c^2 \cdot \left(\lambda \cdot \frac{l}{d} + \Sigma\zeta \right)$ ausgedrückt. Es liegt die erweiterte spez. Energiegleichung von Bernoulli zugrunde:

$$\frac{p_1}{\rho} + \frac{c_1^2}{2} + g \cdot z_1 = \frac{p_2}{\rho} + \frac{c_2^2}{2} + g \cdot z_2 + \frac{\Delta p_v}{\rho}$$

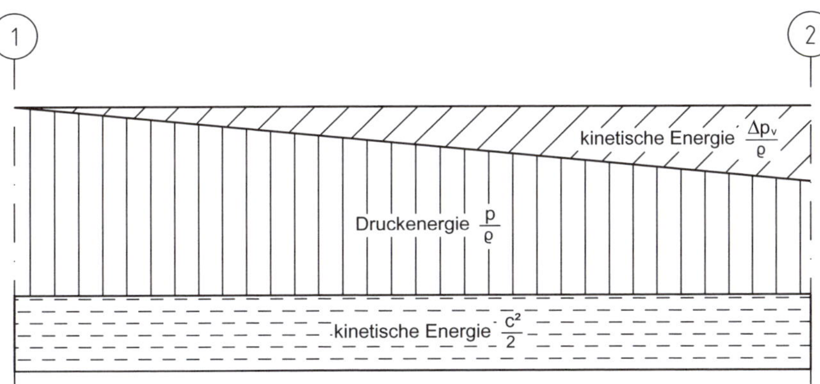

Abb. 1.40: Energieanteile einer reibungsbehafteten waagerechten Rohrströmung

Die Darstellung des gesamten Druckverlustes Δp_v einer Anlage über einen veränderlichen Volumenstrom $\dot{V}$ nennt man **Anlagenwiderstandskennlinie** oder kurz Anlagenkennlinie oder Rohrnetzkennlinie.

Durch Umformen der v. g. Druckverlustgleichung mit $c = \frac{\dot{V}}{A}$ wird:

$$\Delta p_v = \underbrace{\left(\lambda \cdot \frac{l}{d \cdot A^2} \cdot \frac{\rho}{2} + \Sigma\zeta \cdot \frac{\rho}{2A^2} \right)}_{\text{Systemkonstante } S} \cdot \dot{V}^2 = S \cdot \dot{V}^2 \qquad (1.18)$$

Nun kann man für jede Anlagenkomponente (Rohr, Armatur etc.) eine Einzelsystemkonstante gemäß

$$S_1 = \frac{\Delta p_{v1}}{\dot{V}_1^2}; \quad S_2 = \frac{\Delta p_{v2}}{\dot{V}_2^2}$$

usw. ermitteln, sodass gilt:

a) Serienschaltung

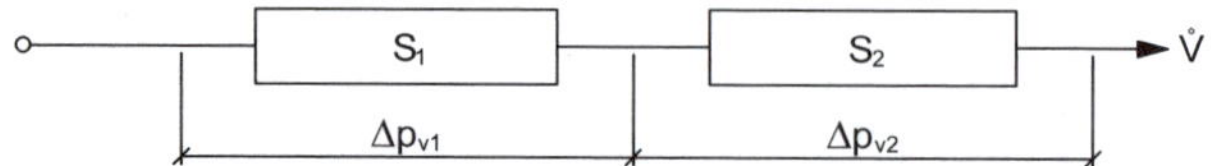

Abb. 1.41: Serienschaltung

$$\Delta p_v = \Delta p_{v1} + \Delta p_{v2} + \dots \Delta p_{vn}$$

$$S \cdot \dot{V}^2 = S_1 \cdot \dot{V}^2 + S_2 \cdot \dot{V}^2 + \dots S_n \cdot \dot{V}^2$$

b) Parallelschaltung

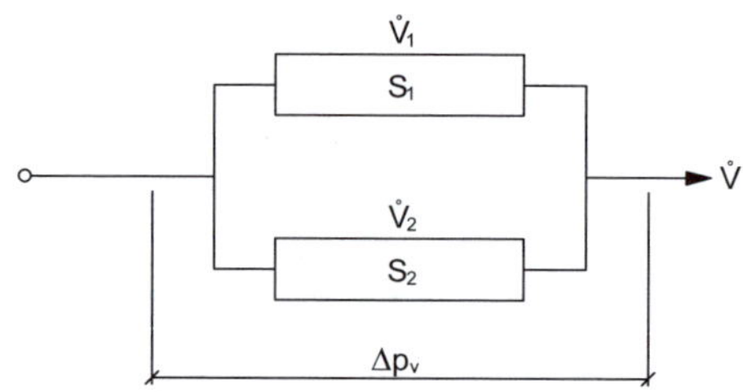

Abb. 1.42: Parallelschaltung

$$\dot{V} = \dot{V}_1 + \dot{V}_2 + \dots \dot{V}_n$$

$$\left(\frac{\Delta p_v}{S}\right)^{\frac{1}{2}} = \left(\frac{\Delta p_v}{S_1}\right)^{\frac{1}{2}} + \left(\frac{\Delta p_v}{S_2}\right)^{\frac{1}{2}} + \dots \left(\frac{\Delta p_v}{S_n}\right)^{\frac{1}{2}}$$

$$\frac{1}{\sqrt{S}} = \frac{1}{\sqrt{S_1}} + \frac{1}{\sqrt{S_2}} + \dots \frac{1}{\sqrt{S_n}}$$

c) Gemischte Schaltung

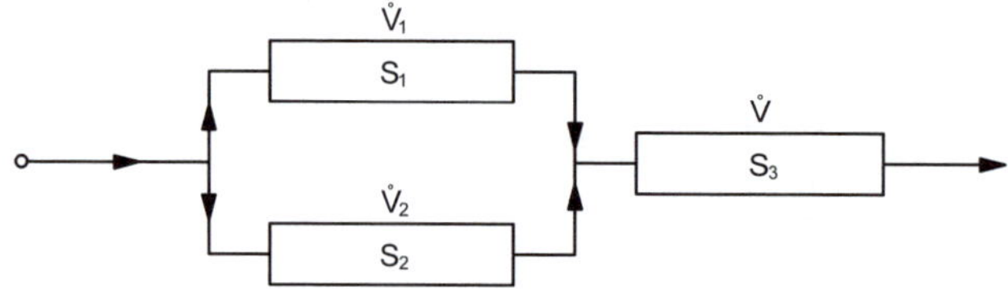

Abb. 1.43: Gemischte Schaltung

$$S = S_3 + \frac{S_1 \cdot S_2}{\left(\sqrt{S_1} + \sqrt{S_2}\right)^2}$$

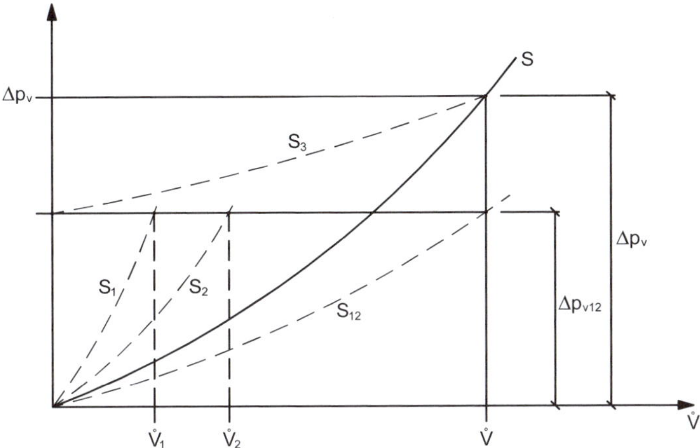

Abb. 1.44: Anlagenkennlinie einer gemischten Schaltung

Die Gleichung 1.6b in Abschnitt 1.2 mit der totalen Druckdifferenz Δp_t für den Mindestantrieb geschlossener Systeme wird analog zu:

$$P_{min} = \Delta pv \cdot \dot{V} = S \cdot \dot{V}^3 \text{ in W} \tag{1.19}$$

Anmerkung:

Die in Abschnitt 1.2.2 und Gleichung 1.12a abgeleiteten und in Tabellen (s. Anhang) angegebenen Widerstandsbeiwerte ζ für Armaturen (Drosselorgane wie Ventile, Klappen, Schieber, Hähne etc.) gelten für den vollgeöffneten Zustand (100 % Hub).

Der Druckverlust dieser Drosselorgane ist abhängig vom Öffnungszustand $\frac{\zeta}{A^2}$ in Gleichung 1.18, wobei $\zeta \geq \zeta_0 \geq \zeta_{00}$ bzw.

$A_0 \geq A\left(\zeta_0 \mathrel{\hat{=}} 100\,\%\,\text{Hub}, \quad \zeta \mathrel{\hat{=}} x\,\%\,\text{Hub}, \quad \zeta_{00} \mathrel{\hat{=}} 0\,\%\,\text{Hub}\right)$ ist.

1.3.1 k_v-Werte

Als eine charakteristische Kenngröße für das Durchflussverhalten von Drosselorganen in der Gebäudetechnik – vorwiegend Heizungstechnik – wird häufig der sogenannte k_{vs}-Wert in Herstellerkatalogen angegeben. Vor allem im MSR-Anlagenteil wird ausschließlich für die Regelarmatur der k_v-Wert verwendet. Der k_v-Wert ist nichts anderes als ein abgewandelter ζ-Wert der Armatur, das heißt $\zeta = f\left(k_v\right)$.

Nun hat man zur Beurteilung einer Armatur einen einheitlichen Strömungszustand festgelegt, die sogenannte

a) **Einheitsbedingung** mit den Parametern:

$\Delta p_0 = 1\,\text{bar}$ Druckdifferenz über die Armatur mit dem Fluid Wasser (5°... 30 °C) mit $\rho_0 = 1000\,\text{kg/m}^3$.

In der Gleichung 1.18 (bei Vernachlässigung der Reibung) tritt anstelle von $\dot{V}$ der k_{vs}-Wert:

$$\Delta p_0 = \frac{\zeta_0}{2A_0^{\,2}} \cdot \rho_o \cdot k_{vs}'^{\,2}; \quad A_0 \text{ in m}^2$$

k_{vs}-Wert = Wasservolumenstrom in m³/s bei 100 % betrachtetem Hub bei einer Druckdifferenz $\Delta p_0 = 1\,\text{bar}$

k_v-Wert in m³/h $= k'_v \cdot 3600$

Die k_{vs}-Werte werden für eine Baureihe ausgegeben bei 100 % Hub.

Man nennt bei Hubänderung den k_{vs}-Wert k_v-Wert!

Die sogenannte **Ventilkennlinie** ist die Abhängigkeit des k_v-Wertes vom Hub.

b) Man kann für die gleiche Armatur bzw. gleiches Drosselorgan nach Gleichung 1.12a/1.18 den Druckverlust berechnen:

$$\Delta p_v = \frac{\zeta}{A^2} \cdot \frac{\rho}{2} \cdot \dot{V}^2 \rightarrow \frac{\zeta}{A^2} = \frac{2 \cdot \Delta p_v}{\rho \cdot \dot{V}^2} \quad \text{mit } \rho = \text{Fluiddichte in kg/m}^3$$

und $$\Delta p_0 = \frac{\zeta_0}{A_0^2} \cdot \frac{\rho_0}{2} \cdot k'^2_{vs} \rightarrow \frac{\zeta_0}{A_0^2} = \frac{2 \cdot \Delta p_0}{\rho_0 \cdot k'^2_{vs}}$$

Man kann ζ aus k'_{vs} berechnen:

$$\zeta_0 = 2 \cdot \frac{10^5}{10^3} \cdot \left(\frac{A_0}{k'_{vs}}\right)^2 = 200 \cdot \left(\frac{A_0}{k'_{vs}}\right)^2$$

mit

$$A_0 \text{ in m}^2; \quad k'_{vs} \text{ in } \frac{\text{m}^3}{\text{s}}; \quad \Delta p_0 = 10^5\,\text{Pa}; \quad \rho_0 = 1000\,\frac{\text{kg}}{\text{m}^3}$$

Durch Umstellung der v. g. Gleichungen erhält man:

$$\frac{\zeta}{A^2} = \frac{\zeta_0}{A_0^2} \rightarrow \frac{\Delta p_0}{\rho_0 \cdot k'^2_{vs}} = \frac{\Delta p_v}{\rho \cdot \dot{V}^2} \tag{1.20}$$

Beispiel 1.21: Wie groß ist bei einem Stellventil mit den Herstellerangaben

k_{vs} = 3 m³/h und Δp_v = 0,01 bar der Volumenstrom $\dot{V}$ bei ρ = 950 kg/m³?

Mit Gleichung 1.20:

$$\dot{V} = \sqrt{\frac{\Delta p_v \cdot \rho_0 \cdot k^2_{vs}}{\rho \cdot \Delta p_0}} = \sqrt{\frac{0{,}01 \cdot 10^5\,\text{Pa} \cdot 1000\,\text{kg/m}^3 \cdot \left(\frac{3}{3600}\,\frac{\text{m}^3}{\text{h}}\right)^2}{950\,\text{kg/m}^3 \cdot 10^5\,\text{Pa}}} = 8{,}55 \cdot 10^{-5}\,\text{m}^3/\text{s} = 0{,}31\,\text{m}^3/\text{h}$$

Dieses Ergebnis kann man auch aus der Ventilkennlinie des Herstellers ablesen.

Beim Einbau von Regelventilen in einen Strömungskreis muss das Ventil einen gewissen Druckverlustanteil Δp_v am gesamten Druckabfall des Kreises haben (Ventilautorität), damit es wirksam ist.

Die Ventilautorität $P_v = \frac{\Delta p_v}{\Delta p}$ weist überlicherweise einen Wert von etwa 0,5 auf in der Gebäudetechnik.

2 Grundlagen der Strömungsarbeitsmaschinen Pumpen, Ventilatoren

Das in Abschnitt 1.2, Gleichung 1.5 aufgeführte **Verlustglied** Δp_v (bzw. w_v in Gleichung 1.6), welches bei der „realen Strömung" durch die Druckverluste entsteht, muss durch ein **Arbeitsglied** Δp_t (bzw. w_t in Gleichung 1.6) ersetzt werden, damit eine Strömung bzw. Förderung stattfinden kann. Betrachtet man zwei Stellen, z. B. Ein- und Austritt einer Anlage, so ergibt die erweiterte Bernoulli-Gleichung 1.6:

$$\dot{m} \cdot \left(\frac{c_1^2}{2} + g \cdot z_1 + \frac{p_1}{\rho} + w_t \right) = \dot{m} \cdot \left(\frac{c_2^2}{2} + g \cdot z_2 + \frac{p_2}{\rho} + w_v \right)$$

Das Arbeitsglied $\dot{m} \cdot w_t$ ist im Anlagenbau der Gebäudetechnik die Pumpe oder der Ventilator.

Wie bereits in Abschnitt 1.2 aufgeführt, ist

w_t = spez. Antriebsarbeit in J/kg (= m²/s²), bei Pumpen auch **Stutzenarbeit** *Y* genannt, und w_v = spez. Verlustarbeit in J/kg.

Das Arbeitsglied multipliziert mit dem Massenstrom $\dot{m}$ wird $\dot{m} \cdot w_t$ und ist die **hydraulische Leistung**:

$$P_h = \dot{m} \cdot w_t \text{ in} \cdot \left[\frac{\text{kg}}{\text{s}} \cdot \frac{\text{J}}{\text{kg}} = \frac{\text{J}}{\text{s}} = \text{W} \right] \quad (2.1)$$

Und bei Pumpen:

$$P_h = \dot{m} \cdot Y = \rho \cdot g \cdot H \cdot \dot{V} \quad (2.1a)$$

H ist die Förderhöhe in m.

Die zuzuführende Wellenleistung:

$$P_w = \frac{P_h}{\eta} \text{ in W} \quad (2.1b)$$

η = Wirkungsgrad

Diese Antriebsleistung P_w ist erforderlich, um die reale Strömung aufrechtzuerhalten bzw. einen Medientransport zu ermöglichen. Die Gleichung 1.6 gilt allgemein für **offene Systeme** mit der zu überwindenden Höhendifferenz $z_2 - z_1$. Bei den Heizungs- und Kühlwasseranlagen in der Gebäudetechnik handelt es sich um **geschlossene Systeme**, d. h., es entfällt die Höhe *z*. In der Lufttechnik wird i. d. R. die Höhe vernachlässigt, obwohl es sich um offene Systeme handelt.

2.1 Anwendung in der Gebäudetechnik

Die v. g. erweiterte Bernoulli-Gleichung ist eine Energiegleichung:

$$\underbrace{\frac{\dot{m}}{2} \cdot c_1^2 + \dot{m} \cdot g \cdot z_1 + \dot{m} \cdot \frac{p_1}{\rho} + \dot{W}_t}_{\dot{E}_1} = \underbrace{\frac{\dot{m}}{2} \cdot c_2^2 + \dot{m} \cdot g \cdot z_2 + \dot{m} \cdot \frac{p_2}{\rho} + \dot{E}_v}_{\dot{E}_2}$$

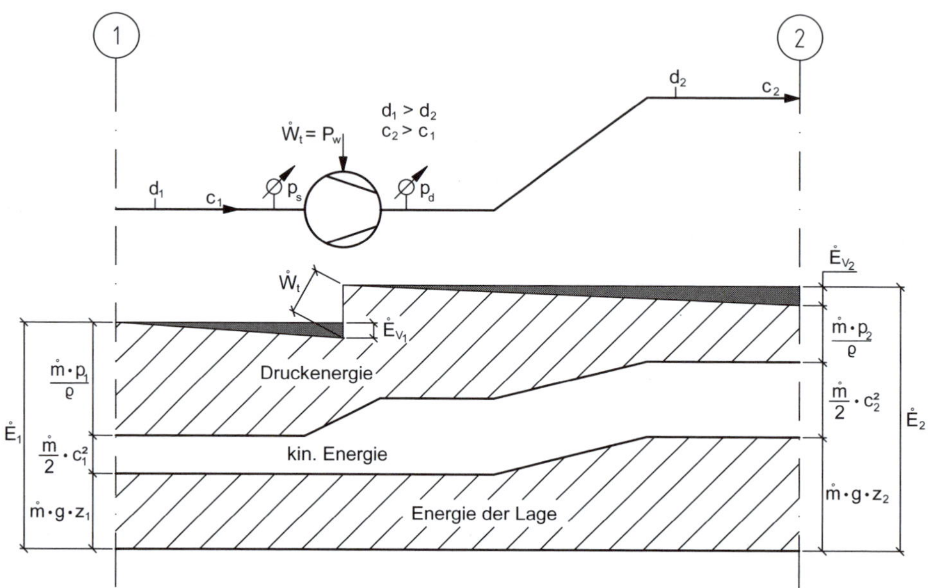

Abb. 2.1: Erweiterte Bernoulli-Gleichung einer Pumpe/Ventilator-Anlage

a) Pumpe

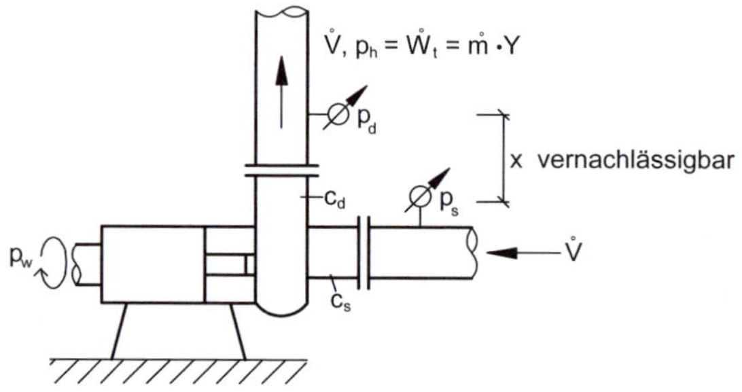

Abb. 2.2: Bezeichnungen bei Pumpen

Pumpenstutzenarbeit $Y = \frac{p_d - p_s}{\rho} + \frac{c_d^2 - c_s^2}{2} + x \cdot g$ (2.2)

Totaldruckdifferenz $\Delta p_t = (p_d - p_s) + \frac{\rho}{2} \cdot \left(c_d^2 - c_s^2\right)$ in Pa oder bar (2.2a)

Theoretische Förderleistung (s. Gl. 2.1a) $P_h = \dot{m} \cdot Y = \rho \cdot g \cdot H \cdot \dot{V}$ in W oder kW

Antriebsleistung (s. Gl. 2.1b) $P_w = \frac{P_h}{\eta} = \frac{\Delta p_t \cdot \dot{V}}{\eta_P}$ in W oder kW

b) Ventilator

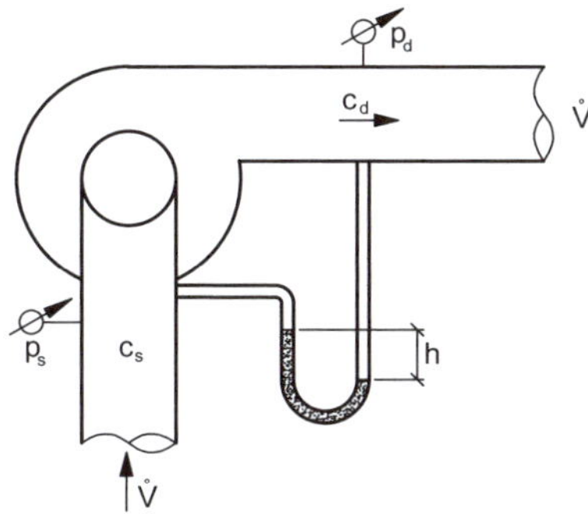

Abb. 2.3: Bezeichnungen bei Ventilatoren

Totaldruckdifferenz $\Delta p_t = (p_d - p_s) + \frac{\rho}{2} \cdot (c_d^2 - c_s^2)$ in Pa

Theoretische Förderleistung $P_h = \Delta p_t \cdot \dot{V}$ in W

Antriebsleistung (s. Gl. 2.1b) $P_w = \frac{P_h}{\eta_v}$ in J/s = W

η_p und η_v sind die Wirkungsgrade an der Welle.

Der Gesamtwirkungsgrad inklusive der Antriebsmotor η_{el} ergibt $\eta_{ges} = \eta_p \cdot \eta_{el}$ bzw. $\eta_v \cdot \eta_{el}$, sodass

$$P = \frac{P_h}{\eta_{ges}} \text{ in W wird.} \qquad (2.2b)$$

Anmerkung

In der Praxis sind die Bezeichnungen gem. Abbildung 2.2 und 2.3 üblich. Wobei c_d = **Druckseitengeschwindigkeit** und c_s = **Saugseitengeschwindigkeit** sind anstelle von c_1 bzw. c_2. Während p_d bzw. p_s nicht gleich p_1 bzw. p_2 sind, denn die Gleichung 2.2a $\Delta p_t = (p_d - p_s) + \frac{\rho}{2} \cdot (c_d^2 - c_s^2)$ enthält, im Vergleich zu Gleichung 1.6, mit p_d bzw. p_s ggf. den Höhendruck $z \cdot \rho \cdot g$ und den Druckverlust Δp_v.

Anstelle von z wird oft h verwendet. Wenn $d_1 = d_2$ ist, wird die kinetische Energie gleich null.

Beispiel 2.1

Ein **Pumpspeicher-Kraftwerk** ist eine Wasserkraftanlage, die sowohl im **Turbinenbetrieb** zur Stromerzeugung als auch im **Pumpenbetrieb** zum Hochpumpen von Wasser für die spätere Stromerzeugung geschaltet werden kann.

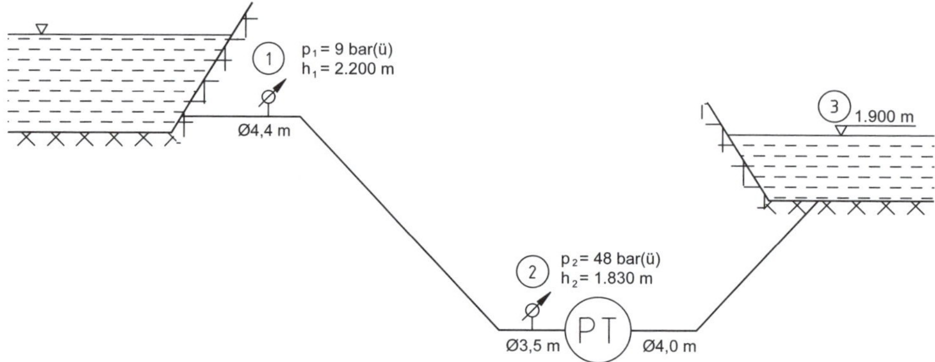

Abb. 2.4: Wasserkraftwerk zu Beispiel 2.1

Bei den gegebenen Daten fließen $\dot{V} = 60\,\text{m}^3/\text{s}$ Wasser.

Gesucht:

a) Arbeitet die Anlage im Pumpen- oder im Turbinenbetrieb?

b) Wie groß sind die Verluste an mechanischer Energie zwischen den Stellen 1 und 2 in spez. Energie Δe_v sowie Höhendruckverlust Δh_v?

c) Wie groß ist die Turbinenleistung oder Pumpenleistung an der Welle, wenn die Turbinen- und Pumpenwirkungsgrade $\eta = 0{,}9$ sind? Zwischen den Stellen 3 und 2 treten Reibungsverluste auf mit einem ζ-Wert von 3,0 bezogen auf 4 m Rohrdurchmesser.

Lösung:

Zu a)

Annahme: Turbinenbetrieb von 1 zu 2, d. h. Δp_v zu dem Index 2 (s. Abbildung 1.20 und Gleichung 1.16)

$$p_1 + \frac{\rho}{2} \cdot c_1^2 + \rho \cdot g \cdot h_1 = p_2 + \frac{\rho}{2} \cdot c_2^2 + \rho \cdot g \cdot h_2 + \Delta p_{v\text{-}12}$$

$$c_1 = \frac{\dot{V}}{d_1^2 \cdot \pi/4} = \frac{60\,\text{m}^3/\text{s}}{(4{,}4\,\text{m})^2 \cdot \pi/4} = 3{,}95\,\text{m/s}$$

$$c_2 = \frac{60}{3{,}5^2 \cdot \pi / 4} = 6{,}24\,\text{m/s}$$

$$\Delta p_{v\text{-}12} = \left(10 \cdot 10^5 \frac{\text{kg}}{\text{m} \cdot \text{s}^2} + 500 \frac{\text{kg}}{\text{m}^3} \cdot \left(3{,}95 \frac{\text{m}}{\text{s}} \right)^2 + 500 \frac{\text{kg}}{\text{m}^3} \cdot 9{,}81 \frac{\text{m}}{\text{s}^2} \cdot 2200\,\text{m} \right)$$
$$- \left(49 \cdot 10^5 \frac{\text{kg}}{\text{m} \cdot \text{s}^2} + 500 \frac{\text{kg}}{\text{m}^3} \cdot \left(6{,}24 \frac{\text{m}}{\text{s}} \right)^2 + 1000 \frac{\text{kg}}{\text{m}^3} \cdot 9{,}81 \frac{\text{m}}{\text{s}^2} \cdot 1830\,\text{m} \right) = -2{,}82\,\text{bar}$$

Da Δp_v für den Verlust an mechanischer Energie aus der Strömung steht $\left(p_v = \Delta p_v \cdot \dot{V} \right)$, kann dies nur positiv sein. Δp_v muss in der Gleichung zu der Index „1"-Seite stehen, d. h., es handelt sich um **Pumpenbetrieb** von 2 → 1.

Zu b)

$\Delta p_{\text{v-12}} = 2{,}82\,\text{bar}$ und mit Gleichung 1.6:

$$w_\text{v} = \frac{\Delta p_{\text{v-12}}}{\rho} = \frac{2{,}82\cdot 10^5\,\frac{\text{kg}}{\text{m}\cdot\text{s}^2}}{1000\,\frac{\text{kg}}{\text{m}^3}} = 282\ \text{J/kg} = e_\text{v}$$

$$\Delta h_\text{v} = \frac{\Delta p_\text{v}}{\rho\cdot g} = \frac{2{,}82\cdot 10^5\,\frac{\text{kg}}{\text{m}\cdot\text{s}^2}}{1000\,\frac{\text{kg}}{\text{m}^3}\cdot 9{,}81\frac{\text{m}}{\text{s}^2}} = 28{,}7\ \text{m}$$

Der Verlust an spez. Energie beträgt 282 J/kg und der Höhendruckverlust liegt bei 28,7 m.

Zu c)

Die hydraulische Wellenleistung der Pumpe und der Turbine sind gleich.

Mit Gleichung 2.2:

$$Y = w_\text{t} = \frac{p_\text{d} - p_\text{s}}{\rho} + \frac{c_2^{\,2} - c_3^{\,2}}{2}$$

$$p_\text{s} = \Delta h\cdot\rho\cdot g - \Delta p_{\text{v-32}} = \Delta h\cdot\rho\cdot g - \zeta\cdot\frac{\rho}{2}\cdot c_3^{\,2}$$

$$c_3 = \frac{\dot V}{d_3^{\,2}\cdot\pi/4} = \frac{60\,\text{m}^3/\text{s}}{(4\,\text{m})^2\cdot\pi/4} = 4{,}78\ \text{m/s}$$

$$p_\text{s} = 70\cdot 1000\,\text{kg/m}^3\cdot 9{,}81\,\text{m/s}^2 - 3\cdot\frac{1000}{2}\text{kg/m}^3\cdot\left(4{,}78\,\text{m/s}\right)^2 = 6{,}52\ \text{bar}$$

$$Y = \frac{\left(48 - 6{,}52\right)\cdot 10^5\,\frac{\text{kg}}{\text{m}\cdot\text{s}^2}}{1000\,\frac{\text{kg}}{\text{m}^3}} + \frac{\left(6{,}24\,\frac{\text{m}}{\text{s}}\right)^2 - \left(4{,}78\,\frac{\text{m}}{\text{s}}\right)^2}{2} = 4156\ \text{J/kg} = w_\text{t}$$

$$\dot m = \rho\cdot\dot V$$

$$P_\text{h} = \dot m\cdot Y = 60\cdot 1000\,\text{kg/s}\cdot 4156\,\text{J/kg} = 249{,}36\cdot 10^6\,\text{W} = 249{,}36\ \text{MW}$$

$$P_{\text{W-P}} = \frac{P_\text{h}}{\eta} = \text{Pumpenleistung} = \frac{249{,}36\,\text{MW}}{0{,}9} = 277\ \text{MW}$$

Die Turbinenleistung $P_{\text{W-T}} = P_\text{h}\cdot\eta = 249{,}36\,\text{MW}\cdot 0{,}9$

$$= 227{,}42\ \text{MW}$$

Nutzungsgrad des Pumpspeicherkraftwerks:

$$\eta_\text{nutz} = \frac{P_{\text{W-T}}}{P_{\text{W-P}}} = \frac{224{,}42}{277} = \text{ca. } 81\,\%$$

Beispiel 2.2

An einer Kreiselpumpe wurden gemessen:

$p_s = 0,28\,\text{bar(u)}$, $p_d = 3,86\,\text{bar(ü)}$, $x = 0,45\,\text{m}$, $p_b = 0,97\,\text{bar}$, $\dot{V} = 64\,\text{m}^3/\text{h}$,

$d_1 = 100\,\text{mm}\varnothing$, $d_2 = 80\,\text{mm}\varnothing$

Gesucht: (s. Abbildung 2.2)

a) Spez. Förderarbeit (Stutzenarbeit) Y und die Förderhöhe H

b) Hydraulische Leistung P_h und die Wellenleistung P_w für $\eta_p = 0,74$

c) Gesamte Antriebsleistung P für $\eta_{motor} = 0,89$

d) Absolutdruck im Saugstutzen p_s

Lösung:

Zu a)

$$Y = \frac{p_d - p_s}{\rho} + g \cdot x + \frac{c_d^2 - c_s^2}{2}$$

$$= \frac{(3,86 + 0,97) - (0,97 - 0,28)}{1000\,\text{kg/m}^3} \cdot 10^5\,\frac{\text{kg}}{\text{m} \cdot \text{s}^2} + 9,81\,\text{m/s}^2 \cdot 0,45\,\text{m} + \frac{(3,54\,\text{m/s})^2 - (2,27\,\text{m/s})^2}{2} = 422,1\,\text{J/kg}$$

$$c_s = \frac{64\,\text{m}^3/\text{h}}{3600 \cdot (0,1\,\text{m})^2 \cdot \pi / 4} = 2,27\,\text{m/s}$$

$$c_d = \frac{64}{3600 \cdot 0,08^2 \cdot \pi / 4} = 3,54\,\text{m/s}$$

Die spez. Förderarbeit beträgt 422,1 J/kg.

Laut Gleichung 2.1a:

$$P_h = \dot{m} \cdot Y = \rho \cdot g \cdot H \cdot \dot{V}$$

$$H = \frac{Y}{g} = \frac{422,1\,\text{J/kg}}{9,81\,\text{m/s}^2} = 43,03\,\text{m}$$

Die Förderhöhe H beträgt 43,03 m.

Zu b)

$$P_h = \dot{m} \cdot Y = \dot{V} \cdot \rho \cdot Y = \frac{64\,\text{m}^3/\text{h} \cdot 1000\,\text{kg/m}^3}{3600} \cdot 422,1\,\frac{\text{J}}{\text{kg}} = 7,5\,\text{kW}$$

$$P_w = \frac{P_h}{\eta_p} = \frac{7,5\,\text{kW}}{0,74} = 10,14\,\text{kW}$$

Die hydraulische Leistung beträgt 7,5 kW, die Wellenleistung liegt bei 10,14 kW.

Zu c)

$$P = \frac{P_w}{\eta_{el}} = \frac{10{,}14\,\text{kW}}{0{,}89} = 11{,}4\ \text{KW}$$

Die gesamte Antriebsleistung beträgt 11,4 kW.

Zu d)

$$p_s = p_b - p_s(u) = 0{,}97 - 0{,}28 = 0{,}69\ \text{bar}$$

Der Absolutdruck im Saugstutzen beträgt 0,69 bar.

In der Praxis wird i. d. R. der Manometerabstand *x* vernachlässigt.

Beispiel 2.3

Gegeben:

Eine Pumpenanlage mit folgenden Daten: $\dot{V} = 60\ \text{m}^3/\text{h}$, $H = 31\,\text{m}$, $P_w = 8{,}1\,\text{kW}$,

$\zeta_{12} = 6{,}5$, $p_b = 1{,}02\ \text{bar}$, $1\text{Pa} = 1/9{,}81\,\text{mmWS}$; $P_b = 1{,}02 \cdot 10^5\,\text{Pa} = 10{,}39\,\text{mWS}$

Gesucht:

- Saugseitedruck p_s, Druckseitedruck p_d in bar
- hydraulische Leistung P_h, Pumpenwirkungsgrad η_p

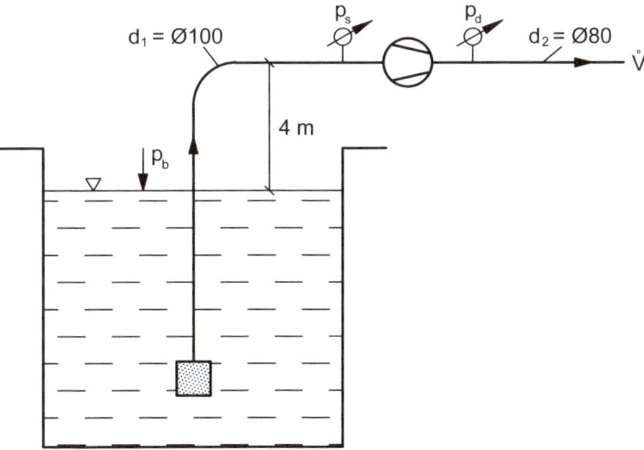

Abb. 2.5: Darstellung zu Beispiel 2.3

Lösung:

Zu a) mit Gleichung 1.16 bezogen auf die Saugseite:

$$c_1 = \frac{\dot{V}}{A} = \frac{60\,\text{m}^3/\text{h}}{3600 \cdot (0{,}1\text{m})^2 \cdot \pi / 4} = 2{,}13\ \text{m/s}$$

$$c_2 = \frac{60\,\text{m}^3/\text{h}}{3600 \cdot (0{,}08\,\text{m})^2 \cdot \pi / 4} = 3{,}32\ \text{m/s}$$

Saugseite:

$$p_b + \underbrace{\frac{\rho}{2} \cdot c_b^2}_{=0} + \underbrace{z_b \cdot \rho \cdot g}_{=0} = p_s + \frac{\rho}{2} \cdot c_s^2 + z_s \cdot \rho \cdot g + \Delta p_{vs}$$

$$p_s = 1{,}02 \cdot 10^5 - 500 \cdot 2{,}13^2 - \frac{1{,}02 \cdot 4}{10{,}2} - \Delta p_{vs}$$

$$\Delta p_{vs} = \zeta_{12} \cdot \frac{\rho}{2} \cdot c_1^{\,2} = 6{,}5 \cdot 500\,\text{kg/m}^3 \cdot \left(2{,}13\,\text{m/s}\right)^2 = 0{,}15\ \text{bar}$$

$$p_s = (1{,}02 - 0{,}023 - 0{,}4 - 0{,}15)\,\text{bar} = 0{,}45\ \text{bar}$$

Laut Gleichung 2.2a:

$$\Delta p_t = p_d - p_s + \frac{\rho}{2} \cdot \left(c_2^{\,2} - c_1^{\,2}\right) = H \cdot \rho \cdot g = 31\,\text{m} \cdot 1000\,\text{kg/m}^3 \cdot 9{,}81\,\text{m/s}^2 = 3{,}041\,\text{bar}$$

$$p_d = \underbrace{\Delta p_t}_{H \cdot \rho \cdot g} + p_s - \frac{\rho}{2}(c_2^2 - c_1^2)$$

$$p_d = (3{,}041 + 0{,}45 - 0{,}032)\ \text{bar} = 3{,}46\ \text{bar}$$

Zu b)

$$P_h = \rho \cdot g \cdot H \cdot \dot{V} = 1000\frac{\text{kg}}{\text{m}^3} \cdot 9{,}81\frac{\text{m}}{\text{s}^2} \cdot 31\,\text{m} \cdot \frac{60}{3600}\frac{\text{m}^3}{\text{s}} = 5{,}048\ \text{kW}$$

$$\eta_p = \frac{P_h}{P_w} = \frac{5{,}048\,\text{kW}}{8{,}1\,\text{kW}} = 0{,}62$$

In der Gebäudetechnik werden zur Förderung ausschließlich Kreiselpumpen (s. Abschnitt 2.4) eingesetzt, was in den v. g. Beispielen angewendet wurde. Erwähnenswert sind in diesem Zusammenhang die sogenannten **Kolbenpumpen** (Verdrängungspumpen). Als Beispiel soll hier die einfache Bauart genannt werden, die **Hubkolbenpumpe**. Nachstehendes Beispiel dient auch zum Verständnis des hydraulischen Grundgesetzes.

Vorbemerkung:

Kolbenpumpen (oder Verdrängerpumpen) arbeiten nach dem **volumetrischen Prinzip** mit statischer Arbeitsübertragung, die **periodisch** erfolgt.

Kreiselpumpen (Strömungsmaschinen) arbeiten nach dem **Strömungsprinzip** mit dynamischer Arbeitsübertragung, die **konstant** erfolgt.

Einsatzgebiete im Vergleich:

- Kolbenpumpe für kleinere Volumenströme, jedoch für große Förderhöhen

  und die

- Kreiselpumpe für größere Förderströme und kleinere Förderhöhen.

Die Übergänge sind fließend in der Anwendung.

Die Saughöhe einer Pumpe würde theoretisch bei $\Delta p_v = 0$ einen Saugdruck von $p_b = 0$ bar (Vakuum im Saugrohr) erreichen. Für Wasser wäre bei normalem Luftdruck $p_b = 1\,\text{bar} \mathrel{\hat{=}} h_b = 10{,}23\,\text{m}$, d. h., diese Höhe könnte die Pumpe ansaugen.

Praktisch ist diese Saughöhe nicht erreichbar, einmal bedingt durch die Druckverluste Δp_v und zum anderen scheiden Flüssigkeiten stets Dämpfe aus, die von einem bestimmten, von der Flüssigkeitstemperatur abhängigen Druck den **Dampfdruck**, ausüben. Die zugehörige Druckhöhe h_D ist noch in Abzug zu bringen (s. Abschnitt 1.1.2), z. B. ist der Dampfdruck von Wasser bei 20 °C $p_D = 0{,}02337\,\text{bar} \mathrel{\hat{=}} h_D = 0{,}24\,\text{m}$ (aus der Sattdampftafel) und bei 60 °C $p_D = 0{,}20\,\text{bar} \mathrel{\hat{=}} 2{,}07\,\text{m}$. Man kann ein Saugrohr im Höchstfalle nur bis zum Dampfdruck leerpumpen.

Für Wasser ist die größte erreichbare Saughöhe, bei $\Delta p_v = 0$, bei normalem Luftdruck p_b:

$$h'_{\text{s-max}} = 10{,}23\,\text{m} - h_D$$

Es ist deshalb nicht möglich, Wasser von 100 °C anzusaugen. Deshalb ist die natürliche Begrenzung der Saughöhe von entscheidender Bedeutung:

$$h_{\text{s-max}} = 10{,}23\,\text{m} - \left(h_D + \Delta h_{vs}\right)$$

Beispiel 2.4

Brunnenanlage mit Kolbenpumpe, siehe Abb. 2.6

Druckverluste $\Delta p_v = 0$, $p_b = 1\,\text{bar}$, Dampfdruck vernachlässigt.

a) **Saughub**: Das Druckventil schließt sich und das Saugventil öffnet sich.

Unterdruck $p_1 = p_u = \rho \cdot g \cdot h_1 = 1000\,\text{kg/m}^3 \cdot 9{,}81\,\text{m/s}^2 \cdot 4{,}5\,\text{m} = 44145\,\text{Pa} = 0{,}44145\,\text{bar(u)}$

Kolbenkraft $F_1 = p_1 \cdot A = p_1 \cdot d^2 \cdot \pi / 4$

$$= 0{,}44145 \cdot 10^5 \frac{\text{kg}}{\text{m} \cdot \text{s}^2} \cdot \left(0{,}18\,\text{m}\right)^2 \cdot \pi / 4 = 1122{,}8\,\text{N}$$

Der Unterdruck darf nicht auf den Dampfdruck, der zu der betreffenden Wassertemperatur gehört, absinken, sonst fängt das Wasser an zu sieden. Durch den entstehenden Dampf würde das Wasser am Kolben abreißen und die Pumpe nicht mehr arbeiten.

b) **Druckhub**: Das Saugventil schließt und das Druckventil öffnet sich.

Überdruck $p_2 = \rho \cdot g \cdot h_2 = 1000\,\text{kg/m}^3 \cdot 9{,}81\,\text{m/s}^2 \cdot 13\,\text{m} = 127530\,\text{Pa} = 1{,}275\,\text{bar(ü)}$

Kolbenkraft $F_2 = p_2 \cdot A = p_2 \cdot d^2 \cdot \pi / 4 = 127530 \cdot 0{,}18^2 \cdot \pi / 4 = 3243{,}6\,\text{N}$

c) **Kolbenarbeit**

$$W = \left(F_1 + F_2\right) \cdot s = \left(1122{,}8\,\text{N} + 3243{,}6\,\text{N}\right) \cdot 0{,}25\,\text{m}$$

$$= 1091{,}6\,\text{Nm/Hub} = 1{,}0916\,\text{kJ}$$

d) **Förderleistung**

$$P_{th} = n \cdot W = \frac{300}{60\,\text{s}} \cdot 1091{,}6\,\text{Nm} = 5458\,\text{W} = 5{,}46\,\text{kW}$$

Druckbetrachtung: (s. Abschnitt 1.1.2.1)

$$\Delta p = p_2 - p_1 = \left(p_b + p_ü\right) - \left(p_b - p_u\right) = p_ü + p_u$$

$$= 1{,}275\,\text{bar} + 0{,}44145\,\text{bar} = 1{,}717\ \text{bar}$$

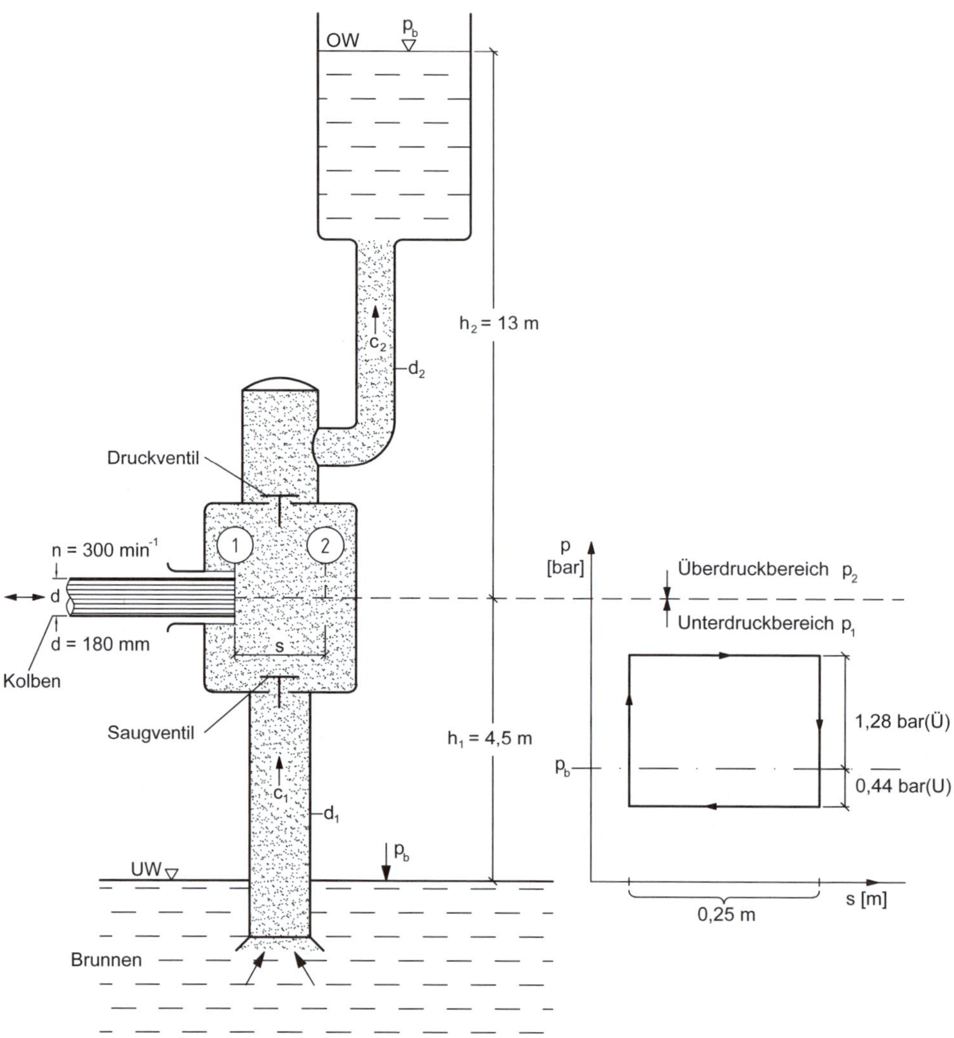

Abb. 2.6: Kolbenpumpe, Förderung in einen Hochbehälter, mit Indikatordiagramm

2.2 Energieumsetzung im Laufrad

Der im Abschnitt 1.2.2 hergeleitete Impulssatz enthält die Dichte als freie Zustandsvariable und ist somit uneingeschränkt anwendbar für inkompressible und kompressible Fluide. Ein Fluidstrom kann ebenfalls außer einem Translationsimpuls einen Drall aufweisen. Bei stationärer Strömung spricht man entsprechend von **Impuls- und Drallströmen**.

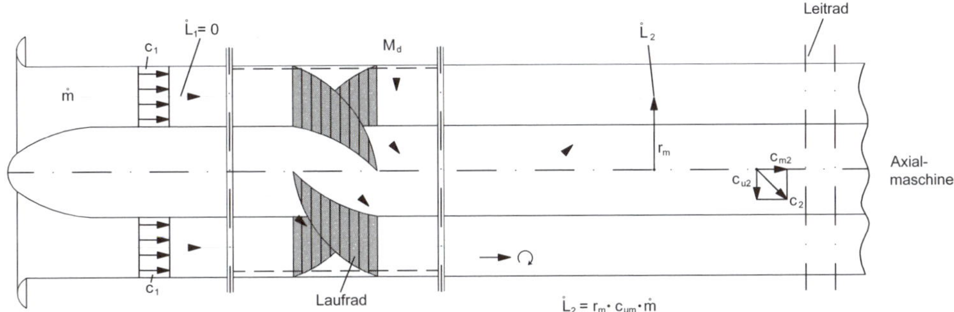

Abb. 2.7: Zum Drallbegriff, Umlenkung der Fluidströme durch Schaufeln

Für die gesamte Energieumsetzung sind nach dem Impulssatz <u>nur</u> der Eintritt und der Austritt aus der ganzen Beschaufelung maßgebend:

$$P = \dot{m} \cdot \left[\underbrace{\left(\frac{p_2}{\rho} + \frac{c_2^{\,2}}{2} \right)}_{\text{Austritt}} - \underbrace{\left(\frac{p_1}{\rho} + \frac{c_1^{\,2}}{2} \right)}_{\text{Eintritt}} \right] \text{in W}$$

Anknüpfend an den Impulssatz Gleichung 1.12 $F = \dot{m} \cdot (c_2 - c_1)$ ist analog der Drehimpuls:

$L = I \cdot r$

Und an Stelle von c tritt c_u (Umfangskomponente), die im rechten Winkel angreifende Geschwindigkeit am Rad (Abbildung 2.8).

Die Umfangskomponente c_u ist die mitentscheidende Geschwindigkeit für die Leistungen.

Drehimpuls (Drall):

$$L = \underbrace{m \cdot c_u}_{\text{analog } I} \cdot r = V \cdot \rho \cdot c_u \cdot r$$

$$\frac{dI}{dt} = \dot{m} \cdot c_u \cdot r = M \text{ (Drehmoment)}$$

$$dM = d\left(\frac{d(m \cdot c_u \cdot r)}{dt} \right) = d\left(c_u \cdot r \cdot \frac{dm}{dt} + \underbrace{m \cdot \frac{dc_u \cdot r}{dt}}_{\text{null bei stationärer Strömung}} \right)$$

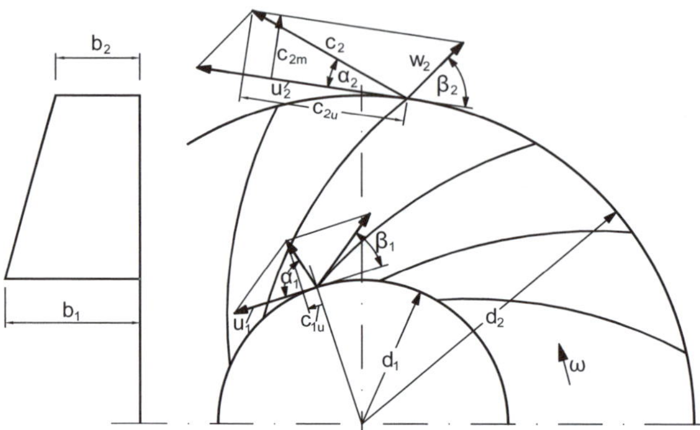

Abb. 2.8: Laufrad einer Radialmaschine

$$M = \int_1^2 d\left(c_u \cdot r \cdot \frac{dm}{dt}\right) = \dot{m} \cdot (r_2 \cdot c_{u2} - r_1 \cdot c_{u1}) \text{ in Nm} \tag{2.3}$$

und die theoretische Leistung:

$$P_{th} = M \cdot \omega = \dot{m} \cdot \omega \cdot (r_2 \cdot c_{u2} - r_1 \cdot c_{u1}) \text{ in W}$$

$$\omega = 2\pi \cdot f \text{ in s}^{-1}$$

Nimmt man die Radumfangsgeschwindigkeit u:

$u = r \cdot \omega$, so wird

$$P_{th} = \dot{m} \cdot (c_{u2} \cdot u_2 - c_{u1} \cdot u_1) \tag{2.4}$$

Bei axialen Strömungsmaschinen ist $r_1 = r_2 = r$

und

$$P_{th} = \dot{m} \cdot \omega \cdot r \cdot (c_{u2} - c_{u1}) \tag{2.5}$$

Man strebt bei Pumpen und Ventilatoren einen **stoßfreien Eintritt** $c_{u1} = 0$ an, d. h. **drallfreie Anströmung**. Dadurch werden die minimalen Antriebsleistungen erzielt.

Man kann die zugeführte Leistung (verlustfrei) als Umwandlungsvarianten sehen:

$$P_{th} = \underbrace{F_s \cdot c_s}_{\text{Impulssatz}} = \underbrace{A \cdot \Delta p \cdot c_s}_{\text{Energiesatz}} = \underbrace{M \cdot \omega}_{\text{Drallsatz}}$$

Die Gleichung 2.4 wird als 1. Ausdrucksform der **Euler'schen Strömungsmaschinen Hauptgleichung** genannt.

Sie lässt sich ganz allgemein formulieren:

$$Y_{th} = (c_{u2} \cdot u_2 - c_{u1} \cdot u_1) \text{ für Pumpen} \tag{2.6}$$

In der Darstellung Abbildung 2.8 der Geschwindigkeitspläne bedeuten

c = Absolutgeschwindigkeit in m/s

u = Umfangsgeschwindigkeit in m/s

w = Relativgeschwindigkeit in m/s

c_m = Meridiangeschwindigkeit in m/s

Durch Umformung der geometrischen Beziehungen lässt sich die 2. Ausdrucksform der **Euler'schen Strömungsmaschinen Hauptgleichung** darstellen:

$$Y_{th} = \frac{1}{2} \cdot \left[\left(u_2^2 - u_1^2 \right) + \left(c_2^2 - c_1^2 \right) + \left(w_1^2 - w_2^2 \right) \right] \tag{2.7}$$

Der 1. Ausdruck $\left(u_2^2 - u_1^2 \right)$ ist die Energieumsetzung durch die **Fliehkräfte**, der 2. Term $\left(c_2^2 - c_1^2 \right)$ ist die kinetische Energie der **Absolutströmung** und der 3. Term $\left(w_1^2 - w_2^2 \right)$ steht für die Energieumsetzung durch **Beschleunigung** der **Relativströmung**.

Bei Radialströmungsmaschinen wird – zur Erzielung hoher Stutzenarbeiten Y – das Laufrad $\left(u_2 > u_1 \right)$ zentrifugal durchströmt.

Für Pumpen und Ventilatoren ist der Ausdruck: $\frac{\rho}{2} \cdot \left[\left(u_2^2 - u_1^2 \right) + \left(w_1^2 - w_2^2 \right) \right]$ die **statische Druckerhöhung** oder der **Spaltdruck**.

Das Schema der Energiezufuhr zeigt Abb. 2.9 am Beispiel der Axial- und Radialmaschine. Über Welle und Laufradkörper wird dem Fluid mechanische Leistung zugeführt. Diese Zunahme wirkt sich teils als Erhöhung der kinetischen Energie und teils als Zunahme der Druckenergie aus.

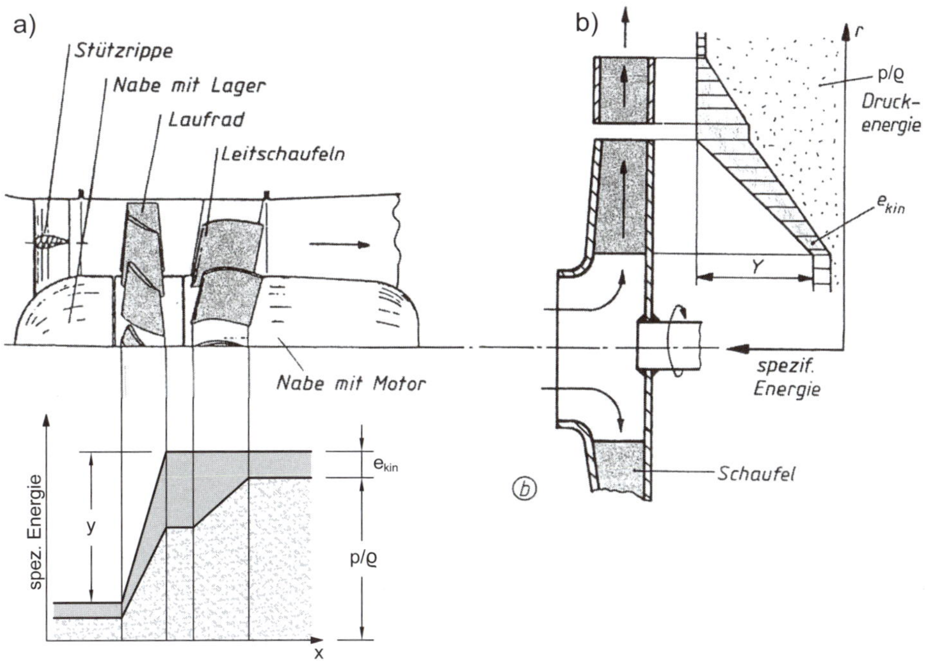

Abb. 2.9: Energieumsetzung: a) Axialventilator, b) Radialpumpe

Die kinetische Energie wird in einer nachgeschalteten **Leitvorrichtung** (feststehend) durch Verzögerung ebenfalls in Druckenergie umgesetzt. Da das Laufrad dem Fluid unweigerlich einen Drall aufprägt, ist es Aufgabe der Leitvorrichtung, diesen Drall (unter Druckgewinn) wieder rückgängig zu machen (den Drall wieder aufzustellen).

2.3 Kennzahlen

Kennzahlen der Strömungsmaschine basieren auf den Gesetzen der Ähnlichkeitsmechanik, Sie sind dimensionslos und verknüpfen die wichtigsten Betriebsdaten der Maschine.

Nachstehend die wichtigsten Kennzahlen zur Charakterisierung des Betriebsverhaltens zur Darstellung der Kennfelder.

Durchflusszahl φ (oder Lieferzahl oder Volumenzahl)

$$\varphi = \frac{\text{Volumenstrom}}{\text{Laufradscheibenfläche x Umfangsgeschwindigkeit}}$$

$$= \frac{\dot{V}}{D^2 \cdot \pi/4 \cdot u} = \frac{\dot{V}}{D^2 \cdot \pi/4 \cdot D \cdot \pi \cdot n} = \frac{4 \cdot \dot{V}}{D^3 \cdot \pi^2 \cdot n} \tag{2.8}$$

mit

D = Laufradaußendurchmesser des Radial- oder Axiallaufrads in m

n = Drehzahl in s^{-1}

Druckzahl ψ

$$\psi = \frac{Y}{u^2/2} = \frac{2Y}{D^2 \cdot \pi^2 \cdot n^2} = \frac{\Delta p_t}{\rho/2 \cdot u^2} \tag{2.8a}$$

mit

$Y = \text{spez. Stutzenarbeit}\left[\text{m}^2/\text{s}^2 = \text{J/kg}\right] = w_t$

$Y = \frac{\Delta p}{\rho}$

Δp = Totaldruckerhöhung in Pa

ρ = Dichte in kg/m^3

u = Umfangsgeschwindigkeit in m/s

$\rho/2 \cdot u^2$ = Staudruck in Pa

Drosselzahl τ (s. Abschnitt 1.3)

Die Anlagenkennlinie oder Widerstandkennlinie ist i. d. R. eine Parabel, deren Steilheit durch den als Drosselzahl τ bezeichneten Quotienten bestimmt wird:

$$\tau = \frac{\varphi^2}{\psi} \tag{2.8b}$$

Laut Gleichung 1.18: $\Delta p = s \cdot \dot{V}^2$

Δp = Druckverlust der Anlage

s = Systemkonstante

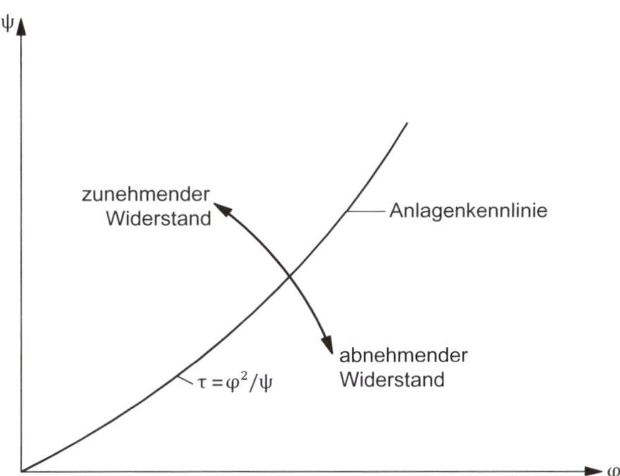

Abb. 2.10: Anlagenkennlinie

Leistungszahl λ

$\lambda = \varphi \cdot \psi \cdot \eta$ für Kraftmaschinen

$\lambda = \dfrac{\varphi \cdot \psi}{\eta}$ für Arbeitsmaschinen

η = Wirkungsgrad

Nimmt man $P = \dot{m} \cdot Y \cdot \eta$ bzw. $\dfrac{\dot{m} \cdot Y}{\eta}$; $\dot{m} = \dot{V} \cdot \rho$; ergibt sich:

$$\lambda = \frac{8 \cdot P}{u^3 \cdot D^2 \cdot \pi \cdot \rho} = \frac{8 \cdot P}{D^5 \cdot n^3 \cdot \pi^4 \cdot \rho} \qquad (2.8c)$$

$P \sim D^5 \cdot n^3$

Laufzahl σ (auch Schnell-Laufzahl genannt)

Nimmt man die Gleichungen zu φ und ψ und stellt auf D um sowie durch Gleichsetzen von D erhält man:

$$\frac{\left(4 \cdot \dot{V}\right)^{1/3}}{\pi^{2/3} \cdot \varphi^{1/3} \cdot n^{1/3}} = \frac{\left(2Y\right)^{1/2}}{\pi \cdot n \cdot \psi^{1/2}}$$

$$n = \frac{\left(2Y\right)^{3/4} \cdot \varphi^{1/2} \cdot 1}{\left(4 \cdot \dot{V}\right)^{1/2} \cdot \psi^{3/4} \cdot \pi^{1/2}}$$

Der Ausdruck $\varphi^{1/2} / \psi^{3/4}$ ist die dimensionslose Kennzahl, die man als **Laufzahl** σ bezeichnet.

$$n = \sigma \cdot \frac{(2Y)^{3/4}}{(4 \cdot \dot{V})^{1/2} \cdot \pi^{1/2}}$$

und

$$\sigma = n \cdot \frac{2 \cdot \sqrt{\dot{V}} \cdot \sqrt{\pi}}{(2 \cdot Y)^{3/4}} \tag{2.8d}$$

Bei den inkompressiblen Fluiden ist noch der Begriff der **spez. Drehzahl** n_q üblich:

Spez. Drehzahl n_q (früher Schnell-Läufigkeit)

Sie ist die Drehzahl einer geometrisch ähnlichen Strömungsmaschine mit $\dot{V} = 1\,\text{m}^3/\text{s}$ und der Fall- bzw. Förderhöhe $H = 1\,\text{m}$.

$$n_q = n \cdot \frac{\sqrt{\dot{V}}}{H^{3/4}} \left[\text{min}^{-1}\right] = \sigma \cdot 158 \tag{2.8e}$$

Beispiel 2.5

a) Die Peltonturbine (San Bernardo/It) hat eine Fallhöhe H = 1000 m, einen Volumenstrom

$\dot{V} = 1{,}36\ \text{m}^3/\text{s}$, $n = 750\ \text{min}^{-1}$

Die spez. Drehzahl

$$n_q = 750\,\text{min}^{-1} \cdot \frac{\sqrt{1{,}36\,\text{m}^3/\text{s}}}{(1000\,\text{m})^{3/4}} = 4{,}9\ \text{min}^{-1} \text{ „Langsamläufer"}$$

$$\sigma = \frac{750}{60} \cdot \frac{2\sqrt{1{,}36} \cdot 3{,}14^{1/2}}{\left(2 \cdot \frac{1000 \cdot 10^4}{1000}\right)^{3/4}} = 0{,}031; \quad Y = \frac{\Delta p}{\rho}\left[\frac{m^2}{s^2}\right]$$

Zwischen Laufzahl σ und der spez. Drehzahl n_q besteht folgender Zusammenhang:

$$\frac{n_q}{\sigma} = \frac{4{,}9\,\text{min}^{-1}}{0{,}031\,\text{min}^{-1}} = 158 \rightarrow n_q = \sigma \cdot 158$$

(In der Literatur findet man 157,8.)

b) Die Kaplanturbine (Rheinkraftwerk Ryburg) hat einen Volumenstrom

$\dot{V} = 295\ \text{m}^3/\text{s}$, Fallhöhe $H = 11{,}5\ \text{m}$, $n = 75\ \text{min}^{-1}$

$$n_q = 75\,\text{min}^{-1} \cdot \frac{\sqrt{295\,\text{m}^3/\text{s}}}{(11{,}5\,\text{m})^{3/4}} = 206\ \text{min}^{-1} \text{ „Schnellläufer"}$$

$$\sigma = \frac{75}{60} \cdot \frac{2\sqrt{295} \cdot 3{,}14^{1/2}}{\left(2 \cdot \frac{11{,}5 \cdot 10^4}{1000}\right)^{3/4}} = 1{,}3$$

$$\frac{n_q}{\sigma} = \frac{206\,\text{min}^{-1}}{1{,}3\,\text{min}^{-1}} = 158$$

Man erkennt die zunächst widersprüchlich erscheinende Tatsache, dass der „Langsamläufer“ eine höhere Drehzahl hat als der „Schnellläufer“.

Durchmesserzahl δ

Nimmt man die Gleichungen zu φ und ψ und eliminiert n, erhält man:

$$n = \frac{4 \cdot \dot{V}}{\varphi \cdot D^3 \cdot \pi^2} = \frac{(2Y)^{1/2}}{\psi^{1/2} \cdot D \cdot \pi}$$

$$D = \frac{2 \cdot \dot{V}^{1/2} \cdot \psi^{1/4}}{\varphi^{1/2} \cdot \pi^{1/2} \cdot (2Y)^{1/4}}$$

Nun nennt man

$$\delta = \frac{\psi^{1/4}}{\varphi^{1/2}} \text{ die Durchmesserzahl,} \tag{2.8f}$$

sodass

$$\delta = \frac{D \cdot (2Y)^{1/4} \cdot \pi^{1/2}}{2 \cdot \dot{V}^{1/2}} \text{ ergibt.}$$

Analog zur spez. Drehzahl n_q kann man einen **spez. Druckmesser** D_q definieren:

$$D_q = D \cdot \frac{H^{1/4}}{\dot{V}^{1/2}} \text{ in m} \tag{2.8g}$$

mit

H = Fall- oder Förderhöhe in m

$\dot{V}$ = Volumenstrom in m³/s

Zwischen D_q und δ besteht der Zusammenhang

$$\delta = 1{,}865 \cdot D_q$$

σ, n_q, δ und D_q beziehen sich auf die Optimalwerte, d. h. auf den besten Wirkungsgrad.

Die Bedeutung der Kennzahlen σ und δ hat *Cordier* in einem σ,δ – Diagramm aufgezeigt für beste Wirkungsgrade. Trägt man die besten Räder jeder Bauart in das Diagramm ein, so liegen alle Räder in einem schmalen Kurvenband.

In Pkt. $\sigma = 1$, $\delta = 1$ ist das Vergleichsrad gestrichelt angedeutet. Es liegt unterhalb der Kurve, weil es kein Rad mit einem Wirkungsgrad von eins gibt.

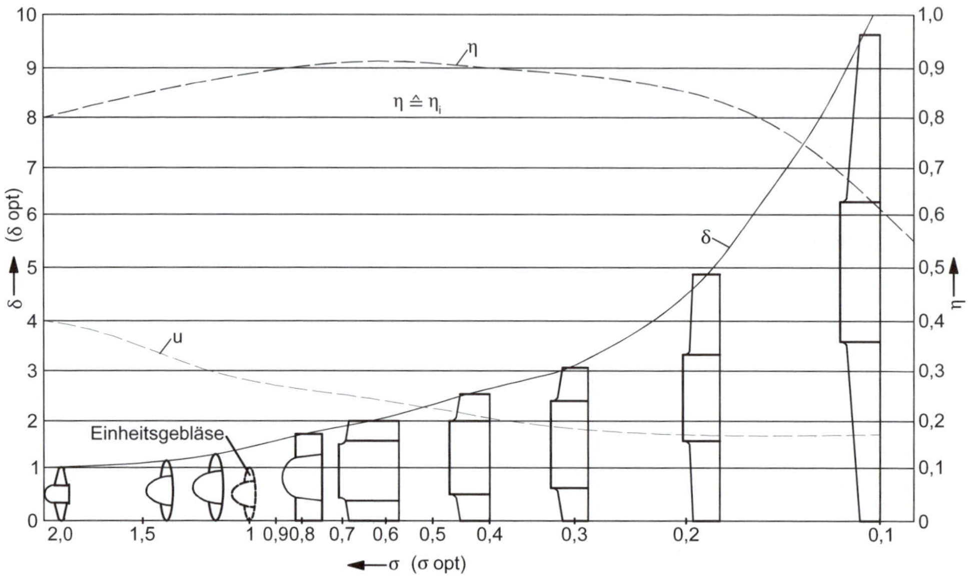

Abb. 2.11: Cordier-Diagramm für Strömungsarbeitsmaschinen 1-stufig

Beispiel 2.6

Gegeben:

Ein Ventilator mit folgenden Daten:

$\dot{V} = 4\ \mathrm{m^3/s}, Y = 1000\ \mathrm{J/kg}, n = 2900\ \mathrm{min^{-1}}$

Gesucht:

a) Welcher Bauart ist das Laufrad?

b) Welchen Durchmesser hat das Laufrad?

Lösung:

a) Nach Gleichung 2.8d:

$$\sigma = n \cdot \frac{\sqrt{\dot{V}}}{(2Y)^{3/4}} \cdot 2 \cdot \sqrt{\pi}$$

$$= \frac{2900}{60}\mathrm{s^{-1}} \cdot \frac{\sqrt{4\mathrm{m^3/s}}}{(2 \cdot 1000\,\mathrm{J/kg})^{3/4}} \cdot 2 \cdot \sqrt{\pi} = 1{,}15$$

gemäß Diagramm ein **Axialrad** mit $\delta_{0Pt} = 1{,}5$

b) Nach Gleichung 2.8f:

$$D = \delta \cdot \frac{\sqrt{\dot{V}}}{\left(2Y\right)^{1/4}} \cdot \frac{2}{\sqrt{\pi}} = 1{,}5 \cdot \frac{\sqrt{4\,\text{m}^3/\text{s}}}{\left(2 \cdot 1000\,\text{J/kg}\right)^{1/4}} \cdot \frac{2}{\pi^{1/2}} = 0{,}5\ \text{m}\varnothing = 500\ \text{mm}\varnothing$$

Das Laufrad hat einen Durchmesser von 500 mm.

2.3.1 Spez. Stutzenarbeit auf mehrere Laufräder durch Aufteilung des Volumenstroms

Gemäß der Gleichung $\psi = \frac{Y}{u^2/2}$ lässt sich die spez. Stutzenarbeit durch die Druckzahl ψ und die Umfangsgeschwindigkeit u am Laufradaußendurchmesser D beschreiben. Die Druckzahl ψ ist für eine bestimmte Laufradbeschaufelung nach oben hin begrenzt und die Umfangsgeschwindigkeit u durch die Materialfestigkeit.

Sodass die maximale Stutzenarbeit Y_{max} einer Stufe

$Y_{max} = \psi_{max} \cdot \frac{u_{max}^2}{2}$ beträgt.

Bei einer höheren geforderten Stutzenarbeit wird **mehrstufig** (hintereinander) ausgeführt.

$$Y \approx Y_{St1} + Y_{St2} + \ldots Y_{Stn}$$

Die Durchflusszahl φ ist durch die Laufradgeometrie ebenfalls begrenzt. Sodass

$$\dot{V}_{max} = \varphi_{max} \cdot \frac{\pi}{4} \cdot n_{max} \cdot D_{max}^3$$

der maximale Volumenstrom ist.

Bei höher gefordertem Volumenstrom werden gleichartige Laufräder parallelgeschaltet, also **mehrflutig**.

Wird beides gefordert, große Volumenströme und große spez. Stutzenarbeit, werden diese Maschinen **mehrstufig-mehrflutig** ausgeführt (z. B. die Endstufe großer Kondensatdampfturbinen, große Pumpen, große Verdichter).

Eine weitere dimensionslose Kennzahl ist der **Reaktionsgrad** r bei Pumpen und Ventilatoren. In Abschn. 2.2, Gleichung 2.7, ist der Spaltdruck

$\Delta p_{st} = \frac{\rho}{2}\left[\left(u_2^2 - u_1^2\right) + \left(w_2^2 - w_1^2\right)\right]$, der unmittelbar hinter dem Laufrad auftritt, während

$\Delta p_{dyn} = \frac{\rho}{2}\left(c_2^2 - c_1^2\right)$ erst in den Leitkanälen in statischen Druck umgewandelt wird, sodass der Gesamtdruck $\Delta p_t = \Delta p_{st} + \Delta p_{dyn}$ ist.

Man nennt nun den Quotienten:

$$r = \frac{\Delta p_{st}}{\Delta p_{st} + \Delta p_{dyn}} = \frac{\Delta p_{st}}{\Delta p_t} \text{ den Reaktionsgrad} \qquad (2.8h)$$

oder

$$r = \frac{\text{spez. Spaltdruckarbeit } Y_{st}}{\text{spez. Stutzenarbeit } Y}$$

mit

Y = spez. Stutzenarbeit der Maschine oder der Stufe (= Laufrad + Leitrad)

Y_{st} = statische spez. Energiedifferenz $\frac{\Delta p_{st}}{\rho}$ zwischen Laufradein- und austritt.

2.4 Kreiselpumpe (aufbauend auf Abschnitt 2.1)

Kreiselpumpen sind nach der Art der Energieumwandlung und mit Flüssigkeit als Strömungsmittel hydraulische Strömungsmaschinen. Zu den charakteristischen Größen einer Kreiselpumpe gehören:

- Förderstrom $\dot{V}$
- Förderhöhe H
- Saugverhalten
- Leistung, Drehzahl, Wirkungsgrad

Kreiselpumpen haben ein großes Anwendungsgebiet in

- der Wasserwirtschaft
- Kraftwerksanlagen
- Gebäudetechnik (Heizung, Kälte, Klima etc.)
- Fernheizung, Fernkühlung
- allen Industriezweigen

Die theoretischen Grundlagen sind in den vorhergehenden Abschnitten behandelt.

Die 1-stufige, 1-flutige Radialpumpe, meist in Form der **Spiralgehäusepumpe**, ist die am häufigsten gebaute und eingesetzte Pumpe.

Das um das Laufrad peripheral angeordnete **Spiralgehäuse** wirkt wie ein **Diffusor**. Wie bereits beschrieben wird damit der Anteil der kinetischen Energie gesenkt und der statische Druck erhöht. Zur Vergrößerung der Stufenförderhöhe wird bei Förderhöhen über H = ca. 100 mWS mehrstufig ausgeführt, indem zwischen Laufrad und Spiralgehäuse noch ein **Leitrad** eingebaut wird.

Neben der Radialpumpe gibt es

- Diagonalpumpen
- Axialpumpen (auch Propellerpumpe genannt), auch als Kaplanpumpe mit verstellbaren Laufschaufeln. Sie sind für große Fördermengen in Dampfkraftwerken als Kühlwasserpumpe für die Kondensatanlagen erforderlich. Weiterhin in Schöpfwerken, in Schleusen etc.

  $n_q = 130...330\ \text{min}^{-1}$

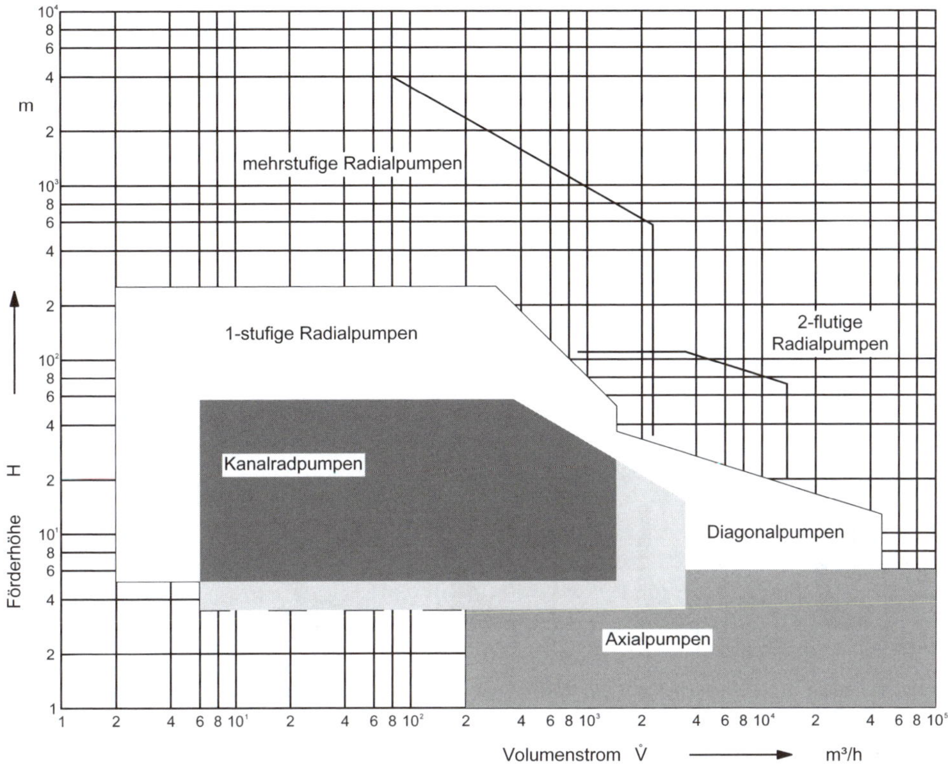

Abb. 2.12: Einsatzbereich der Kreiselpumpenbauarten

Energieumsetzung gem. Abschnitt 2. 2

a) **Radialpumpe**

$$Y = \frac{P_{\text{th}}}{\dot{m}} = \left(u_2 \cdot c_{u2} - u_1 \cdot c_{u1} \right)$$ spez. Förderarbeit in kJ/kg

$$P_e = \frac{P_{\text{th}}}{\eta_e} = \frac{\dot{m} \cdot Y}{\eta_e} = \frac{\Delta p_t \cdot \dot{V}}{\eta_e} = \frac{\rho \cdot g \cdot H \cdot \dot{V}}{\eta_e} = \dot{m} \cdot w_t$$ in W

$$= \dot{m} \cdot \left[\underbrace{\left(\frac{p_2}{\rho} + \frac{c_2^2}{2} \right)}_{\text{Austritt}} - \underbrace{\left(\frac{p_1}{\rho} + \frac{c_1^2}{2} \right)}_{\text{Eintritt}} \right]$$ unter Berücksichtigung der Ein- und Austrittsgeschwindigkeit.

$$H = \left(c_{u2} \cdot u_2 - c_{u1} \cdot u_1 \right) / g$$ in m Förderhöhe

$$= \frac{Y}{g}$$

mit

$\dot{V}$ = Volumenstrom in m^3/s

c_1, c_2 = Strömungsgeschwindigkeit am Saug- bzw. am Druckstutzen in m/s

b) **Axialpumpe**

$$P_{th} = \dot{m} \cdot (c_{u2} - c_{u1}) \cdot u = \dot{V} \cdot \Delta p_t = \dot{m} \cdot Y_{th}$$

Der Reaktionsgrad *r* liegt bei Kreiselpumpen bei

$$\frac{\Delta p_{lauf}}{\Delta p_{stufe}} = r = 0{,}5 \ldots 1{,}0$$

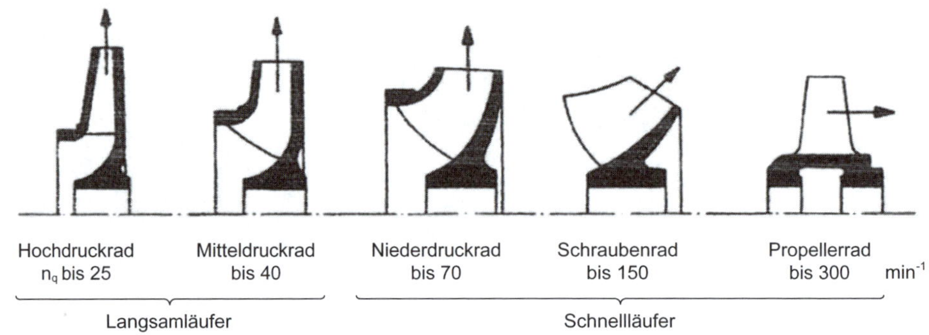

Abb. 2.13: Spez. Drehzahlen von Pumpenlaufrädern

Gemäß Abschnitt 2.3:

An der spez. Drehzahl n_q (bzw. Laufzahl σ) erkennt man die Laufradform und die Laufradgeometrie. Die spez. Drehzahl kennzeichnet nur die Radform, von der Größe der Maschine ist sie unabhängig.

Widersprüchlich ist der Sprachgebrauch „Schnell- und Langsamläufer". Wie das Beispiel 2.5 zeigt, hat n_q diese Bezeichnung und die wirkliche Drehzahl *n* deutet jedoch auf das Gegenteil.

Anmerkung:

In der Praxis bezeichnet man Kreiselpumpen

a) bis 20 m Förderhöhe als „Niederdruckpumpen"

b) von 20 m bis 60 m als „Mitteldruckpumpen"

c) über 60 mWS als „Hochdruckpumpen"

Anlagensysteme

p_a = saugseitiger Systemdruck [Pa]

p_e = druckseitiger Systemdruck [Pa]

p_1 = saugseitiger Pumpendruck [Pa]

p_2 = druckseitiger Pumpendruck [Pa]

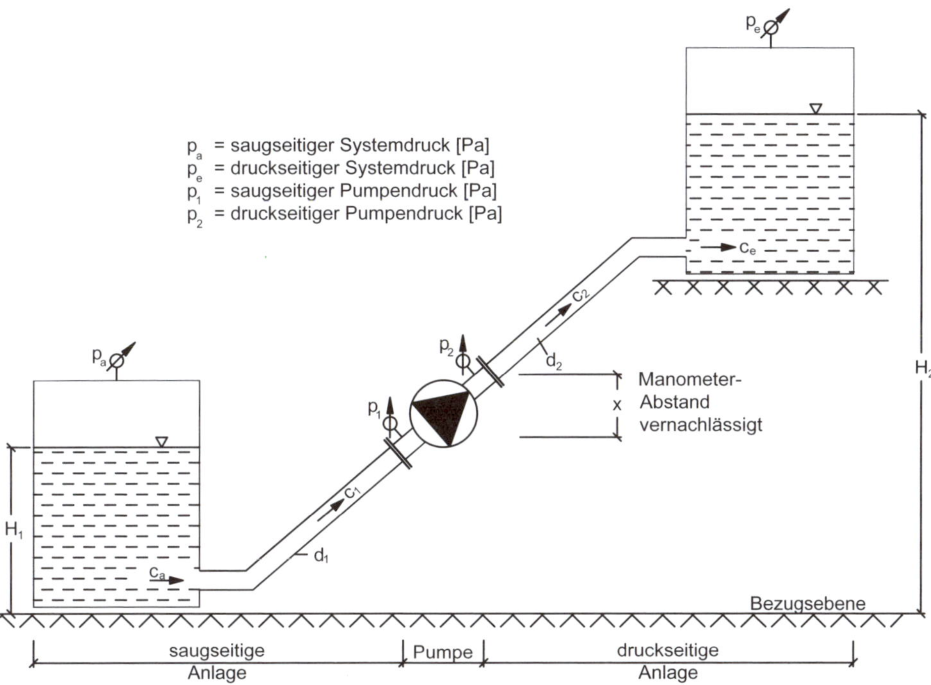

Abb. 2.14: Förderbetrieb einer Kreiselpumpe

d_1 = saugseitiger Rohranschluss (Saugstutzen m∅)

d_2 = druckseitiger Rohranschluss (Druckstutzen m∅)

$(H_2 - H_1) = H_{geo}$ geodätische Höhe in m

c_a, c_e = Strömungsgeschwindigkeiten im Behälter in m/s

ρ = Fluiddichte in kg/m^3

c_1 = Sauggeschwindigkeit in m/s

c_2 = Druckgeschwindigkeit in m/s

Im Anlagenbau werden zwei Systeme unterschieden:

a) **Förderbetrieb** einer Flüssigkeit von Zustand 1 nach 2, wobei Δp_v bzw. H_v der Anlagenverlust ist gemäß Abbildung 2.14:

Mit den **erweiterten** Bernoulli-Gleichungen und mit dem Anlagendruckverlust wird die **Anlagenförderhöhe** H_A:

$$H_A = \frac{p_a - p_e}{\rho \cdot g} + \frac{c_a^2 - c_e^2}{2 \cdot g} + (H_2 - H_1) + H_v$$

c_a, c_e werden i. d. R. vernachlässigt

oder

$$H_A = \frac{p_2 - p_1}{\rho \cdot g} + \frac{c_2^{\,2} - c_1^{\,2}}{2 \cdot g}$$; c_1 und c_2 entstehen durch die unterschiedlichen Pumpendurchmesser am Ein- und Austritt, die in der Praxis

a) $d_1 > d_2$ und b) $d_1 = d_2 \rightarrow c_1 = c_2$ sind.

Der Pumpendruck Δp_{12} ist gleich der Anlagenförderhöhe:

$$H_P = H_A \text{ und } P_e = H_P \cdot \rho \cdot g \cdot \frac{\dot{V}}{\eta_e}$$

Bei offenen Systemen ist $p_a = p_e = 0$ und die Pumpenförderhöhe wird zu

$$H_P = H_A = H_{geo} + H_v$$

b) **Umwälzbetrieb,** bei dem geodätische Höhenunterschiede entfallen und lediglich der Anlagendruckverlust überwunden werden muss.

$$H_A = H_P = \frac{p_2 - p_1}{\rho \cdot g} = H_v$$

In der Gebäudetechnik ist der Umwälzbetrieb die überwiegende Anwendung.

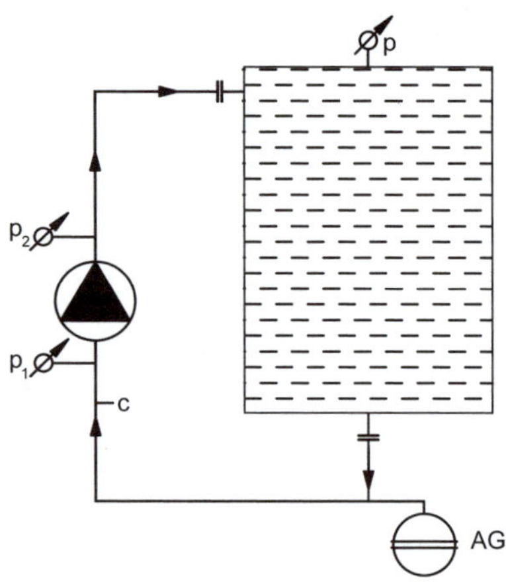

Abb. 2.15: Umwälzbetrieb

2.4.1 Saugverhalten – Haltedruckhöhe

Um Zerstörungen am Laufrad und seiner Umgebung sowie Betriebsstörungen durch **Kavitationserscheinungen** zu vermeiden, dürfen Grenzwerte der Ansaugbedingungen von Kreiselpumpen nicht unterschritten werden.

Hierfür sind die Haltedruckhöhe H_{HA} oder der NPSH-Wert wichtige Begriffe.

Zum Verständnis des **Saugverhaltens** wird dies anschaulich an einer Kolbenpumpe dargelegt:

Eine Kolbenpumpe kann bekanntlich Wasser aus Tiefen bis ca. 9 m ansaugen, wenn auf dem Saugspiegel ein Atmosphärendruck von 1 bar (ca. 10,20 mWS) liegt.

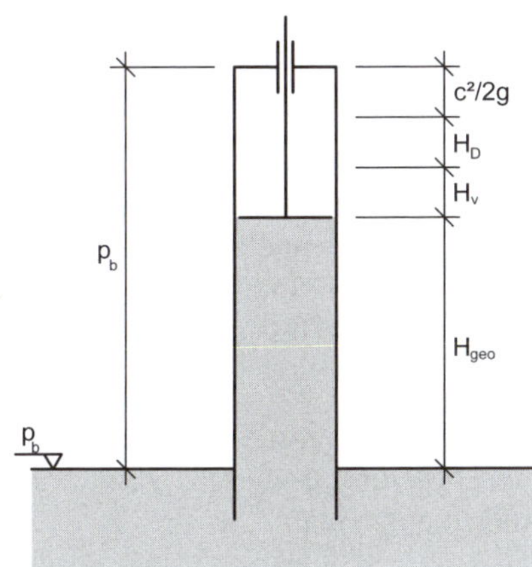

p_b = Atmosphärendruck

$\frac{c^2}{2g}$ = Geschwindigkeitshöhe in m

H_D = Dampfdruckhöhe (Sattdampf) temperaturabhängig aus der Dampftafel in m

H_v = Druckverlusthöhe (Rohrreibung) in m

Abb. 2.16: Kolbenpumpe

Wird der Kolben angehoben, dann entsteht im Rohr unterhalb des Kolbens ein luftleerer Raum (Vakuum oder Unterdruck) und der Atmosphärendruck drückt das Wasser im Rohr hinauf.

Je langsamer (c klein) der Kolben bewegt wird, umso höher steigt die Wassersäule H_{geo} im Rohr hinauf.

Anmerkung:

Je kleiner c, desto kleiner die Geschwindigkeitshöhe und desto kleiner die Verlusthöhe H_v $\left(H_v = \zeta \cdot \frac{c^2}{2g} \text{ siehe weiter unten}\right)$. Der Atmosphärendruck p_b hat aber nicht nur H_{geo} das Gleichgewicht zu halten, er muss auch alle bei der Bewegung des Wassers auftretenden v. g. Verlusthöhen (Reibungsverlust) überwinden. Weiterhin ist der Druck unter dem Kolben nicht null, weil das Wasser bei jeder Temperatur gesättigten Dampf ausscheidet, dessen Druck p_D gemäß Dampfdruckkurve temperaturabhängig ist, z. B. Wasser von 15 °C hat einen p_D = 0,017 bar bzw.

$$H_D = \frac{0{,}017 \cdot 10^5}{\rho \cdot g} = 0{,}17\,\text{m}.$$

Da dem Wasser die Geschwindigkeit c erteilt wurde, ist die Geschwindigkeitshöhe $\frac{c^2}{2g}$ von p_b aufzubringen. Sodass die Bilanz lautet:

$$\frac{p_b}{\rho \cdot g} = H_{geo} + H_v + H_D + \frac{c^2}{2g}$$

und die maximale Saughöhe:

$$H_{geo}^{max} = \frac{p_b}{\rho \cdot g} - \left(H_v + H_D + \frac{c^2}{2g} \right) \tag{2.9}$$

Grundsätzlich gelten für **Kreiselpumpen** die gleichen Überlegungen. Hier sind jedoch die Verhältnisse schwieriger: Einmal gibt es den „dichten Kolben" nicht, weil zwischen Laufrad und Gehäuse ein Spalt vorhanden ist (deshalb ist eine Kreiselpumpe nicht selbstansaugend). Zum anderen herrschen größere Fördermengen und damit höhere Strömungsgeschwindigkeiten in den verschiedenen Querschnitten der Anlage und der Pumpe.

Das Saugverhalten einer Kreiselpumpe wird durch die sogenannte **Kavitation** in der **saugseitigen** Pumpenanlage und in der Pumpe selbst bestimmt. Als Kavitation bezeichnet man die Bildung und das Zusammenfallen von Dampfblasen in strömenden Flüssigkeiten. Die Dampfblasen bilden sich an Stellen, an denen der Druck auf den zu der Temperatur der Flüssigkeit gehörenden Dampfdruck sinkt.

Kavitation kann nur in beschränktem Ausmaß zugelassen werden, denn ihre Folgen sind Abfall der Förderhöhe und des Wirkungsgrades bis zum Abreißen der Förderung. Geräusche, Laufunruhe und Anfressungen am Laufrad und anderen Pumpeninnenteilen entstehen.

Bezeichnet man in der Gleichung 2.9 H_{geo}^{max} als z_1^{max} und $H_v = H_{v1}$ als saugseitige Verlusthöhe sowie c_1 als Sauggeschwindigkeit, so ist die maximale Aufstellungshöhe der Pumpe:

$$z_1^{max} = \frac{p_b - p_D}{\rho \cdot g} - \left(H_{v1} + \frac{c_1^2}{2g} \right) = H_{HA}^{max} \tag{2.9a}$$

mit

p_b = atmosphärischer Luftdruck in Pa

p_D = Flüssigkeitsdampfdruck bei der Fördertemperatur in Pa

H_{v1} = saugseitige Druckverlusthöhe in m

c_1 = Sauggeschwindigkeit in m/s

g = 9,81 m/s^2

ρ = Flüssigkeitsdichte in kg/m^3

H_{HA}^{max} = Haltedruckhöhe in m, maximal

Bei einer gegebenen Pumpenaufstellungsghöhe z_1 ergibt sich die **vorhandene Haltedruckhöhe** H_{HA}^{vorh}:

$H_{HA}^{vorh} = z_1^{max} - z_1 = NPSH_{vorh}$ (NPSH = **N**et **P**ositiv **S**uction **H**ead)

$$= \frac{p_b - p_D}{\rho \cdot g} - \left(H_{v1} + \frac{c_1^2}{2g} + z_1 \right) \qquad (2.9b)$$

Nun haben die Kreiselpumpen der Hersteller ihren eigenen NPSH-Wert, der $NPSH_{erf}$ – erforderlich – genannt wird:

Nun gilt: $NPSH_{vorh} \geq NPSH_{erf}$ (2.9c)

Man erkennt aus Gleichung 2.9c: Je kleiner der $NPSH_{erf}$, desto geringer die Gefahr der Kavitation!

Nun können Pumpen nicht nur nach dem Gesichtspunkt eines möglichst kleinen $NPSH_{erf}$ konstruiert werden. Zwei verschiedene Pumpen können also bei gleichem Förderstrom, gleicher Förderhöhe und Drehzahl sehr verschiedene $NPSH_{erf}$ haben.

Wie bereits erwähnt: Wenn die Förderhöhe über 100 m liegt, dann sollten mehrere Stufen vorgesehen werden (s. Abschn. 2.3.1).

Bei **geschlossenen Anlagen** (z. B. Heizungs- und Kühlanlagen) sind Ausdehnungsgefäße (AG) erforderlich. Der Anlagendruck muss bei allen Betriebszuständen an jeder Stelle der Anlage größer sein als der Sättigungsdruck des Fluids. Bei der NPSH-Betrachtung tritt anstelle des Atmosphärendrucks p_b der Druck des Ausdehnungsgefäßes zur Verhinderung der Kavitation.

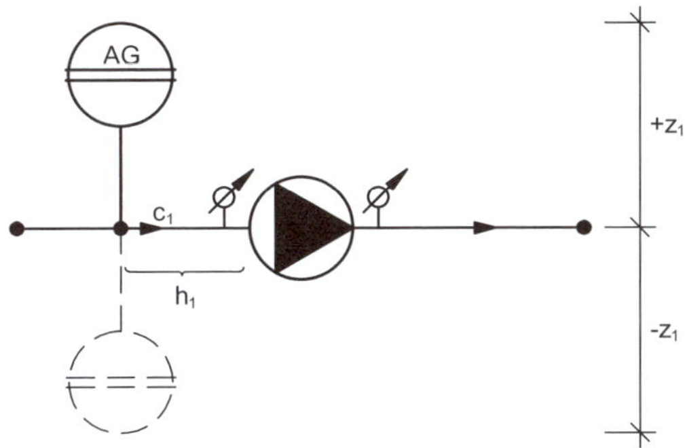

Abb. 2.17: Ausdehnungsgefäß für geschlossene Anlagen

$$NPSH_{vorh} = H_{HA}^{vorh} = \frac{p_{AG} - p_D}{\rho \cdot g} \pm z_1 - \left(h_{v1} + \frac{c_1^2}{2g} \right) \qquad (2.9d)$$

Für die vom Hersteller genannten $NPSH_{erf}$ addiert man i. d. R. einen Sicherheitszuschlag von ca. 0,5 m zu den Katalogwerten.

Beispiel 2.7

Für einen Förderstrom $\dot{V} = 108\ \text{m}^3/\text{h}$ und eine Förderhöhe $H_\text{A} = 280\ \text{m}$ sollen Laufräder mit etwa gleicher spez. Drehzahl $n_\text{q} = 20\ \text{min}^{-1}$ verwendet werden.

Wie groß ist die Stufenzahl für $n = 1450\ \text{min}^{-1}$ und $n = 2900\ \text{min}^{-1}$?

Lösung:

Laut Gleichung 2.8c:

$$H^{3/4} = \frac{n}{n_\text{q}} \cdot \sqrt{\dot{V}} = \frac{1450\,\text{min}^{-1}}{20\,\text{min}^{-1}} \cdot \sqrt{0{,}03\frac{\text{m}^3}{\text{s}}} = 12{,}56$$

$$H = 29\ \text{m}$$

Stufenzahl $\frac{H_\text{A}}{H} = \frac{280\,\text{m}}{29\,\text{m}} = 9{,}6$

Bei einer Drehzahl von $n = 1450\ \text{min}^{-1}$ werden **10 Stufen** gewählt.

Bei $n = 2900\ \text{min}^{-1}$: $H^{3/4} = \frac{2900\,\text{min}^{-1}}{20\,\text{min}^{-1}} \cdot \sqrt{0{,}03\frac{\text{m}^3}{\text{s}}} = 25{,}11$

$$H = 73{,}5\ \text{m}$$

Stufenzahl $\frac{H_\text{A}}{H} = \frac{280}{73{,}5} = 3{,}8$

Bei einer Drehzahl von $n = 2900\ \text{min}^{-1}$ werden **4 Stufen** gewählt.

Beispiel 2.8

Gegeben:

Eine radial arbeitende Kreiselpumpe fördert bei n = 1500 Upm einen Volumenstrom $\dot{V} = 100\ \text{m}^3/\text{h}$, der unter einem Winkel von 90° gegen die Umfangsrichtung in das Laufrad eintritt und es mit der Absolutgeschwindigkeit von 15 m/s unter einem Winkel von 12° verlässt. Das Laufrad hat einen Ansaugdurchmesser d_1 = 140 mm ∅ und am Austritt d_2 = 300 mm ∅.

Gesucht:

Drehmoment M vom Laufrad an das Wasser:

$$M = \dot{m} \cdot \left(c_{\text{u}2} \cdot r_2 - c_{\text{u}1} \cdot r_1\right) = \frac{100\,\text{m}^3 \cdot 1000\,\text{kg}}{3600\,\text{s} \cdot \text{m}^3} \cdot \left(15\,\text{m} \cdot \cos 12° - 0\right) \cdot \underbrace{0{,}15\,\text{m}}_{r_2} = 61\frac{\text{kg} \cdot \text{m}}{\text{s}^2} = 61\,\text{Nm}$$

$$\left(c_{\text{u}1} = c_1 \cdot \cos 90° = 0\right)$$

Das Drehmoment beträgt 61 Nm.

Schaufelleistung $P_\text{th} = \dot{M} \cdot \omega = 61\,\text{Nm} \cdot 2\pi \cdot \frac{1500\,\text{s}^{-1}}{60} = 9{,}6\ \text{kW}$

Die Schaufelleistung beträgt 9,6 kW.

Beispiel 2.9

Wie groß ist p_1 bei $\dot{V} = 60\,\text{l/s}\,(15°\text{C})$, wenn der Druckverlust der Ansaugleitung $\Delta p_v = 5636\,\text{Pa}$ beträgt. $c_0 = 0$ (vernachlässigt).

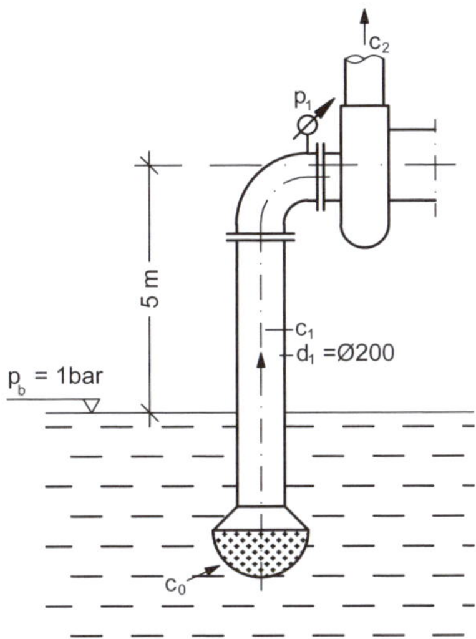

Abb. 2.18: Darstellung zu Beispiel 2.9

Mit der erweiterten Bernoulli-Gleichung:

$$p_b + \rho \cdot g \cdot z_0 + \frac{\rho}{2} \cdot c_0^2 = p_1 + \rho \cdot g \cdot z_1 + \frac{\rho}{2} \cdot c_1^2 + \Delta p_v$$

$$10^5\,\text{Pa} + 0 + 0 = p_1 + 1000\,\text{kg/m}^3 \cdot 9{,}81\,\text{m/s}^2 \cdot 5\,\text{m} + 500\,\text{kg/m}^3 \cdot c_1^2 + 5636\,\text{Pa}$$

$$c_1 = \frac{0{,}06\,\text{m}^3/\text{s}}{(0{,}2\,\text{m})^2 \cdot \pi / 4} = 1{,}91\,\text{m/s}$$

$$p_1 = 10^5 - \left(1000 \cdot 9{,}81 \cdot 5 + 500 \cdot 1{,}91^2 + 5636\right) = 43490\,\text{Pa}$$

$$\approx 0{,}435\,\text{bar}$$

p_1 ist der Absolutdruck.

Der Unterdruck gegenüber der Umgebung:

$$p_{1u} = 10^5\,\text{Pa} - 43490\,\text{Pa} = 0{,}565\,\text{bar}$$

Beispiel 2.10

Aus einem Brunnen wird Wasser über eine Kreiselpumpe, die 3 m über dem Wasserspiegel aufgestellt ist, angesaugt.

Gegeben:

p_b = 1 bar, H_D = 0,23 m, H_{v1} = 0,95 m, c_1 = 2 m/s

Gesucht:

Haltedruckhöhe H_{HA}^{vorh}

$$H_{HA}^{vorh} = \text{NPSH}_{vorh} = \frac{p_b}{\rho \cdot g} - \left(H_D + z_1 + H_{v1} + \frac{c_1^2}{2g} \right)$$

$$\frac{c_1^2}{2g} = \frac{(2\,\text{m/s})^2}{2 \cdot 9{,}81\,\text{m/s}^2} = 0{,}2\,\text{m}$$

$$H_{HA}^{vorh} = 10{,}2\,\text{m} - (0{,}23\,\text{m} + 3\,\text{m} + 0{,}95\,\text{m} + 0{,}2\,\text{m}) = 5{,}82\,\text{m}$$

Die Haltedruckhöhe beträgt 5,82 m.

Haltedruckhöhe bei höher liegendem Behälter mit 3 m Zulaufhöhe:

$$H_{HA}^{vorh} = \text{NPSH}_{vorh} = \frac{p_b}{\rho \cdot g} + z_1 - \left(H_D + H_{v1} + \frac{c_1^2}{2g} \right)$$

$$= 10{,}2\,\text{m} + 3\,\text{m} - (0{,}23\,\text{m} + 0{,}95\,\text{m} + 0{,}2\,\text{m}) = 11{,}82\,\text{m}$$

Die Haltedruckhöhe in diesem Fall beträgt 11,82 m.

Beispiel 2.11

Gegeben:

Eine Heizungsanlage mit 75 °C $(\rho = 975\,\text{kg/m}^3,\ p_D = 0{,}386\,\text{bar})$

p_{AG} = 1,5 bar, h_{v1} = 1,56 m, z_{AG} = 1,5 m, c wird vernachlässigt

Gesucht: gemäß Abbildung 2.17

a) NPSH_{vorh} bei z_1 = 1,5 m

$$\text{NPSH}_{vorh} = \frac{(1{,}5 - 0{,}386) \cdot 10^5\,\text{Pa}}{975\,\text{kg/m}^3 \cdot 9{,}81\,\text{m/s}^2} + 1{,}5\,\text{m} - 1{,}56\,\text{m} = 11{,}56\,\text{m}$$

b) NPSH_{vorh} bei z_1 = −1,5 m

NPSH_{vorh} bei 110 °C $(p_D = 1{,}43\,\text{bar},\ \rho = 951\,\text{kg/m}^3)$ mit

h_{v1} = 1,56 m, z_{AG} = −1,5 m

$$\text{NPSH}_{vorh} = \frac{(1{,}5 - 1{,}43) \cdot 10^5}{951 \cdot 9{,}81} - 1{,}5 - 1{,}56 = -2{,}31\,\text{m}$$

Für diesen Wert findet man keine Pumpe in den Katalogen. Folglich muss man den Druck p_{AG} erhöhen auf z. B. 2,0 bar:

$$NPSH_{vorh} = \frac{(2-1,43)\cdot 10^5}{951\cdot 9,81} - 1,5 - 1,56 = 3,05 \text{ m} \text{ ist im Katalog vorhanden.}$$

Anmerkung:

Die selbstansaugende Kreiselpumpe kann Luft ansaugen und fördern, also ein Vakuum herstellen. Die Pumpwirkung erfolgt durch ein im Gehäuse vom Laufrad in Umlauf versetzten Wasserring, die sog. Wasserringpumpe. Dieser übernimmt die Abdichtung zwischen Laufrad und Gehäuse und verhindert eine Luftrückströmung.

2.4.2 Einfluss der Viskosität auf die Pumpenförderung

Beim Fördern viskoser Flüssigkeiten ändern sich die Kennlinie, der Wirkungsgrad und die Antriebsleistung einer Kreiselpumpe. Mit steigender Viskosität verkleinern sich Förderstrom, Förderhöhe und Wirkungsgrad. Die Antriebsleistung erhöht sich, falls nicht die Dichte stark abnimmt. Für 1-stufige Pumpen werden vom Hersteller folgende Grenzwerte für die kinematische Viskosität genannt:

Druckstutzen Nennweite

$\leq$ DN 50 $(120...300)\cdot 10^{-6}\ m^2/s$

$\leq$ DN 150 $(300...500)\cdot 10^{-6}\ m^2/s$

$>$ DN 150 ca. $800\cdot 10^{-6}\ m^2/s$

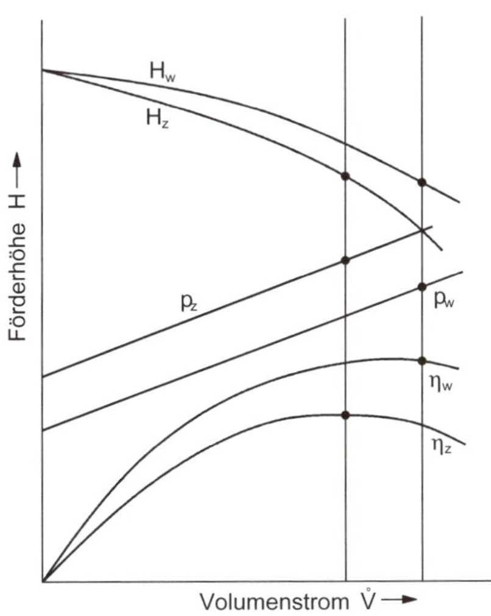

Abb. 2.19: Pumpenkennlinie bei erhöhter Viskosität im Vergleich zu Wasser

Eine genaue Berechnung der Kennlinienänderung ist nicht möglich. Sind die Kennlinien $H_W(\dot{V})$; $P_W(\dot{V})$ und $\eta_W(\dot{V})$ einer Kreiselpumpe mit radialem Laufrad bekannt, so kann ihr geänderter Verlauf für zähe Flüssigkeiten aus Diagrammen ermittelt werden.

Index z: viskoses Fluid, Index w: Wasser

Diagramme geben für die Stelle des Wirkungsmaximums Korrekturfaktoren f_H, f_Q, f_η an ($\dot{Q}$ anstelle von $\dot{V}$), mit denen die Werte von $H_w, \dot{V}_w$ *und* η_w zu multiplizieren sind. Damit wird der entsprechende Wert für zähe Flüssigkeiten $H_z, \dot{V}_z$ *und* η_z ermittelt:

$$\dot{V}_Z = f_Q \cdot \dot{V}_W$$

$$H_Z = f_H \cdot H_W$$

$$\eta_Z = f_\eta \cdot \eta_W$$

Beispiel 2.12

Gegeben:

$\dot{V}_W = 100\ \text{m}^3/\text{h}, H_w = 20\ \text{m}$, kinematische Viskosität $\nu = 500 \cdot 10^{-6}\ \text{m}^2/\text{s}$ der zu fördernden Flüssigkeit, $\rho_Z = 900\ \text{kg/m}^3$, $n = 1450\ \text{min}^{-1}$, $n_q = 1450 \cdot \frac{0{,}028^{1/2}}{20^{3/4}} \approx 26\ \text{min}^{-1}$

Gesucht:

$H_Z, \dot{V}_Z, \eta_Z$ einer viskosen Flüssigkeit

Aus Diagrammen entnimmt man:

$f_\eta = 0{,}5,\ f_H = 0{,}85,\ f_Q = 0{,}8$

Daraus ergeben sich für die Förderung der viskosen Flüssigkeit:

$$\dot{V}_Z = 0{,}8 \cdot 100\,\text{m}^3/\text{h} = 80\ \text{m}^3/\text{h}$$

$$H_Z = 0{,}85 \cdot 20\,\text{m} = 17\ \text{m}$$

$$\eta_Z = 0{,}5 \cdot 1{,}0 = 0{,}5$$

$$P_W = \rho \cdot g \cdot H \cdot \dot{V} = 1000\frac{\text{kg}}{\text{m}^3} \cdot 9{,}81\frac{\text{m}}{\text{s}^2} \cdot 20\,\text{m} \cdot \frac{100\,\text{m}^3}{3600\,\text{s}} = 5{,}45\ \text{kW}$$

$$P_Z = 900\frac{\text{kg}}{\text{m}^3} \cdot 9{,}81\frac{\text{m}}{\text{s}^2} \cdot \frac{17\text{m}}{0{,}5} \cdot \frac{80\,\text{m}^3}{3600\,\text{s}} = 6{,}67\ \text{kW}$$

Bei der Förderung der viskosen Flüssigkeit ist die Fördermenge 20 %, die Förderhöhe 15 % geringer und die Pumpenantriebsleistung 22 % höher als bei Wasser.

Der Transport zäher Flüssigkeiten in Rohrleitungen bedeutet einen höheren Druckabfall bei gleichem Durchmesser im Vergleich zu Wasser:

$$\frac{\Delta P_Z}{\Delta P_w} = \left(\frac{c_w}{c_z}\right)^{1{,}75} \cdot \left(\frac{\rho_W}{\rho_Z}\right)^{0{,}75} \cdot \left(\frac{\nu_z}{\nu_w}\right)^{0{,}25} \quad ;\ c = \text{spez. Wärmekapazität}$$

2.5 Ventilatoren und Gebläse

Ventilatoren und Gebläse sind Verdichter zur Förderung von Luft und Gasen. In Aufbau und Wirkungsweise ähneln sie den Kreiselpumpen. Gesetze, die dort gelten, sind grundsätzlich auch für Kreiselverdichter anwendbar. Ventilatoren werden 1-stufig radial oder axial ausgeführt; Gebläse 1-stufig oder mit wenigen Stufen ebenfalls radial oder axial.

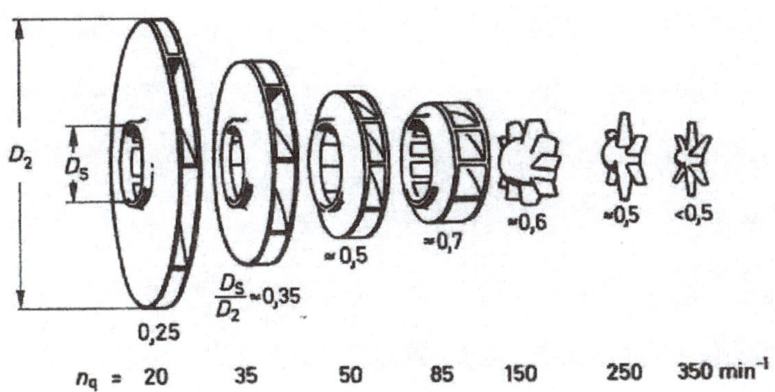

Abb. 2.20: Laufradformen von Ventilatoren, Gebläse und Verdichtern

Einteilung:

Ventilatoren p_2/p_1 bis 1,3

- Niederdruckventilatoren bis Δp_t = ca. 700 Pa
- Mitteldruckventilatoren bis Δp_t = 700...3000 Pa
- Hochdruckventilatoren Δp_t = 3000 Pa...30 kPa

Gebläse p_2/p_1 = 1,3...3,0

Kompressoren $p_2/p_1 > 3{,}0$

Die spez. Stutzenarbeit oder spez. Förderarbeit beim Ansaugen kalter Luft sollte bei $Y \leq 25$ kJ/kg für Ventilatoren liegen.

Bei Ventilatoren mit kleinen Druckverhältnissen kann die Volumenänderung des Gases vernachlässigt werden und das Fluid inkompressibel behandelt werden. $(\Delta p_t \leq 3000 \text{ Pa})$.

Bei Gebläsen und Hochdruckventilatoren muss die Dichteänderung berücksichtigt werden.

Im Allgemeinen werden Radialgebläse für kleinere Förderströme und größere Druckdifferenzen, Axialgebläse für größere Förderströme und kleinere Druckerhöhungen vorgesehen.

2.5.1 Radialventilatoren und -gebläse

Das Arbeitsmedium tritt axial in den Saugstutzen ein, wird im Laufrad radial umgelenkt und verlässt die Maschine durch den tangentialen Druckstutzen. Bei 1-stufigen Maschinen kann das Laufrad entweder direkt auf dem Motorwellenstumpf aufgesetzt werden oder bei größeren Gebläsen in fliegender Anordnung auf der in zwei Lagern gelagerten Welle befestigt werden. Wird das Laufrad auf einer Welle aufgesetzt, kann der Antrieb entweder direkt oder über Keilriemen bzw. Getriebe erfolgen. Durch die Zwischenschaltung eines Riemengetriebes kann die Gebläsedrehzahl beliebig festgelegt werden. Während bei Direktantrieb die Gebläsedrehzahl gleich der nur in bestimmten Werten wählbaren Motordrehzahl ist.

2-flutige Radialgebläse saugen beidseitig an.

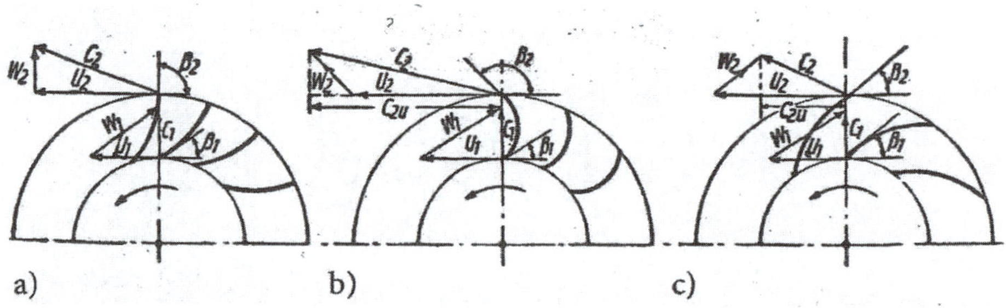

Abb. 2.21: Geschwindigkeitsdreieck von Laufradformen

a) Radial endende gekrümmte Schaufel

b) Vorwärtsgekrümmte Schaufel (Trommelläufer)

c) Rückwärtsgekrümmte Schaufel

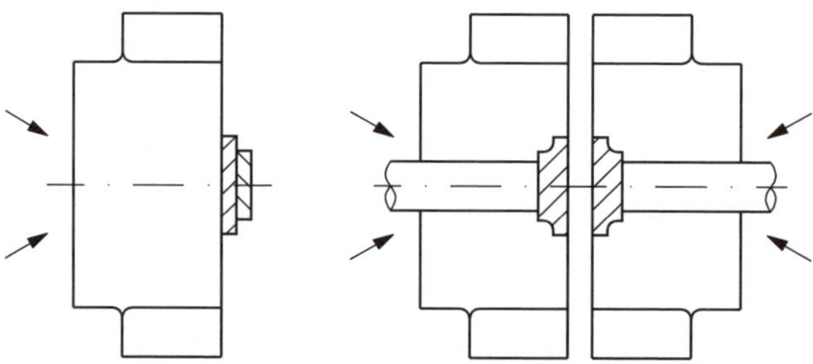

Abb. 2.22: Ansaugendes Radiallaufrad

a) Einseitig

b) Doppelseitig

Energieumsetzung (gem. Abschnitt 2.1/2.2, Abbildung 2.8)

$$Y_{\text{th}} = \frac{P_{\text{th}}}{\dot{m}} = \left(c_{u2} \cdot u_2 - c_{u1} \cdot u_1 \right) \text{ in J/kg}$$

$$P = \frac{P_{\text{th}}}{\eta_e} = \frac{\dot{m} \cdot Y}{\eta_e} = \frac{\Delta p_t \cdot \dot{V}}{\eta_e} = \frac{\rho \cdot g \cdot H \cdot \dot{V}}{\eta_e} = \dot{m} \cdot w_t \text{ in W}$$

$$= \dot{m}\left[\underbrace{\left(\frac{p_2}{\rho}+\frac{c_2^2}{2}\right)}_{\text{Austritt}}-\underbrace{\left(\frac{p_1}{\rho}+\frac{c_1^2}{2}\right)}_{\text{Eintritt}}\right]$$ mit Berücksichtigung der Ein- und Austrittsgeschwindigkeit

Bei $p_2/p_1 \geq 3000$ Pa muss mit Gleichung 2.10 gerechnet werden:

$$P = \frac{P_{th}}{\eta_e} = m \cdot \frac{\kappa}{\kappa - 1} \cdot p_1 \cdot v_1 \cdot \left[\left(p_2 / p_1\right)^{\frac{\kappa-1}{\kappa}} - 1\right] / \eta_e \qquad (2.10)$$

κ = Isentropenexponent = 1,4 für Luft von 0 °C bis ca. 100 °C

Beispiel 2.13

Auslegung eines Radialventilators

Geforderte Daten: Luftvolumenstrom $\dot{V} = 15000\,\text{m}^3/\text{h}$, Förderdruck $\Delta p_t = 1800\,\text{Pa}$, Drehzahl n = 1450 min^{-1}, Luftaustrittswinkel β_2 = 43°, Ansauggeschwindigkeit c_1 = 20 m/s, Luftdichte $\rho = 1{,}22\,\text{kg/m}^3$, Ansaugzustand p_b = 1,013 bar, t_B = 20 °C

Mit den Kennzahlen aus Abschnitt 2.3:

- Gleichung 2.8e spez. Drehzahl n_q

$$n_q = n \cdot \frac{\dot{V}^{1/2}}{H^{3/4}};\; H = \frac{\Delta p_t}{\rho \cdot g} = \frac{1800\,\text{Pa}}{1{,}22\,\text{kg/m}^3 \cdot 9{,}81\,\text{m/s}^2} = 150{,}4\,\text{m}$$

$$n_q = 1450\,\text{min}^{-1} \cdot \frac{\left(4{,}17\,\text{m}^3/\text{s}\right)^{1/2}}{\left(150{,}4\,\text{m}\right)^{3/4}} = 69\,\text{min}^{-1}$$

$$\sigma = \frac{69}{158} = 0{,}44$$

Aus Abbildung 2.11 Cordier-Diagramm wird $\delta = 2{,}4$ abgelesen (Radiallaufrad) für $\eta_i = 0{,}9$, und mit η_{mech} = ca. 0,9 wird $\eta_e = 0{,}8$

- laut Gleichung 2.8g: $D_q = D \cdot \frac{H^{1/4}}{\dot{V}^{1/2}} = \frac{\delta}{1{,}865}$

$$D = \frac{2{,}4}{1{,}865} \cdot \frac{4{,}17^{1/2}}{150{,}4^{1/4}} = 0{,}75\,\text{m}\varnothing$$

- Umfangsgeschwindigkeit $u_2 = D \cdot \pi \cdot \frac{n}{60}$

$$= 0{,}75\,\text{m} \cdot 3{,}14 \cdot \frac{1450\,\text{min}^{-1}}{60} = 57\,\text{m/s}$$

- Eintrittsdurchmesser $A = \frac{\dot{V}}{c_1}$

  $= \frac{4{,}17}{20\,\text{m/s}} = 0{,}21\,\text{m}^2,\ d = 0{,}51\,\text{m}\varnothing$

- Umfanggeschwindigkeit $u_1 = d \cdot \pi \cdot \frac{n}{60}$

  $= 0{,}5\,\text{m} \cdot 3{,}14 \cdot \frac{1450\,\text{min}^{-1}}{60} \approx 38\,\frac{\text{m}}{\text{s}}$

- Aufzeichnen des Geschwindigkeitsplanes

  Eintrittsseite: stoßfrei $\alpha_1 = 90°$, ergibt eine Relativgeschwindigkeit $w_1 = 44\,\frac{\text{m}}{\text{s}}$

  Austrittsseite:

  Gleichung 2.5 $P_{\text{th}} = \dot{m} \cdot \omega \cdot (r_2 \cdot c_{u2})$; $c_{u1} = 0$ drallfrei

  $$Y_{\text{th}} = \frac{P_{\text{th}}}{\dot{m}} = \frac{Y}{\eta_e} = \frac{\Delta p_t / \rho}{\eta_e} = \frac{H \cdot g}{\eta_e}$$

  $$= \frac{150{,}4\,\text{m} \cdot 9{,}81\,\text{m/s}^2}{0{,}8} = \frac{1475{,}41\,\text{m}^2/\text{s}^2}{0{,}8} = 1844{,}28\,\text{m}^2/\text{s}^2$$

  $Y_{\text{th}} = 2\pi \cdot f \cdot (r_2 \cdot c_{u2})$

  $c_{u2} = 32{,}4\,\text{m/s}$

  Mit β_2 kann das Austrittsdreieck gezeichnet werden.

  Leistungsbedarf $P_e = \frac{\Delta p_t \cdot \dot{V}}{\eta_e} = \frac{1800\,\text{Pa} \cdot 4{,}17\,\text{m}^3/\text{s}}{0{,}8} = 9{,}382\,\text{kW}$

  oder $P_e = \dot{m} \cdot c_{2u} \cdot u_2 = 4{,}17\,\text{m}^3/\text{s} \cdot 1{,}22\,\text{kg/m}^3 \cdot 32{,}4\,\text{m/s} \cdot 57\,\text{W}$

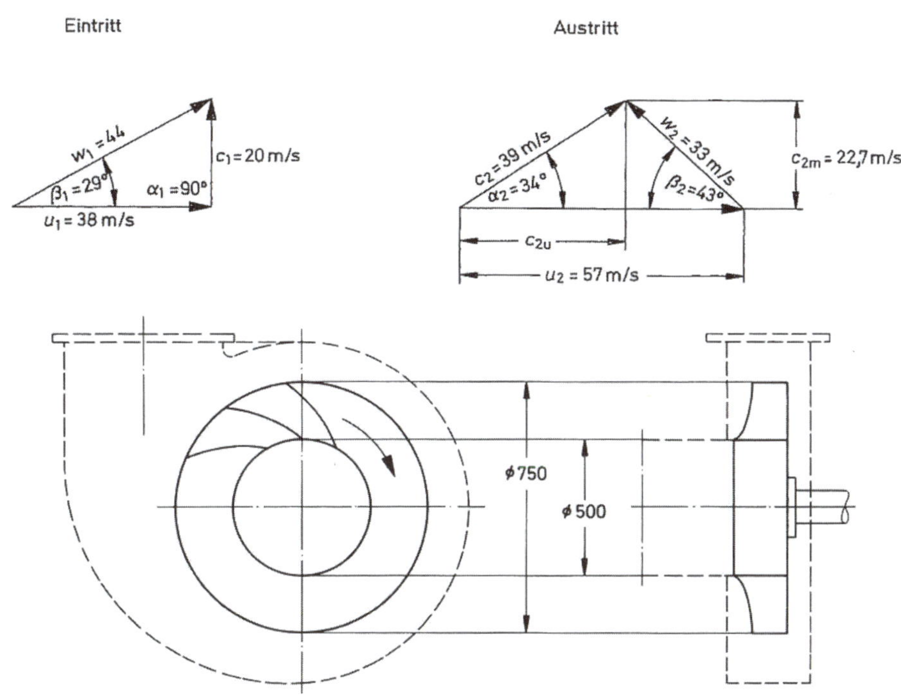

Abb. 2.23: Darstellung zu Beispiel 2.13

2.5.2 Axialventilatoren und -gebläse

Im Gegensatz zu Radialventilatoren, die axial ansaugen und radial ausblasen, geschieht dies bei Axialventilatoren ausschließlich in axialer Richtung. Dabei erfährt das Fördermedium beim Verlassen des Laufrades eine sich in axialer Richtung fortsetzende, sehr nachteilige Drallströmung (Abbildung 2.7), die jedoch (i. d. R.) – wie in Abschnitt 2.2 bereits vorgestellt – im Nachleitrad aufgehoben wird.

Bei größeren Förderströmen und kleinen Druckerhöhungen werden in der Gebäudetechnik, Tunnelbelüftung, Kraftwerken, Windkanälen etc. 1-stufige (auch mehrstufige) Axialgebläse verwendet.

Vorteile dieser Strömungsmaschine sind:

- hoher Wirkungsgrad
- großer Betriebsbereich bei guten Teillastwirkungsgraden
- gute Regelbarkeit bei variablen Volumenströmen und Drücken

Nachteilig ist neben hohen Geräuschen vor allem die **instabile** Kennlinie.

Neben den sonstigen Einflüssen, z. B. Schaufelzahl, Schaufelprofil, Schaufeleinstellwinkel, ist ein wesentliches Kriterium für den Förderdruck das **Nabenverhältnis**.

s = Spaltbreite, D = Laufraddurchmesser, d = Nabendurchmesser

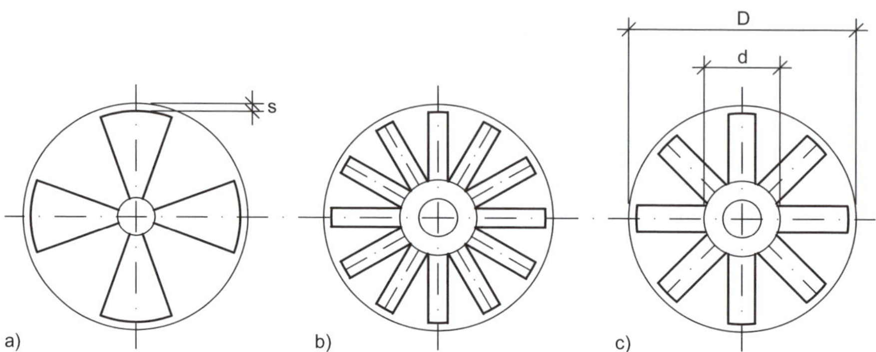

Abb. 2.24: Laufradarten a) Niederdruckventilator, b) Mitteldruckventilator, c) Hochdruckventilator

Unter dem Nabenverhältnis versteht man: d/D

	Nabenverhältnis	Drücke bis
Niederdruckventilator	0,25–0,4	ca. 300 Pa
Mitteldruckventilator	0,4–0,5	ca. 3000 Pa
Hochdruckventilator	0,5–0,7	ca. 10000 Pa

Die Energieumsetzung ist auch hier analog wie bei den Pumpen und Radialventilatoren dargestellt.

$$\frac{\Delta p}{\rho} = u \cdot \left(c_{u2} - c_{u1} \right)$$

bzw. $P = \dot{m} \cdot u \cdot \left(c_{u2} - c_{u1} \right)$

und bei $p_2/p_1 \geq 3000$ Pa (s. Kapitel 4).

Bei Ventilatoren kommen im Allgemeinen nur solche Anordnungen in Frage, bei denen vor und hinter dem Ventilator eine Rohrleitung angeschlossen werden kann. Da in Rohrleitungen Drallströmungen nicht brauchbar sind, muss die Zu- und Abströmung drallfrei, d. h. in axialer Richtung erfolgen.

Um diese verlustreiche Drallkomponente kinetischer Druckenergie (dyn. Druck) in statische nutzbare Druckenergie umzuwandeln, werden Leiträder vor oder hinter dem Laufrad angebracht. Dadurch erreicht man einen annähernd drallfreien Austritt hinter dem Ventilator.

Nun gibt es drei wichtige Varianten, um das v. g. zu realisieren:

1. Leitrad <u>vor</u> dem Laufrad (Vorleitrad):

   Das Leitrad erzeugt einen Gegendrall, der im Laufrad aufgehoben wird. Es entsteht eine axiale Abströmung.

   $\Delta p = \rho \cdot u \cdot c_{u1}$

   (c_{u2} = 0, weil c_{u1} negativ gerichtet ist).

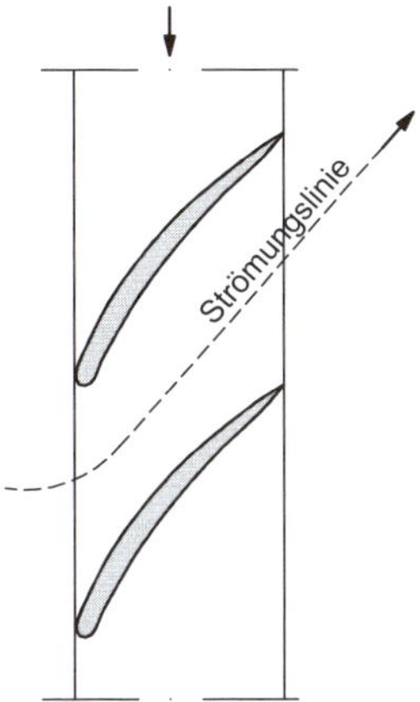

Abb. 2.25: Axialventilator ohne Vor- und Nachleitrad

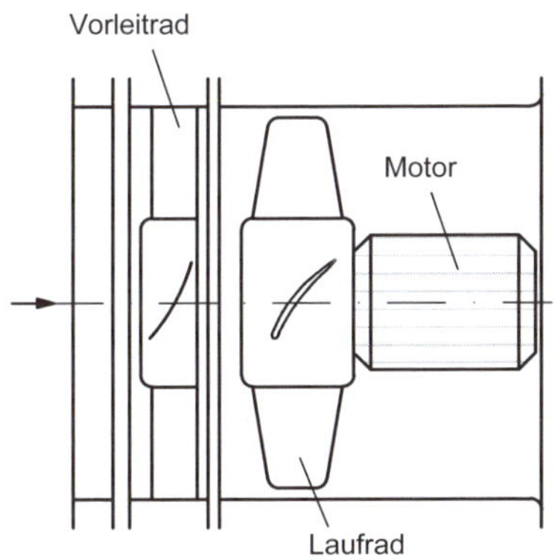

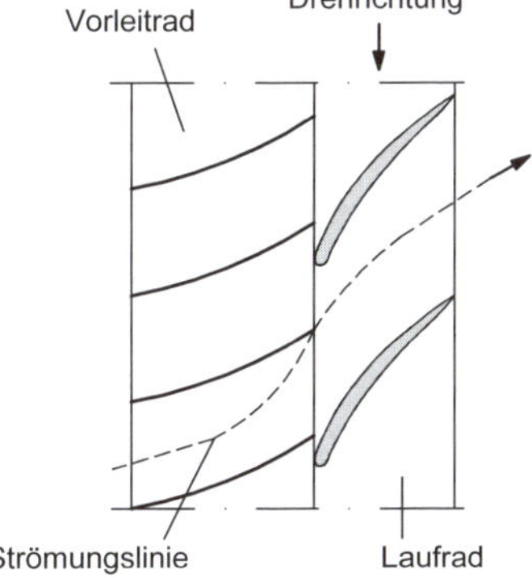

Abb. 2.26: Vorleitrad

Im vorgeschalteten Leitrad sinkt der Druck zur Erzeugung der Umfangskomponente c_{u1}, sodass vor dem Laufrad ein Unterdruck $\frac{\rho}{2} \cdot c_{u1}^2$ entsteht. Der Reaktionsgrad r wird größer 1:

$$\Delta p_{st} = \rho \cdot u \cdot c_{u1} + \frac{\rho}{2} \cdot c_{u1}^2$$

$$r = \frac{\rho \cdot u \cdot c_{u1} + \frac{\rho}{2} \cdot c_{u1}^2}{\rho \cdot u \cdot c_{u1}} = 1 + \frac{c_{u1}}{u} > 1$$

2. Leitrad nach dem Laufrad (Nachleitrad):

   Axiale Zuführung dem Laufrad, mit Drallerzeugung durch das Laufrad, und hinter dem Laufrad wird der Drall wieder aufgerichtet, um axial abzuströmen. Dies ist der häufigste Fall in der Praxis.

   $\Delta p = \rho \cdot u \cdot c_{u2}$, $r < 1$

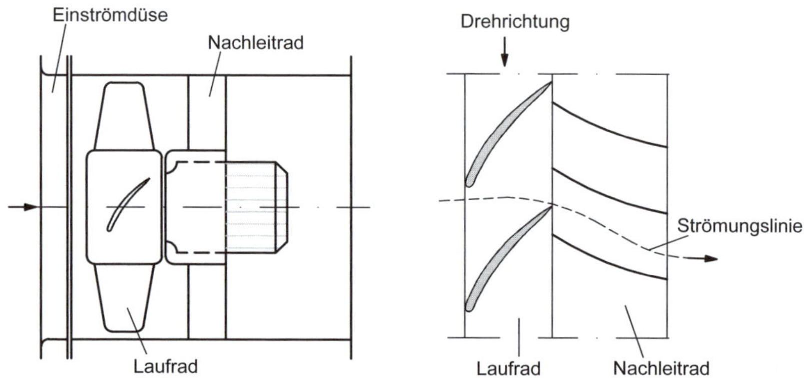

Abb. 2.27: Nachleitrad

3. Vor und hinter dem Laufrad befindet sich ein Leitrad:

   Die absoluten Ein- und Austrittsgeschwindigkeiten $c_1 = c_2$. Das Laufrad erzeugt nur statischen Druck: $\Delta p = \rho \cdot u \cdot 2 \cdot c_{u1} = \rho \cdot u \cdot 2 \cdot c_{u2}$ und $r = 1{,}0$

Zur Erzielung hoher Drücke können zwei hintereinander liegende gegenläufige Axialventilatoren eingesetzt werden. Der 2. Axialventilator dient als drehendes Nachleitrad. Oder der 1. Axialventilator dient als Vorleitrad.

Diese Schaltung ist nicht zu verwechseln mit zwei hintereinander geschalteten Axialventilatoren (Serienschaltung), die normale Leitapparate aufweisen.

2.6 Pumpen-Ventilator-Kennlinien (Drosselkurven)

Unter Drosselkurven oder Kennlinien versteht man die Funktion $\Delta p_t = f(\dot{V})$ oder $Y = \frac{\Delta p_t}{\rho} = f(\dot{V})$ bei konstanter Drehzahl.

Bei Förderung kompressibler Fluide (s. Kapitel 4) wird die spez. Stutzenarbeit Y meist auf den angesaugten Volumenstrom bezogen $Y = f(\dot{V})$.

Ausgehend von Gleichung 2.6 für radiale Laufräder:

$Y_{th\,\infty} = u_2 \cdot c_{u2} - u_1 \cdot c_{u1}$ (bei unendlich vielen Laufschaufeln)

bzw. bei $c_{u1} = 0$: $Y_{th\,\infty} = u_2 \cdot c_{u2}$

Nach Abbildung 2.8 ist der Einfluss des Austrittswinkels β_2 gemäß Abbildung 2.28.

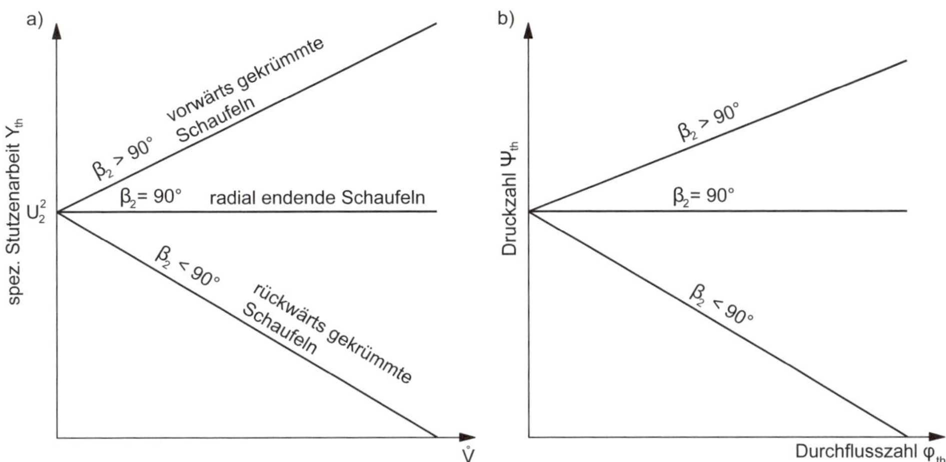

Abb. 2.28: a) Theoretische Drosselkurve $Y_{\text{th}\,\infty} = f\left(\dot{V}\right)$, b) Dimensionslose theoretische Drosselkurve $\Psi_{\text{th}\,\infty} = f\left(\varphi_{\text{th}}\right)$

Die „reale" Drosselkurve erhält man durch:

- den Minderleistungseffekt durch endliche Schaufelzahl $Y_{\text{th}} = Y_{\text{th}\,\infty} \cdot \mu$
- die Kanalreibung in allen strömungsgeführten Bauteilen sowie Spaltverluste im Laufradspalt
- die Stoßverluste am Eintritt von Laufrad oder Leitrad

Bei gleicher Maschinengröße und gleichem Fluid lauten die Modellgesetze:

$\dot{V} \sim n\,;\, H \sim n^2\,;\, P \sim n^3$

Und daraus die Affinitätsgesetze:

$$\frac{\dot{V}_1}{\dot{V}_2} = \frac{n_1}{n_2}\,;\, \frac{H_1}{H_2} = \frac{\Delta p_{\text{t1}}}{\Delta p_{\text{t2}}} = \left(\frac{n_1}{n_2}\right)^2 \,;\, \frac{P_1}{P_2} = \left(\frac{n_1}{n_2}\right)^3 \qquad (2.11)$$

Ähnlich wie die Kennlinie (Drosselkurve) wird die Leistungskurve $P = f\left(\dot{V}\right)$ bestimmt:

$P_{\text{th}\,\infty} = \dot{m} \cdot Y_{\text{th}\,\infty} = \rho \cdot \dot{V} \cdot Y_{\text{th}\,\infty}$

Die Funktion $P_{\text{th}\,\infty} = f\left(\dot{V}\right)$ ist eine Parabel, deren Krümmung durch den Schaufelaustrittswinkel β_2 beeinflusst wird.

Gemäß Abbildung 2.30 für Winkel $\beta_2 > 90°$ wird $P_{\text{th}\,\infty}$ größer, für $\beta_2 < 90°$ wird $P_{\text{th}\,\infty}$ kleiner.

Die reale Leistungsfunktion $P = f\left(\dot{V}\right)$ erhält man mit:

$P = \dfrac{P_{\text{th}\,\infty}}{\eta_e}$ in W

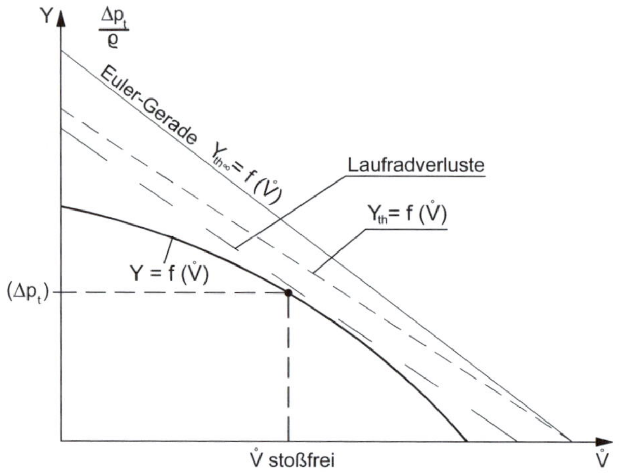

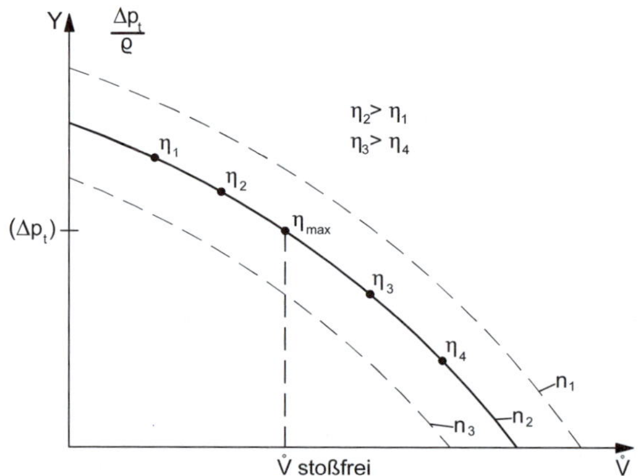

Abb. 2.29: Reale Kennlinie (Drosselkurve) $Y = f(\dot{V})$ bzw. $\Delta p_t = f(\dot{V})$, (rückwärtsgekrümmt $\beta_2 < 90°$)

Kennfelder einer Strömungsarbeitsmaschine:

- Drosselkurve $Y = f(\dot{V})$ oder Kennlinie $\Delta p_t = f(\dot{V})$ oder $H = f(\dot{V})$
- Leistungskurve $P = f(\dot{V})$
- Wirkungsgradkurve $\eta = f(\dot{V})$

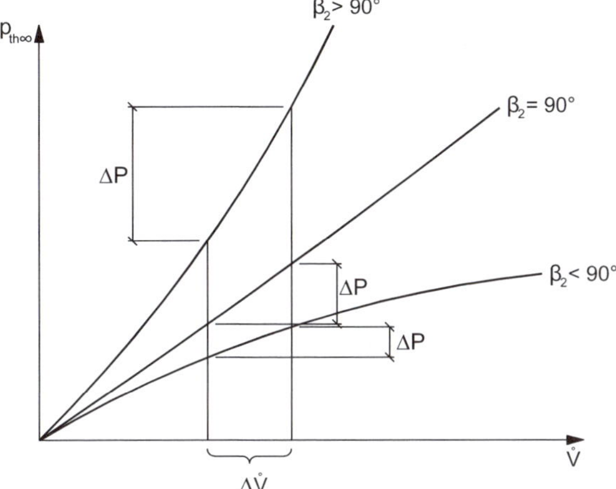

Abb. 2.30: Theoretische Leistung in Abhängigkeit vom Schaufelaustrittswinkel β_2 (s. Abb. 2.8)

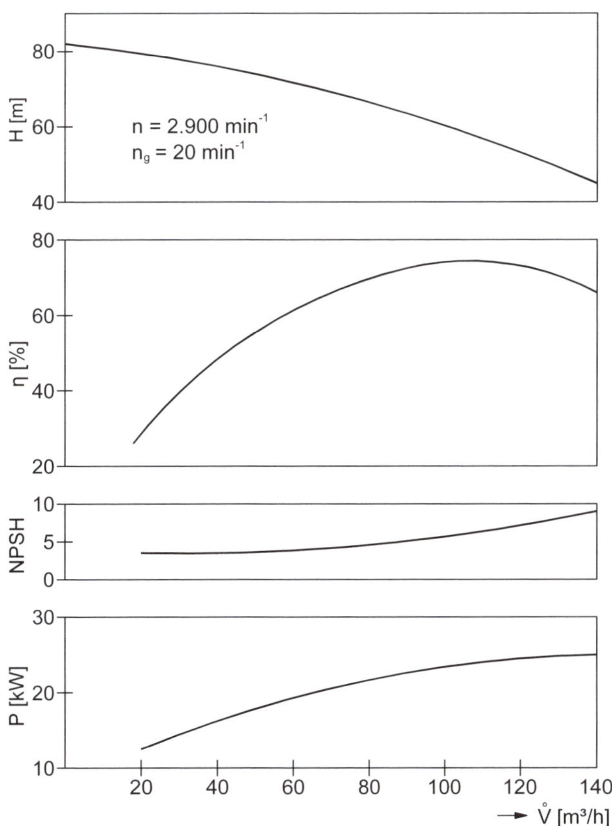

Abb. 2.31: Kennfelder einer radialen Kreiselpumpe

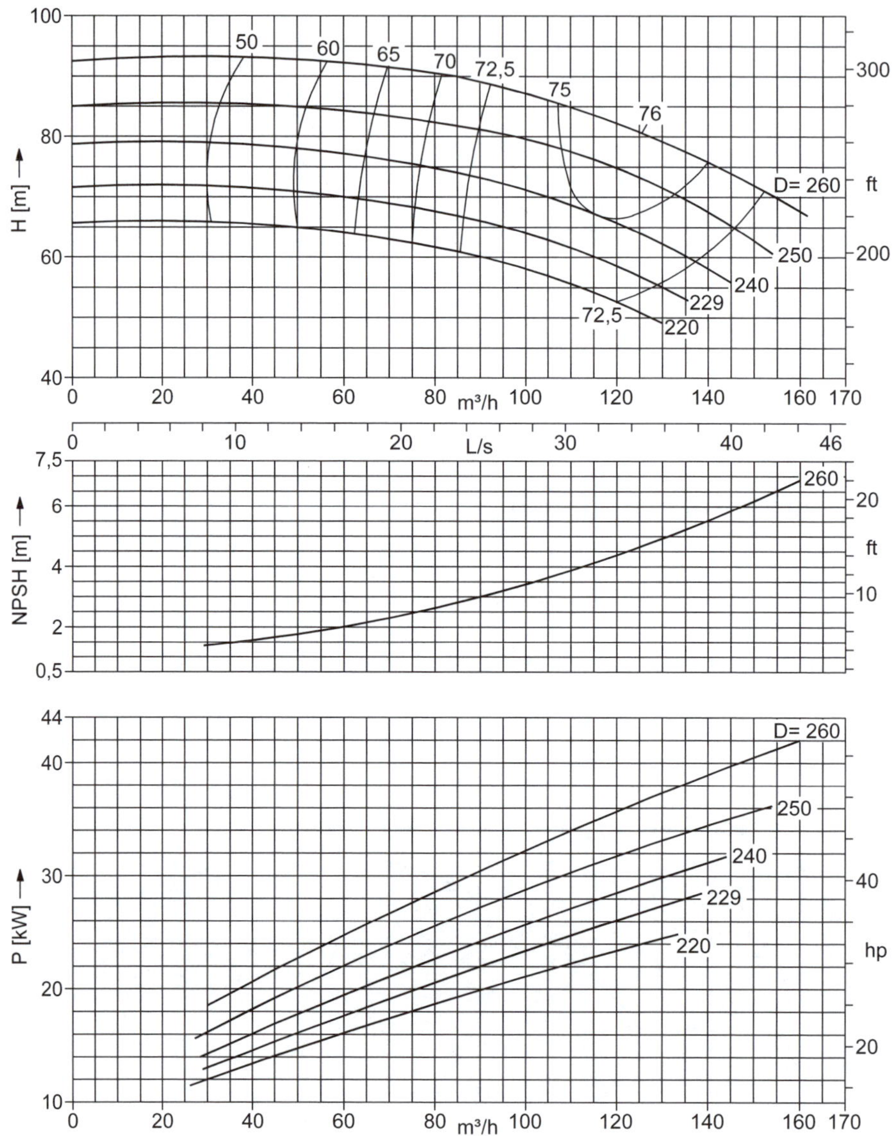

Abb. 2.32: Kennlinienfeld einer Radialkreiselpumpe, Kurvenschar mit verschiedenen Laufraddurchmessern

2.6.1 Anwendung der Kennzahlen

Die im Abschnitt 2.3 aufgeführten Kennzahlen für Strömungsmaschinen werden zur Charakterisierung des Betriebsverhaltens und der Bauart verwendet.

2.6.1.1 Pumpen

Kennzahlen des Betriebsverhaltens:

- φ Durchflusszahl (Gleichung 2.8)
- ψ Druckzahl (Gleichung 2.8a)
- λ Leistungszahl (Gleichung 2.8c)

Kennzahlen der Pumpenbauart

- σ Laufzahl (Gleichung 2.8d) bzw. spez. Drehzahl n_q (Gleichung 2.8e)
- δ Durchmesserzahl (Gleichung 2.8f)

Im Pumpenanlagenbau werden i. d. R Kennfelder mit $H = f(\dot{V})$ verwendet und eine relative Darstellung:

- Relative Förderhöhe H/H_{opt}

  und

- Relativer Förderstrom $\dot{V}/\dot{V}_{opt}$

Das Optimum liegt bei η = 1 und somit: $\frac{\eta}{\eta_{opt}} = \frac{H}{H_{opt}} = \frac{\dot{V}}{\dot{V}_{opt}} = 1{,}0$

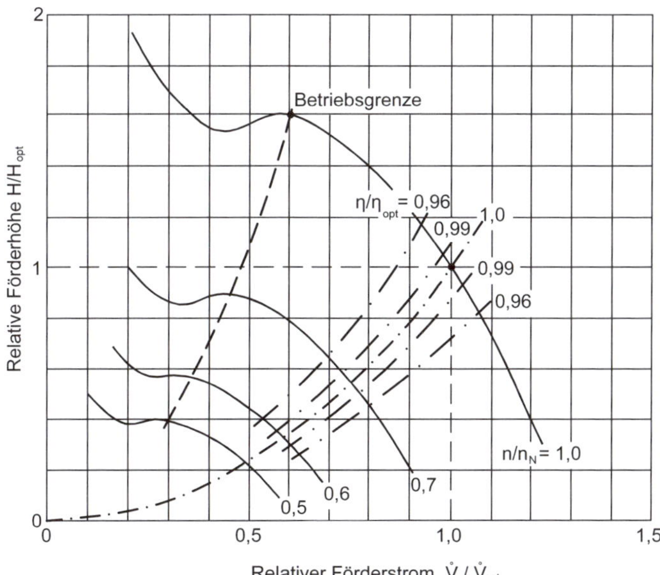

Abb. 2.33: Kennfeld einer drehzahlgeregelten Axialpumpe, $\eta_q \approx 200\ \text{min}^{-1}$

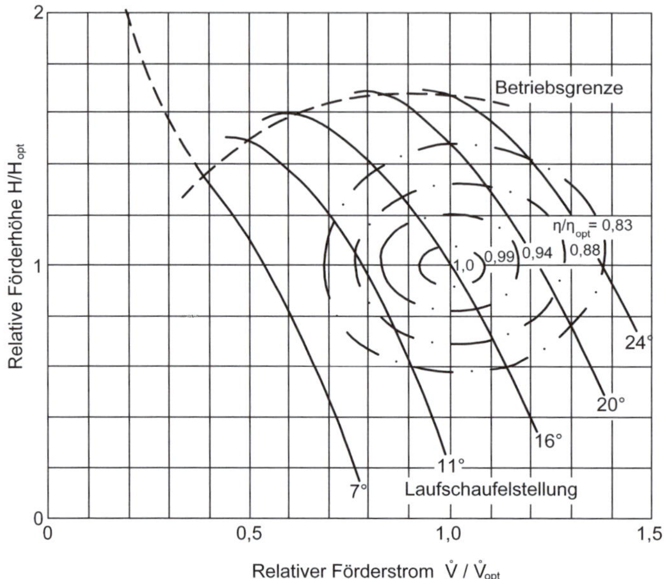

Abb. 2.34: Kennfeld einer laufschaufelverstellbaren Axialpumpe, $\eta_q \approx 200\ \text{min}^{-1}$

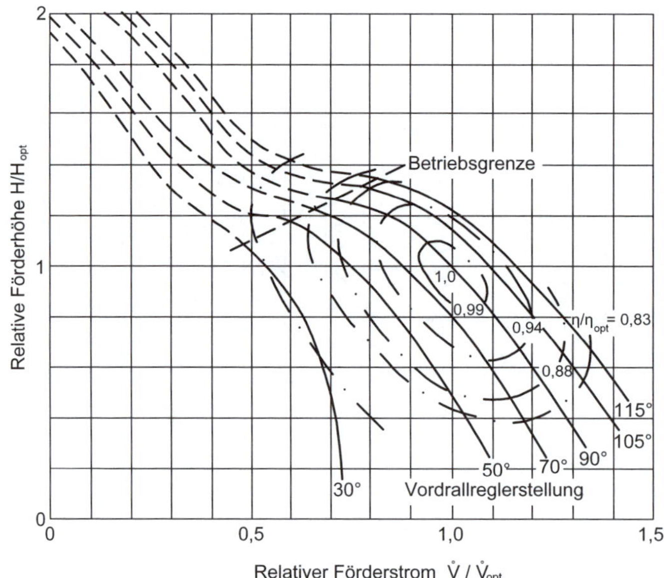

Abb. 2.35: Kennfeld einer vordrallgeregelten halbaxialen Pumpe, $\eta_q \approx 160\ \text{min}^{-1}$

2.6.1.2 Ventilatoren

Kennzahlen des Betriebsverhaltens:

- φ Durchflusszahl (Gleichung 2.8)
- ψ Druckzahl (Gleichung 2.8a)
- λ Leistungszahl (Gleichung. 2.8c)

Kennzahlen der Ventilatorbauart:

- σ Laufzahl (Gleichung 2.8d) bzw. spez. Drehzahl n_q (Gleichung 2.8e)
- δ Durchmesserzahl (Gleichung. 2.8f) bzw. spez. Durchmesser D_q

Beim Projektieren ist man daran interessiert, für die geforderten Daten Fördervolumen $\dot{V}$ und Gesamtdruckerhöhung Δp_t bzw H_t die Bauart des Ventilators (axial oder radial), D_2 und Drehzahl n bei einem optimalen Wirkungsgrad η_{max} auszulegen.

Um entscheiden zu können, welcher Ventilatortyp, welcher Durchmesser D_2 und welche Drehzahl für die geforderten Daten von $\dot{V}$ und Δp_t oder H_t geeignet sind, verwendet man das **Cordier-Diagramm** Abb 2.11.

Zusammenfassend für die vorgegebenen Werte Δp_t und $\dot{V}$ liefert:

- die D_q,n_q-Kurve den Ventilatortyp
- die ψ,n_q-Kurve die Umfangsgeschwindigkeit u, den Durchmesser D, die Laufraddrehzahl n
- die η,n_q-Kurve die Antriebsleistung

Die Ausnahme mit völlig anderem Strömungsmechanismus ist der Trommelläufer, der ganz aus dem Rahmen der übrigen Ventilatoren fällt.

Beispiel 2.14

Gegeben:

Ein Ventilator soll $\dot{V} = 4\,\text{m}^3/\text{s}, \Delta p_t = 600\,\text{Pa}$ bringen, $\rho = 1{,}2\,\text{kg/m}^3$. An Motordrehzahl stehen zur Verfügung: n = 2800, 1450, 950, 720 und 560 $^{\text{min-1}}$.

Gesucht:

Zu bestimmen für jede Drehzahl sind der n_q-Wert, ψ- und η-Wert.

$$H_t = \frac{\Delta p_t}{g \cdot \rho} = \frac{600\,\text{Pa}}{9{,}81\,\text{m/s}^2 \cdot 1{,}2\,\text{kg/m}^3} = 51\,\text{m}; \quad n_q = n \cdot \frac{\sqrt{4}}{51^{3/4}} = n \cdot 0{,}1$$

Aus Ordnungsdiagrammen:

n min^{-1}	n_q min^{-1}	Typ	Ψ	η	u_2 m/s	D_2 m	P kW
560	56	radial	0,8	0,85	35	1,2	2,8
720	72	radial	0,7	0,85	37	1,0	2,8
950	95	radial	0,62	0,85	39	0,8	2,8

n min^{-1}	n_q min^{-1}	Typ	Ψ	η	u_2 m/s	D_2 m	P kW
1450	145	axial	0,4	0,84	50	0,65	2,8
2800	280	axial	0,2	0,80	70	0,48	3,0

Zu beachten:

- Abnahme des Laufraddurchmessers *D* mit größer werdender Schnell-Läufigkeit und höherer Umfangsgeschwindigkeit *u*. Günstiger Platzbedarf, günstige Investition des Axialventilators.
- Nachteil: Lautstärke, Lebensdauer.

Für beliebige Kombinationen von D, Δp_t, $\dot{V}$, n den richtigen Ventilator auszumachen, sollen die nachstehenden Abbildungen behilflich sein. Die Abbildungen 2.36/37 basieren auf den Gleichungen im Abschnitt 2.2.

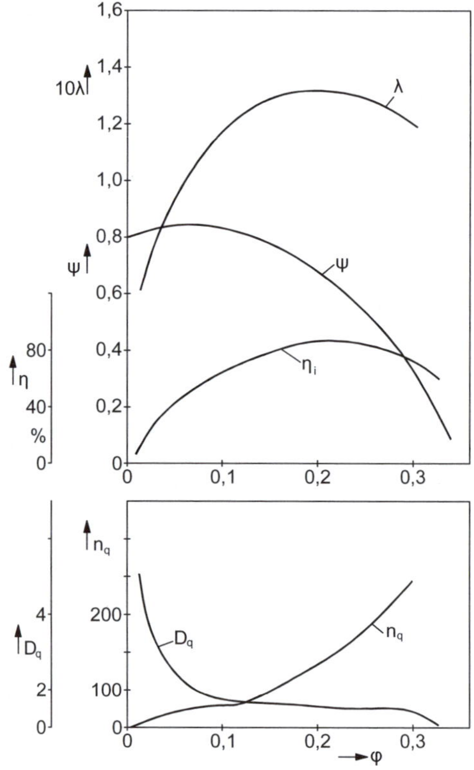

Abb. 2.36: Kennfeld eines Hochleistungs-Radialventilators mit hohem Wirkungsgrad

Die Abbildung 2.36 liefert nicht nur eine Aussage für den Bestpunkt, sondern auch für beliebige andere Betriebspunkte. Theoretisch könnte man mit einem einzigen Ventilatortyp alle vorkommenden Bedarfsfälle bearbeiten. Dies wäre nicht wirtschaftlich, man legt für η_{max} aus, was einer $n_q \approx 75...150\ \text{min}^{-1}$ entspricht.

In Abbildung 2.37 ist das Kennfeld eines Axialventilators mit großem Durchmesserverhältnis (siehe Abbildung 2.24) und hohem Wirkungsgrad zu sehen. Empfohlene spez. Drehzahl $n_q \approx 100...150\ \text{min}^{-1}$ bei der Auslegung.

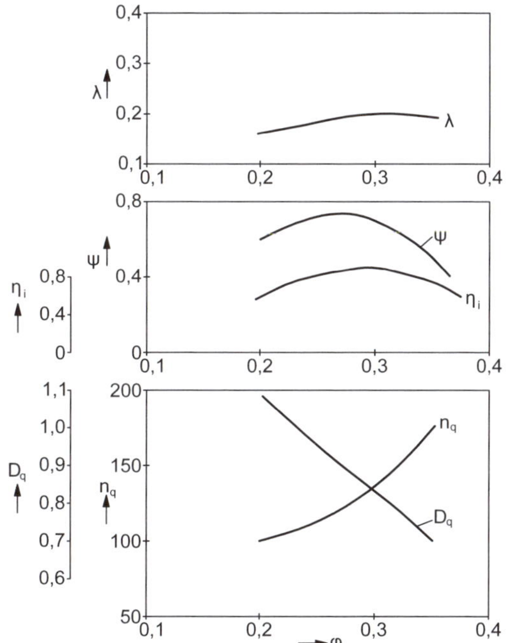

Abb. 2.37: Kennfeld eines Hochleistungs-Axialventilators mit hohem Wirkungsgrad

Abbildung 2.38 zeigt das Kennfeld eines **Trommelläufers**, der in der Lüftungstechnik eine gewisse Bedeutung hat. Seine Kennzeichen:

- großes Durchmesserverhältnis
- hohe Schaufelzahl
- breites Laufrad, stark vorwärts gekrümmte Schaufeln

Sein Betriebsverhalten zeigt erhebliche Abweichungen von den übrigen Ventilatoren. Empfohlene spez. Drehzahl $n_q \approx 60...75\ \text{min}^{-1}$ mit ca. $\eta = 0,65$ bei der Auslegung.

Vorteil: Kleine Baugrößen, niedrige Drehzahl und relativ niedrige Investitionskosten.

Zu den Trommelläufern gehören auch die sogenannten **Querstromventilatoren** (Walzenlüfter).

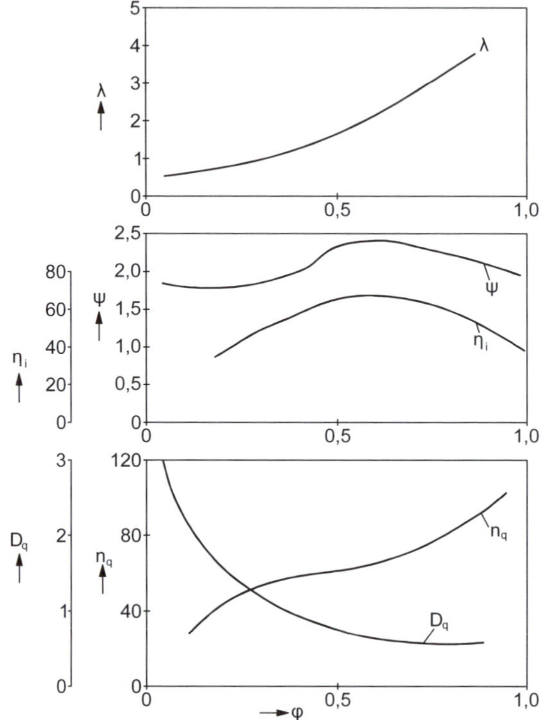

Abb. 2.38: Kennfeld eines Trommelläufers mit vorwärts gekrümmten Schaufeln

Neben den dimensionslosen Kennlinien arbeitet man in der Praxis mit dimensionsbehafteten Einheitskennfeldern (s. zum Beispiel Abbildung 2.32). Es können direkt abgelesen werden:

- Gesamtdruck, Volumenstrom
- Drehzahl, Umfangsgeschwindigkeit
- Wirkungsgrad, Leistung etc.

2.7 Zusammenwirken von Anlagenkennlinien und Drosselkurven zu Betriebskennlinien

Nicht nur die Pumpen und die Ventilatoren haben Kennzahlen, sondern gemäß Abschnitt 1.3 auch die Anlage mit der Drosselzahl $\tau = \frac{\varphi^2}{\psi}$, Gleichung 2.8b, die dimensionslos ist. Mit der dimensionslosen Drosselkurve $\psi = f(\varphi)$ ergibt sich die dimensionslose **Betriebskennlinie**.

In der Praxis wird mit der dimensionsbehafteten Darstellung gearbeitet. Die v. g. Drosselzahl τ der Anlage ist analog der **Anlagenkennlinie** Gleichung 1.18 $S = \frac{\Delta p_v}{\dot{V}^2}$ mit Abbildung 1.28. Nun gibt es verschiedene Drosselkurven:

- Nach Abb. 2.29: $Y = f(\dot{V})$ oder $\Delta p_t = f(\dot{V})$ oder $H_t = f(\dot{V})$ als dimensionsbehaftete lineare Darstellung. Daneben die logarithmische Darstellung $\lg Y = f(\lg \dot{V})$ bzw. $\lg \Delta p_t = f(\lg \dot{V})$
- Die relative Darstellung Abb. 2.33/34/35
- Die dimensionslose lineare Darstellung Abb. 2.28b
- Es gibt flache und steile Drosselkurven.

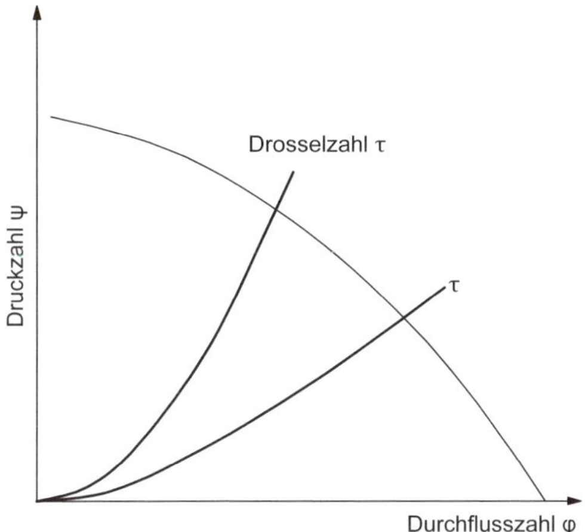

Abb. 2.39: Dimensionslose Betriebskennlinie

Darüber hinaus gibt es instabile Drosselkurven:

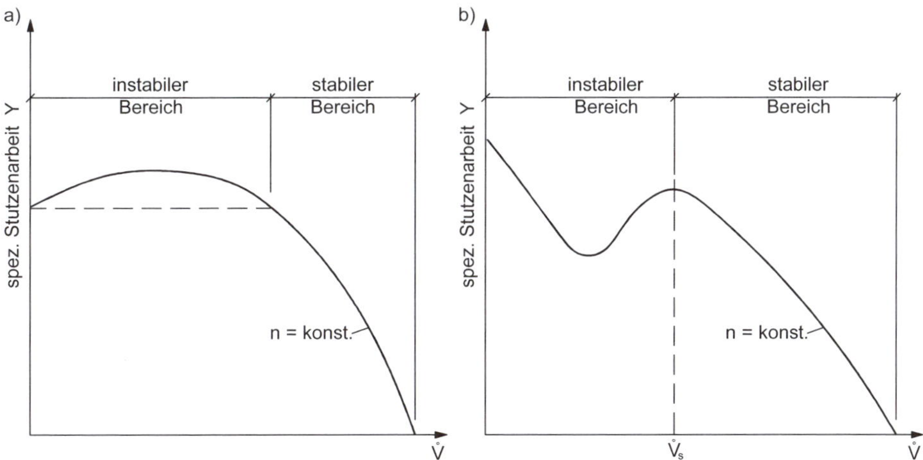

Abb. 2.40: Instabile Drosselkurven oder Kennlinien; a) Radialventilator, b) Axialventilator

Beim Zusammenwirken von Anlagenkennlinie – Strömungsmaschine ist das Wichtigste, den Betriebspunkt *B* im optimalen Wirkungsgrad η_{max} (Abbildung 2.29) auszulegen. Die Auslegungsmethoden gehören zu den vernachlässigten Gebieten. (Der heutige Stromverbrauch z. B. der Pumpen beträgt ca. 8...9 % des gesamten Stromverbrauchs in Deutschland.)

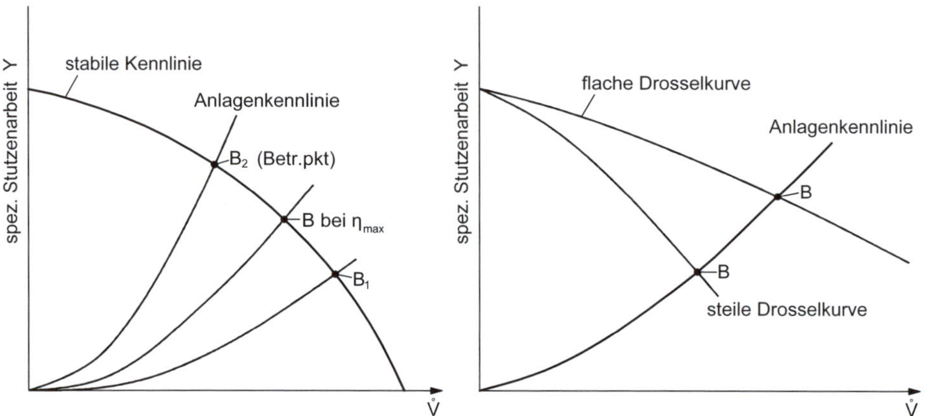

Abb. 2.41: Betriebskennlinien

Nachdem die Wellenleistung $P_w = \dfrac{\Delta p_t \cdot \dot{V}}{\eta_e}$ ist, erkennt man, wie wichtig der Betriebspunkt ist. Nachstehend Betriebskennlinien mit verschiedenen Betriebspunkten.

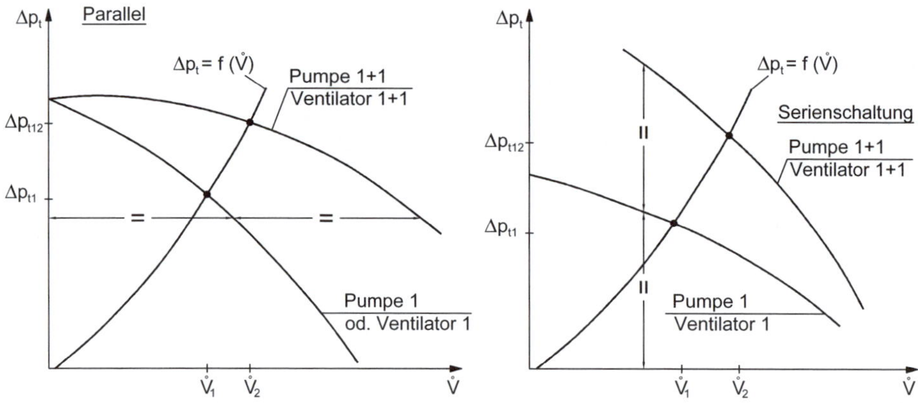

Abb. 2.42: Parallel- und Serienschaltung gleicher Maschinen

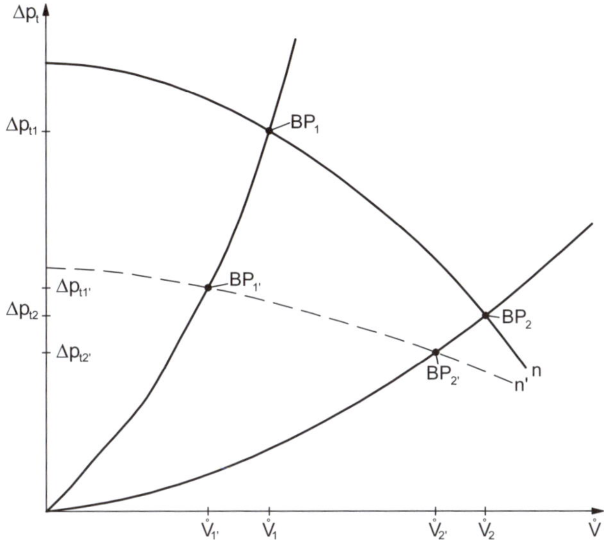

Abb. 2.43: Verändern der Anlagenkennlinie während des Betriebs bei unterschiedlichen Pumpen- oder Ventilatorkennlinien mit Auswirkung auf den Volumenstrom und den Druck

Anpassung und Regelung

a) Kennfeld bei variabler Drehzahl

Verändert man die Drehzahl einer Strömungsmaschine, ändern sich Volumenstrom und spez. Stutzenarbeit bzw. Förderdruck gemäß Gleichung 2.11 und der Abbildungen 2.32/33. Die Antriebsmotoren sind polumschaltbar oder frequenzgesteuert (FU).

b) Abdrehen von radialen Laufschaufeln

Durch diese Maßnahme kann das Kennfeld in einem bestimmten Bereich verändert werden mit Wirkungsgradänderung.

c) Verändern der Laufschaufelzahl bei Axialmaschinen

Auch bei Axialventilatoren gilt für endliche Schaufelzahlen

$$\Delta p_{th} = \rho \cdot u\left(c_{u2} - c_{u1}\right)$$

d) Laufschaufelverstellung

Ähnlich wie bei der Kaplan-Turbine können axiale oder halbaxiale Kreiselpumpen oder Axialventilatoren auch mit im Stillstand oder während des Betriebes verstellbaren Laufschaufeln ausgerüstet werden.

e) Vordrallregelung

Mit der Dralländerung des dem radialen, diagonalen oder axialen Laufrad zuströmenden Fluids gibt es eine weitere Möglichkeit der Kennlinienbeeinflussung.

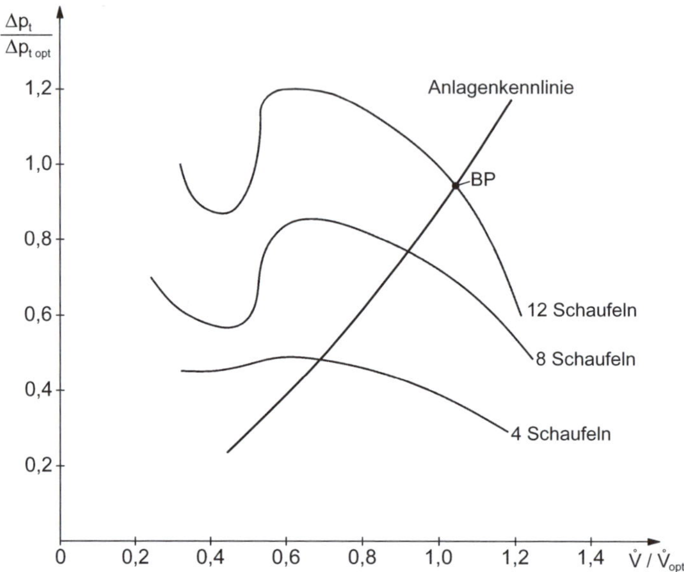

Abb. 2.44: Kennfeld eines Axialventilators

f) Bypassbetrieb

Es handelt sich um eine in der Praxis oft durchgeführte Maßnahme einer Volumenstromregulierung bei konstanter Drehzahl. Die Maßnahme ist billig und leicht durchzuführen und eignet sich nur für Hochleistungsventilatoren mit steiler Kennlinie. Ähnlich wie bei der Drosselregelung tritt bei der Bypassregelung ein relativ großer Energieverlust auf, der diese Art von Regelung oder Anpassung an geänderte Betriebsbedingungen unwirtschaftlich macht.

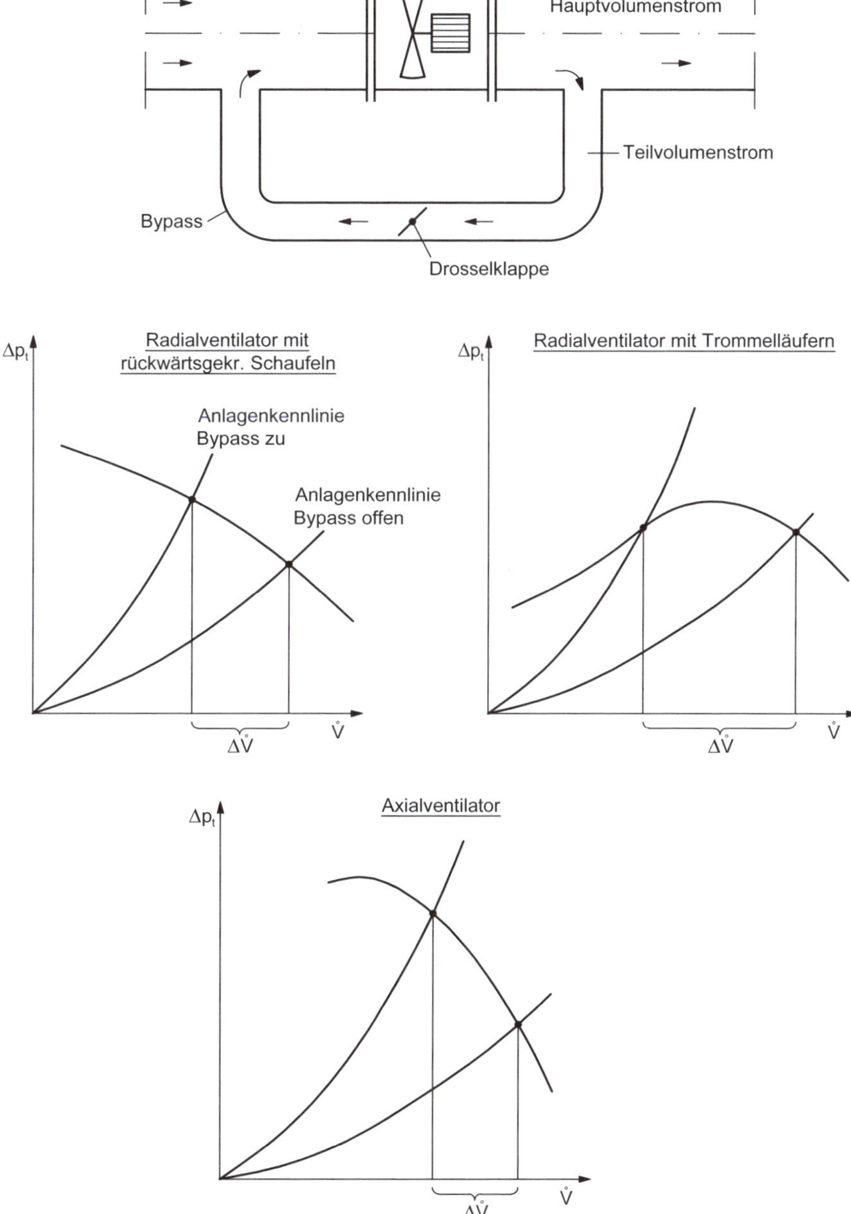

Abb. 2.45: Bypassregelung verschiedener Ventilatorbauarten

Eine weitere Möglichkeit der Regelung bzw. Anlagenanpassung ist die in den Abb. 2.42/43 aufgezeigte Parallel- und Serienschaltung von Ventilatoren bzw. Pumpen.

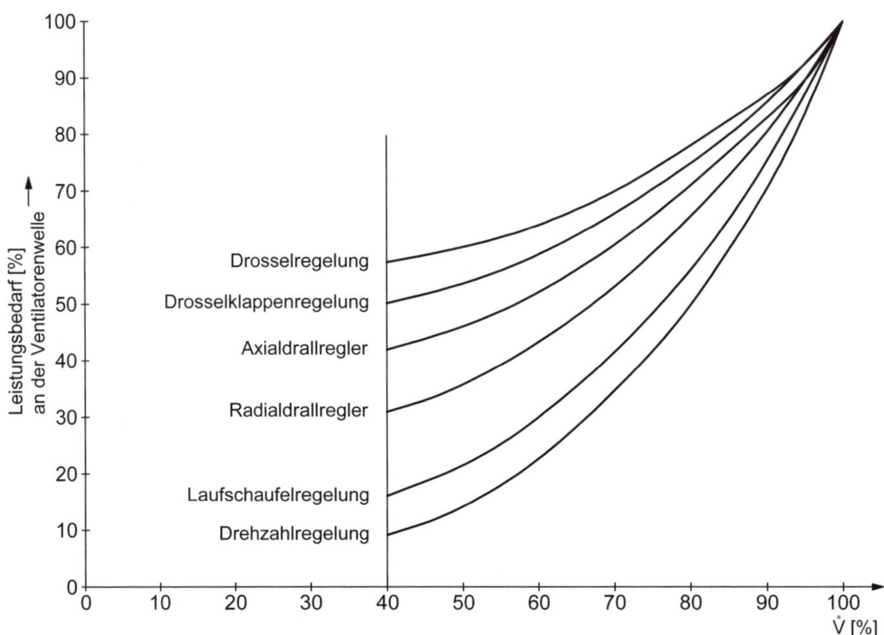

Abb. 2.46: Vergleich verschiedener Ventilatorregelungen

3 Anwendung in der Gebäudetechnik

Die Aufgabe der Strömungstechnik in der Gebäudetechnik ist der **Transport** der Medien

- Wasser (Heiz- und Kühlwasser, Trink- und Brauchwasser),
- Luft (Frisch- und Fortluft, Warm- und Kaltluft),
- Kälteträger

vom Erzeuger zum Verbraucher.

Die für die Ver- und Entsorgung erforderlichen strömungstechnischen Grundlagen zur Berechnung und Auslegung der nachstehend aufgeführten Anlagen wurden in den Kapiteln 1 und 2 behandelt.

Die wichtigsten Gleichungen aus den v. g. Kapiteln zur Projektierung der Gebäudesysteme:

Gl. 1.1: Kontinuitätsgleichung

$$\dot{m} = \rho \cdot \dot{V} = \rho \cdot A_1 \cdot c_1 = \rho \cdot A_2 \cdot c_2 = \text{ konstant}$$

Gl. 1.5: Formen der spez. Bernoulligleichung ohne Reibung:

$$\frac{c^2}{2} + g \cdot z + \frac{p}{\rho} = e_{\text{ges}} = \text{konst. Energiegleichung}$$

$$\frac{\rho}{2} \cdot c^2 + \rho \cdot g \cdot z + p = p_{\text{ges}} = \text{konst. Druckgleichung}$$

$$\frac{c^2}{2g} + z + \frac{p}{\rho \cdot g} = \dot{z}_{\text{ges}} = \text{konst. Höhengleichung}$$

Gl. 1.5a: erweiterte spez. Bernoulli-Druckgleichung mit Reibung

$$p_1 + \frac{\rho}{2} \cdot c_1^2 + \rho \cdot g \cdot z_1 = p_2 + \frac{\rho}{2} \cdot c_2^2 + \rho \cdot g \cdot z_2 + \Delta p_v$$

Gl. 1.6: erweiterte Bernoulli-Energiegleichung

$$m \cdot \left(\frac{c_1^2}{2} + g \cdot z_1 + \frac{p_1}{\rho} + w_t \right) = m \cdot \left(\frac{c_2^2}{2} + g \cdot z_2 + \frac{p_2}{\rho} + w_v \right)$$

Gl. 1.6a: $$p_1 + \frac{\rho}{2} \cdot c_1^{\,2} + \rho \cdot g \cdot z_1 + \Delta p_t = p_2 + \frac{\rho}{2} \cdot c_2^{\,2} + \rho \cdot g \cdot z_2 + \Delta p_v$$

Gl. 1.7: $$\text{Re} = \frac{c \cdot d}{\nu} \quad \text{Reynoldszahl}$$

Gl. 1.9: $$\Delta p_{v1} = \lambda \cdot \frac{l}{d} \cdot \frac{\rho}{2} \cdot c^2 \quad \text{Reibungsdruckverlust}$$

Gl. 1.12: $$\dot{I} = F = \dot{m} \cdot (c_2 - c_1) \quad \text{Impulssatz}$$

Gl. 1.12a: $$\Delta p_{v2} = \Sigma\zeta \cdot \frac{\rho}{2} \cdot c^2 \quad \text{Widerstandsdruckverlust}$$

Gl. 1.13: $\Delta p_v = \Delta p_{v1} + \Delta p_{v2} = \left(\lambda \cdot \frac{l}{d} + \Sigma\zeta\right) \cdot \frac{\rho}{2} \cdot c^2$ Gesamtdruckverlust

Gl. 1.18: $\Delta p_v = S \cdot \dot{V}^2$ Rohrnetzkennlinie

Gl. 2.1: $P_h = \dot{m} \cdot w_t$ hydraulische Leistung

Gl. 2.1a: $P_h = \dot{m} \cdot Y = \rho \cdot g \cdot H \cdot \dot{V}$ hydraulische Leistung, jedoch für Pumpen

Gl. 2.1b: $P_w = \frac{P_h}{\eta}$ Wellenleistung

Gl. 2.2: $Y = \frac{P_d - P_s}{\rho} + \frac{c_d^2 - c_s^2}{2} + x \cdot g$ Pumpenstutzenarbeit

Gl. 2.2a: $\Delta p_t = (p_d - p_s) + \frac{\rho}{2} \cdot (c_2^2 - c_1^2)$ Totaldruckdifferenz

Gl. 2.2b: $P = \frac{P_h}{\eta_{ges}}$ Antriebsleistung

Gl. 2.4: $P_{th} = \dot{m} \cdot (c_{u2} \cdot u_2 - c_{u1} \cdot u_1)$ theoretische Leistung

Gl. 2.8: $\varphi = \frac{4 \cdot \dot{V}}{D^3 \cdot \pi^2 \cdot n}$ Durchflusszahl

Gl. 2.8a: $\Psi = \frac{\Delta p_t}{\rho / 2 \cdot u^2}$ Druckzahl

Gl. 2.8b: $\tau = \frac{\varphi^2}{\Psi}$ Drosselzahl

Gl. 2.8c: $\lambda = \frac{\varphi \cdot \Psi}{\eta}$ Leistungszahl

Gl. 2.8d: $\sigma = \frac{(2Y)^{1/2}}{\pi \cdot n \cdot \Psi^{1/2}}$ Laufzahl

Gl. 2.8e: $n_q = n \cdot \frac{\dot{V}^{1/2}}{H^{3/4}} = \sigma \cdot 158$ spez. Drehzahl

Gl. 2.8f: $\delta = \frac{\Psi^{1/4}}{\varphi^{1/2}}$ Durchmesserzahl

Gl. 2.8g: $D_q = D \cdot \frac{H^{1/4}}{\dot{V}^{1/2}}$ spez. Durchmesser

Gl 2.9: $H_{geo}^{max} = \frac{p_b}{\rho \cdot g} - \left(H_v + H_D + \frac{c^2}{2g}\right)$ maximale Saughöhe

Gl. 2.9a: $z_1^{max} = \frac{p_b - p_D}{\rho \cdot g} - \left(H_{v1} + \frac{c_1^2}{2g} \right) = H_{HA}^{max}$ maximale Aufstellungshöhe

Gl. 2.9b: $H_{HA}^{vorh} = z_1^{max} - z_1 = \text{NPSH}_{vorh}$ vorhandene Haltedruckhöhe

Gl. 2.10: $P = \frac{P_{th}}{\eta_e} = \dot{m} \cdot \frac{\kappa}{\kappa - 1} \cdot v_1 \cdot p_1 \cdot \left[\left(p_2 / p_1 \right)^{\frac{\kappa-1}{\kappa}} - 1 \right] / \eta_e$ Antriebsleistung kompressibler Fluide

Gl. 2.11: $\frac{\dot{V}_1}{\dot{V}_2} = \frac{n_1}{n_2}; \quad \frac{H_1}{H_2} = \frac{\Delta p_{t1}}{\Delta p_{t2}} = \left(\frac{n_1}{n_2} \right)^2; \quad \frac{P_1}{P_2} = \left(\frac{n_1}{n_2} \right)^3$ Affinitätsgesetze

Es hat sich als zweckmäßig erwiesen, bei der Berechnung der Druckverluste in Leitungen (Rohre, Kanäle) zu unterscheiden zwischen den Druckverlusten in den geraden Leitungen und den Druckverlusten in den Einzelwiderständen, wie alle Umlenkungen, Abzweige, Armaturen und Apparate, Verengungen, Erweiterungen einer Leitung.

In beiden Fällen gilt

$$\Delta p \sim \frac{\rho}{2} \cdot c^2$$

mit den Gleichungen 1.9 für die Leitungen und 1.12a für die Einzelwiderstände und für den Gesamtdruckverlust mit Gleichung 1.13.

Die Reibungszahl λ sowie die Widerstandszahl ζ entnimmt man Diagrammen und Tabellen im Anhang. Für Apparate sind die ζ -Werte beim Hersteller zu erfragen.

a) Druckverlust bei Flüssigkeiten

Die Berechnung und Auslegung der Rohrnetze erfolgt i. d. R:

- Druckgefälle in geraden Leitungen mit Gl. 1.9, wobei der λ-Wert mihilfe der Gl. 1.7 im Diagramm A.1 abgelesen wird. Man kann auch das Druckgefälle sofort in den Diagrammen A.2/A.3 o. Ä. ablesen.
- Druckgefälle durch Einzelwiderstände in geraden Rohrstrecken gem. Tabelle A.1 mit Gl. 1.12a mit der größten Strömungsgeschwindigkeit
- Rohrverzweigungen im Netz sind Stellen, an denen sich durch Zu- und Abflüsse die Volumenströme ändern:

Stromtrennung (Tabelle A.3)

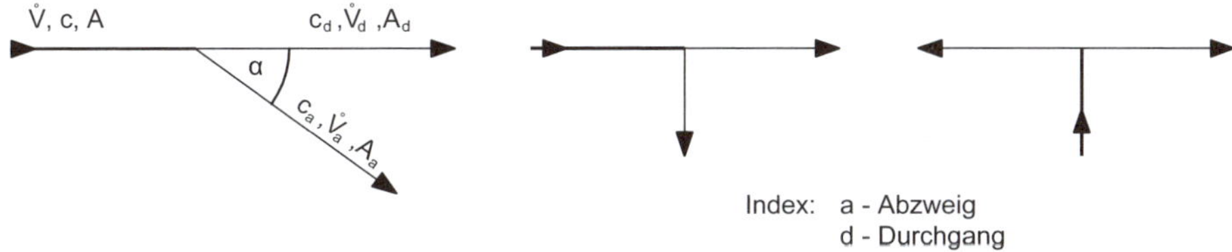

Abb. 3.1: Stromtrennung

Definitionsgemäß ist die Gleichung 1.12a mit der mittleren Geschwindigkeit in einem repräsentativen Querschnitt. Der Druckverlust Δp_v ist für den Durchgang und den Abzweig unterschiedlich. Dementsprechend werden zwei verschiedene ζ-Werte definiert, die mit den Indizes a (Abzweig) und d (Durchgang) versehen werden.

In der strömungstechnischen Literatur ist es üblich, für die ζ-Werte die Geschwindigkeit c für den Gesamtstrom zugrunde zu legen.

In der Heiz- und Klimatechnik werden bei den Netzberechnungen die ζ-Werte der einzelnen Rohrstrecken mit gleichem Durchmesser und gleichem Mengenstrom zu einem Gesamtwert $\Sigma\zeta$ zusammengefasst, sodass es zweckmäßig ist, die ζ-Werte der Abgänge für die Geschwindigkeit im Teilstrom anzugeben.

Die Umrechnung der auf verschiedene Querschnitte bezogenen ζ-Werte erfolgt nach:

$$\zeta^x = \zeta \cdot \left(\frac{c}{c^x} \right)^2$$

Unter dem Druckverlust eines T-Stückes versteht man die Differenz der statischen Druckhöhen kurz vor und genügend weit hinter dem T-Stück, vermehrt um die Änderung der dynamischen Druckhöhe, abzüglich der reinen Rohrreibungsverluste. Bei der Bestimmung der Widerstandsbeiwerte von Verzweigungen ist man weitgehend auf experimentelle Untersuchungen angewiesen. Denn es handelt sich bei dem Druckverlust in erster Linie um Stoßverluste.

Bezogen auf den Durchgang:

$$\Delta p_v = \zeta_d \cdot \frac{\rho}{2} \cdot c_d^2$$

und auf den Abzweig: $\Delta p_v = \zeta_a \cdot \frac{\rho}{2} \cdot c_a^2$

Stromvereinigung (Tabelle A.3)

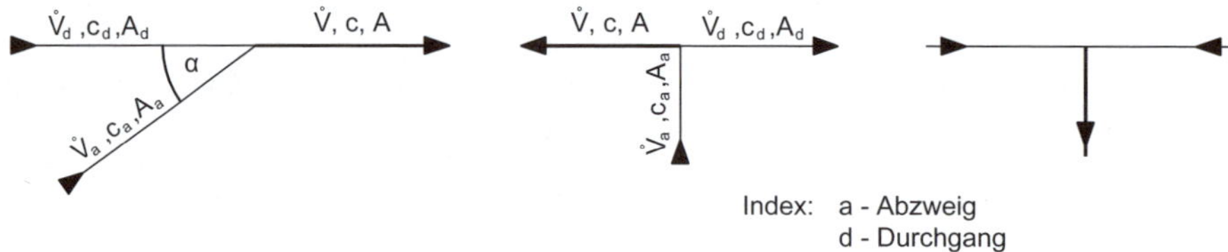

Abb. 3.2: Stromvereinigung

Bei der Stromvereinigung gibt der Strom mit der größeren Geschwindigkeit einen Teil seiner kinetischen Energie an den Strom mit der kleineren Geschwindigkeit ab. Ein Teil des Impulses des Zustromes, nämlich die zur Hauptachse senkrechte Komponente, wird bei dem Zusammenstoß vernichtet. Bei einem T-Stück ist es der Gesamtimpuls.

Der Druckverlust ergibt sich aus verschiedenen Verlustanteilen:

- Stoßverlust aus der Richtungsänderung
- Mischungsverlust (s. Beispiel 1.11/1.12)
- Wandreibungsverlust (meist vernachlässigt)

Bezogen auf den Durchgang:

$$\Delta p_{\mathrm{v}} = \zeta_{\mathrm{d}} \cdot \frac{\rho}{2} \cdot c_{\mathrm{d}}^{2}$$

und auf den Abzweig: $\Delta p_{\mathrm{v}} = \zeta_{\mathrm{a}} \cdot \frac{\rho}{2} \cdot c_{\mathrm{a}}^{2}$

b) Druckverluste bei Lüftungsanlagen

Die Kanalnetze von Lüftungs- und Klimaanlagen haben wie die Rohrnetze von zentralen Heizungs-, Kühlwasser- und allgemeinen Wasseranlagen die Aufgabe, Stoffströme zu fördern und in einer vorbestimmten Weise auf die Zweigleitungen zu verteilen. Es bestehen jedoch wesentliche Unterschiede in den Anforderungen, die zu abweichenden Verfahren in der Planung und Bemessung der Leitungsnetze führen.

Strömungstechnisch besteht der Hauptunterschied zwischen Rohr- und Kanalnetzen in der größeren Bedeutung der Einzelwiderstände bei der Luftförderung. Ihr Anteil ist bei den Kanalnetzen für den Gedamtdruckverlust bestimmend, die Reibungsverluste treten demgegenüber zurück.

Die Förderkosten bei lufttechnischen Anlagen spielen wirtschaftlich eine größere Rolle als z. B. bei Heizungs- oder Kühlwasseranlagen.

Nach den Luftgeschwindigkeiten im Hauptkanal unterscheidet man zwischen **Niedergeschwindigkeits- und Hochgeschwindigkeitsanlagen**. Die obere Grenze liegt bei 6 bis 8 m/s für die ersteren und etwa 25 m/s für die letzteren. Bei Industrieanlagen werden auch höhere Werte zugelassen. Im Netz selbst werden die Geschwindigkeiten stufenweise herabgesetzt, um an den Luftauslässen den kleinsten Wert zu erreichen (1,5 bis 4 m/s).

Man bezeichnet Anlagen mit Netzdruckverlusten von 1500 bis 3000 Pa als **Hochdruckanlagen** im Gegensatz zu **Niederdruckanlagen** mit Verlusten unter 1000 Pa.

Wie bereits erwähnt wird die Luft bei den lufttechnischen Anlagen als inkompressibel angesehen. Es gelten die oben aufgeführten Gleichungen aus Kapitel 1 und 2.

Für die **Reibungsdruckverluste** in geraden Kanalstrecken sind analog der Rohrnetzberechnung λ-Werte aus dem Diagramm A.1 zu ermitteln.

Für den **Leitungsdruckverlust** gilt analog zur Rohrnetzberechnung bei den Flüssigkeitsanlagen die Gleichung 1.9.

Für Luftkanäle sind sehr verschiedene Materialien im Gebrauch mit unterschiedlichem Rauigkeitsmaß ε. Zum Beispiel:

	ε in mm
Aluminium	0,0015...0,007
PVC hart	0,0015...0,007
Blechrohre und Kanäle	0,15
Beton	0,3...1,0
Mauerwerk	2,0...5,0
Glasfaser	0,001...0,0015

Der Einfluss der Kanalstöße an den Kanalverbindungen macht sich bei Lüftungsleitungen bemerkbar, insbesondere bei großen Durchmessern. Bedingt durch die Wirbelbildung an den Verbindungsstellen kann der Druckverlust etwa 3 bis 10 % betragen.

Der hydraulische Durchmesser bei Rechteckkanälen mit den Seitenlängen a und b:

$$d_g = \frac{2ab}{a+b} \quad \text{(hydraulisch gleichwertiger Durchmesser)}$$

Die **Einzelwiderstände-Druckverluste** werden mit der Gleichung 1.12a ermittelt. Im Anhang A.4/A.4a sind die Einzelwiderstände aufgeführt.

Anmerkung:

Die Strömungsgeschwindigkeit wird im Buch allgemein mit c bezeichnet. Es ist in der Strömungslehre auch üblich, anstelle von c den Buchstaben w zu verwenden.

Die ζ-Werte werden durch Versuche ermittelt. Zahlenwerte verschiedener Autoren zeigen häufig wesentliche Abweichungen voneinander.

In den nachstehenden Abschnitten werden zugehörige Praxisbeispiele aufgezeigt.

3.1 Heizwasser- und Kühlwasserleitungen

Nach Gleichung 1.9 ist das Druckgefälle in einem Rohr von dessen Durchmesser d, der Strömungsgeschwindigkeit c sowie dem Rohrreibungsbeiwert λ abhängig, der wiederum von d und c bestimmt wird. Da in einem Rohrnetz unterschiedliche Strömungsgeschwindigkeiten und Durchmesser vorkommen, muss für die Berechnung des gesamten Druckabfalls das Rohrnetz in **Teilstrecken** aufgeteilt werden. Es können in einer Teilstrecke sowohl Einzelwiderstände als auch Richtungsänderungen, aber keine Abzweigungen vorhanden sein.

Für den Druckabfall in einer Teilstrecke gilt die Gleichung 1.13.

Der Massen- bzw. Volumenstrom ergibt sich bei vorgegebener Wärme- bzw. Kühlleistung aus $\dot{Q} = \dot{m} \cdot c_w \cdot \Delta t = \dot{V} \cdot \rho \cdot c_w \cdot \Delta t$.

Bei der Auswahl der Rohrnennweiten geht man meist von der Erfahrung aus, dass man die Strömungsgeschwindigkeiten schätzt:

- Hauptverteilleitungen bei ca. 0,3...1,5 m/s, bei Fernleitungen bis 3 m/s
- Rohrreibungs-Druckgefälle R = 80...200 Pa/m, wirtschaftlicher R = 20...50 Pa/m

Das Verfahren mit dem geschätzten Anteil der Einzelwiderstände bei Fernleitungen mit ca. 10...20 % und bei normalen Gebäudenetzen mit ca. 33 % ergibt zufriedenstellende Werte.

Maßgebend für den Pumpenenergieverbrauch ist der ungünstigste Fließweg. Die Teilstrecken auf den günstigeren Fließwegen können so dimensioniert werden, dass der verfügbare Druck in den Teilstrecken verbraucht wird. Andernfalls muss der überschüssige Druck weggedrosselt werden, um den gleichen Druckverlust in den Teilstrecken zu erhalten. Man nennt dies **hydraulischen Abgleich**. Hier sei auf den Abschnitt 1.3 verwiesen.

Bei mittelgroßen verzweigten Anlagen mit längeren Fließwegen sollte R = 20...50 Pa/m für den ungünstigsten Fließweg gewählt werden. Die verfügbaren Druckgefälle für die günstigeren (kürzeren) Fließwege liegen dann höher und müssen abgedrosselt werden.

Bei großen Anlagen empfiehlt sich eine Wirtschaftlichkeitsrechnung, um das Optimum im Verhältnis von Betriebs- und Investitionskosten zu erhalten. Grundsätzlich gelten v. g. Aussagen für alle gängigen Wasserverteilsysteme, d. h. auch für Trinkwasser-Zirkulation, Bewässerung etc.

Die Temperaturen der v. g. Wasserverteilsysteme liegen zwischen 5 °C (Kaltwasser) und 200 °C (Heißwasser), bei Kälteträgern (Wasser-Antifrogengemische) bis –20 °C. Das heißt, der Rohrreibungsbeiwert λ und die Dichte ρ ändern sich. λ ist von der Re-Zahl $\left(=\frac{c \cdot d}{\nu}\right)$ und $\rho = \eta / \nu$, η = dynamische Viskosität, abhängig.

Der λ-Wert wird mit steigender Temperatur kleiner. Zum Beispiel bei 80 °C (A.1-Diagramm) zu 50 °C ist die Abweichung ca. 6 %; bei 10 % Kaltwasser sind die Druckverluste ca. 20 % höher; bei Kalt- und Solewasser erhöht sich die Rohrreibungszahl λ bis zu 50 %.

In der Praxis werden die v. g. Änderungen i. d. R. vernachlässigt.

Beispiel 3.1

Zweirohr-Warmwasserheizung

Gegeben:

Kesselleistung $\dot{Q} = 50\,\text{kW}$, Warmwasservorlauftemperatur 60 °C, Warmwasserrücklauftemperatur 50 °C, längster Rohrstrang l = 150 m, ρ = 1000 kg/m³, Druckgefälle $R = \lambda \cdot \frac{1}{d} \cdot \frac{\rho}{2} \cdot c^2 = 200$ Pa/m, spez. Wärmekapazität c_w = 4,2 kJ/kgK

Gesucht:

Hydraulische Pumpenantriebsleistung P_h

Überschlägige Berechnung:

$$\text{Volumenstrom: } \dot{V} = \frac{Q}{c_w \cdot \Delta t} = \frac{50\,\text{kW}}{4{,}2\,\text{kJ/kg} \cdot \text{K} \cdot 10\,\text{K}} = 1{,}19\,\text{kg/s}$$

$$\hat{=}\ 4{,}29\,\text{m}^3/\text{h}$$

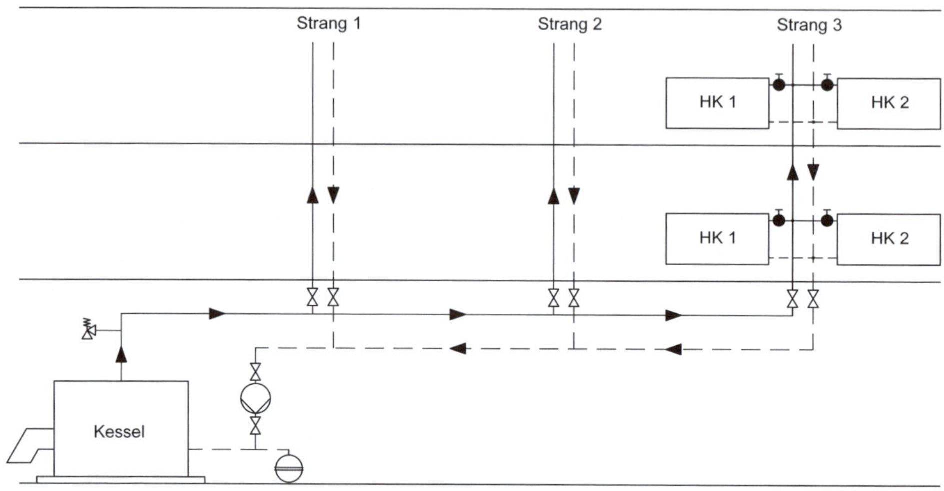

Abb. 3.3: Strangschema zu Beispiel 3.1

Für die Einzelwiderstände nimmt man 1/3 des Gesamtdruckverlustes $\Delta p_v = l \cdot R + \Sigma\zeta \cdot \frac{\rho}{2} \cdot c^2$

$$l \cdot R = 150\,\text{m} \cdot 200\,\text{Pa/m} = 30\,\text{kPa} \mathrel{\hat{=}} \frac{2}{3} \cdot \Delta p_v$$

$$\Sigma\zeta \cdot \frac{\rho}{2} \cdot c^2 = 15\,\text{kPa} \mathrel{\hat{=}} \frac{1}{3} \cdot \Delta p_v$$

$\Delta p_v = 45\,\text{kPa} \mathrel{\hat{=}}$ ca. 4,5 mWS erforderlicher Pumpenförderdruck

Hydraulische Leistung Gleichung 2.1a:

$$P_h = \rho \cdot g \cdot H \cdot \dot{V} = \dot{V} \cdot \Delta p_v = 1000 \frac{\text{kg}}{\text{m}^3} \cdot 9{,}81 \frac{\text{m}}{\text{s}^2} \cdot 4{,}5\,\text{m} \cdot \frac{4{,}29\,\text{m}^3/\text{h}}{3600} = 53\,\text{W}$$

Die übrigen Rohrstränge werden in der Weise berechnet, dass man zunächst das zur Verfügung stehende Druckgefälle R vom Strang III zugrunde legt und mit dem Druckgefälle-Diagramm dimensioniert bei einer angenommenen Strömungsgeschwindigkeit (z. B. 1 m/s). Der sich ergebende Drucküberschuss (z. B. im Strang I) wird durch kleinere Rohrdimensionen oder durch Rohrabgleichstücke (Regulierventile o. Ä.) weggedrosselt.

Eine genauere Rohrnetzberechnung ergibt sich nach Gleichung 1.13 mit λ- und ζ -Werten. Bei ausgedehnten Rohrnetzen stehen die in der Nähe der Pumpe liegenden Steigstränge oder Abgänge unter einer ggf. hohen Druckdifferenz, die durch Rohrbemessung oder durch Drosselung aufgebraucht werden muss.

Diesen v. g. Nachteil des hydraulischen Abgleichs vermeidet die Rohrführung nach *Tichelmann* (Abbildung 3.4), bei der die Summe der Längen der Vor- und Rücklaufleitungen an jeder Stelle annähernd gleich groß ist.

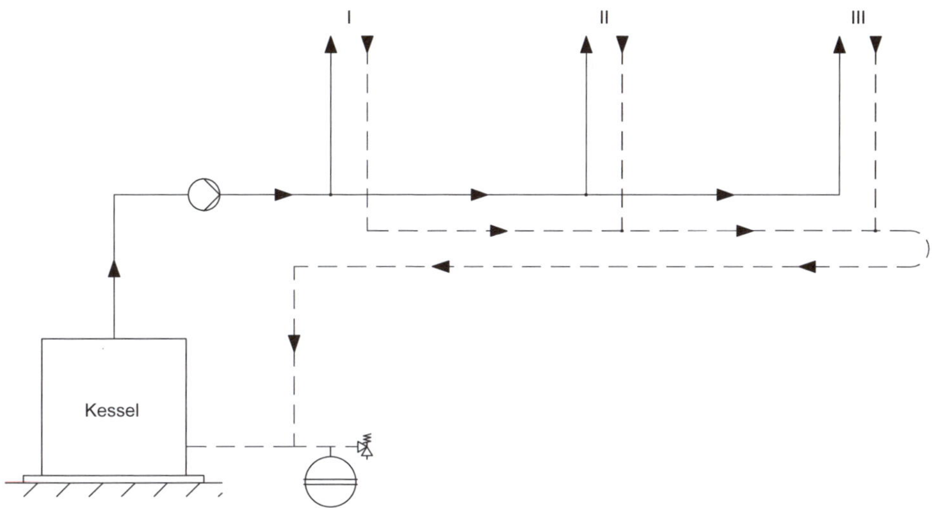

Abb. 3.4: Rohrführung nach Tichelmann

Beispiel 3.2

Einrohr-Warmwasserheizung

Beim Zweirohrsystem sind die Wärmeverbraucher parallelgeschaltet, sodass jeder Wärmeverbraucher die gleiche Vorlauftemperatur erhält. Bei der Einrohrheizung sind die Heizkörper im Nebenschluss zum Hauptstrang hintereinander angeordnet, sodass die Vorlauftemperatur von Heizkörper zu Heizkörper absinkt.

Man unterscheidet zwei Systeme

a) Senkrechte Einrohrheizung

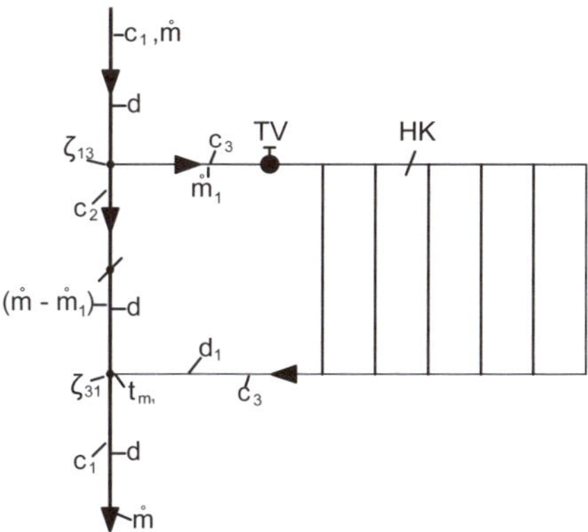

Abb. 3.5: Senkrechte Einrohrheizung

Gegeben:

5 Stück Heizkörper hintereinander geschaltet

$\dot{Q}_{ges} = 5\,\text{Heizkörper} \cdot 2\,\text{kW} = 10\,\text{kW}$

$\Delta t_{v/R} = 70°\text{C} - 60°\text{C} = 10\,\text{K}$

$\Delta t_{Hk} = 4\,\text{K}$

Gesucht:

a) Temperaturabfall pro Heizkörper (Hk)

b) Druckabfall bzw. Druckverlust im Hk-Kreis (nur Formelansatz)

c) Druckabfall bzw. Druckverlust im Hauptstrang

zu a) Temperaturabfall

$$\dot{m}_{ges} = \frac{\dot{Q}_{ges}}{c_w \cdot \Delta t_{v/R}} = \frac{10\,\text{kW}}{4{,}2\,\text{kJ/kg} \cdot \text{K} \cdot 10\,\text{K}} = 0{,}24\ \text{kg/s}$$

$$\dot{m}_{Hk} = \frac{\dot{Q}_{Hk}}{c_w \cdot \Delta t_{Hk}} = \frac{2}{4{,}2 \cdot 4} = 0{,}12\ \text{kg/s}$$

gewählt c_1 = 1 m/s, c_3 = 0,5 m/s

$$t_{m1} = \frac{t_v \cdot \left(\dot{m}_{ges} - \dot{m}_{Hk}\right) + t_{R\text{-}Hk} \cdot \dot{m}_{Hk}}{\dot{m}_{ges}} = \frac{70\,°\text{C}\left(0{,}24\,\text{kg/s} - 0{,}12\,\text{kg/s}\right) + 0{,}12\ \text{kg/s} \cdot 66\,°\text{C}}{0{,}24\,\text{kg/s}} = 68\,°\text{C}$$

Pro Hk bedeutet das 2 K Temperaturabsenkung, sodass die Rücklauftemperatur am 5. Hk 60 °C beträgt.

Mit der Gleichung: $\dot{Q}_{Hk} = k \cdot A_{Hk} \cdot \Delta\delta_m$

mit

k = Wärmedurchgangskoeffizient in W/m²K

A_{Hk} = Heizkörperoberfläche in m²

$\Delta\delta_m$ = logarithmische Temperaturdifferenz in K

werden die Heizkörperflächen von Hk_2 ... Hk_5 jeweils größer.

zu b) Druckverlust im Hk-Kreis (Nebenschluss)

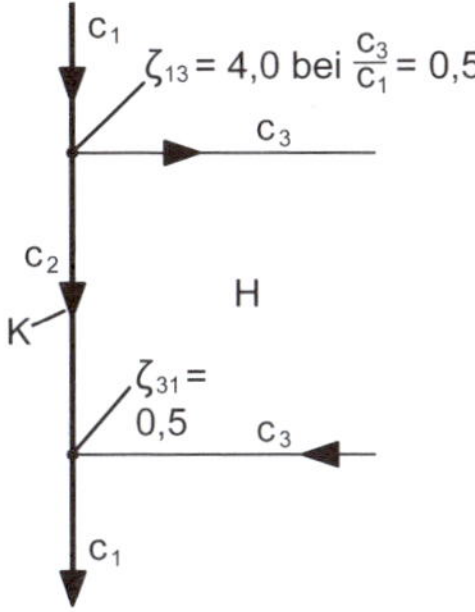

Abb. 3.6: Hk-Nebenschlusskreis

$$\Delta p_{v2} = \left(\Sigma\zeta_{13} + \zeta_{31}\right) \cdot \frac{\rho}{2} \cdot c_3^{\,2} + \Delta p_{v\text{-Hk}}$$

$\Delta p_{v\text{-Hk}}$ = (Thermostatventil + Heizkörper) Druckverlust

zu c) Druckverlust im Hauptkreis (Hauptstrang)

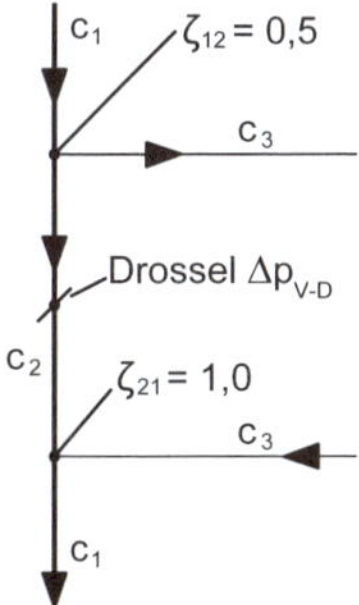

Abb. 3.7: Hauptstrang

$$\Delta p_{v2} = \left(\Sigma\zeta_{12} + \zeta_{21}\right) \cdot \frac{\rho}{2} \cdot c_1^{\,2} + \Delta p_{v\text{-D}}$$

Δp_{v1} muss gleich Δp_{v2} sein.

b) Waagerechte Einrohrheizung

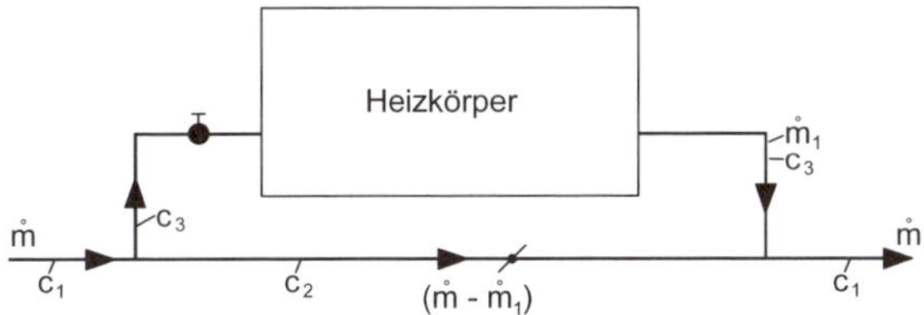

Abb. 3.8: Waagerechte Einrohrheizung

Schwerkraftheizungen sind heute als Warmwasserheizung bedeutungslos. Der Druck, der den Wasserkreislauf verursacht, ist der Dichteunterschied zwischen Vor- und Rücklauf.

$$\Delta p = \Delta p_v$$

$$\Delta p = H \cdot g \cdot (\rho_R - \rho_v) = R \cdot l + Z$$

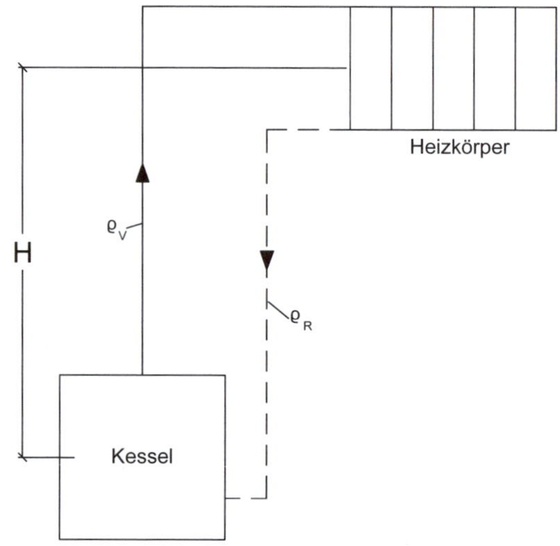

Abb. 3.9: Schwerkraftheizung

Beispiel 3.3

Druckverlust in einer Heizölleitung (Heizöl EL)

l = 100 m, Cu-Rohr 22 ∅ x 1 mm, Strömungsgeschwindigkeit c = 1 m/s = konstant (Einzelwiderstände 30 %) bei

a) im Sommer bei 30 °C, $\nu = 4{,}5 \cdot 10^{-6}\ \mathrm{m^2/s}$, $\rho = 855\ \mathrm{kg/m^3}$

$$\mathrm{Re} = \frac{c \cdot d}{\nu} = \frac{1\,\mathrm{m/s} \cdot 0{,}020\,\mathrm{m}}{4{,}5 \cdot 10^{-6}\,\mathrm{m^2/s}} = 4444 \text{ turbulente Strömung}$$

mit Gl. 1.11 $$\lambda = \frac{0{,}3164}{\sqrt[4]{\mathrm{Re}}} = \frac{0{,}3164}{\sqrt[4]{4444}} = 0{,}039$$

mit Gl. 1.13 $$\Delta p_v = \lambda \cdot \frac{l}{d} \cdot \frac{\rho}{2} \cdot c^2 + 0{,}3 \cdot \lambda \cdot \frac{l}{d} \cdot \frac{\rho}{2} \cdot c^2$$

$$= \left(0{,}039 \cdot \frac{100\,\mathrm{m}}{0{,}020\,\mathrm{m}} \cdot \frac{855\,\mathrm{kg/m^3}}{2} \cdot \left(1\frac{\mathrm{m}}{\mathrm{s}}\right)^2\right) \cdot 1{,}3 = 1{,}084\ \mathrm{bar}$$

Der Druckverlust im Sommer beträgt 1,084 bar.

b) im Winter bei –15 °C, $\nu = 28 \cdot 10^{-6}\,\frac{\text{m}^2}{\text{s}}$, $\rho = 870\,\text{kg/m}^3$

$$\text{Re} = \frac{1 \cdot 0{,}02}{28 \cdot 10^{-6}} = 714 \ \text{ laminare Strömung}$$

$$\text{mit Gl. 1.10}\ \lambda = \frac{64}{\text{Re}} = \frac{64}{714} = 0{,}09$$

$$\text{mit Gl. 1.13}\ \Delta p_\text{v} = \left(0{,}09 \cdot \frac{100}{0{,}02} \cdot \frac{870}{2} \cdot 1^2\right) \cdot 1{,}3 = 2{,}55\ \text{bar}$$

Der Druckverlust im Winter beträgt 2,55 bar.

Beispiel 3.4

Für eine Thermoölanlage ist der Druckverlust bzw. die Verlusthöhe zu bestimmen.

Gegeben:

Anlagendruck p = 6 bar, Temperatur t = 300 °C,

$\rho = 678\,\text{kg/m}^3, \nu = 0{,}52 \cdot 10^{-6}\ \text{m}^2/\text{s}$, $\dot{V} = 100\ \text{m}^3/\text{h}$, $d = 100\ \text{mm}\varnothing$, $l_\text{ges} = 50\,\text{m}$, $\lambda = 0{,}016$

Einzelwiderstände: 6 Stück Ventile (ζ = 5), 20 Stück Krümmer (Bogen) (ζ = 0,25), 2 Stück Schmutzfänger (ζ = 7), 1 Stück Reduzierung (ζ = 0,13), 1 Stück Erweiterung (ζ = 0,4).

$$c = \frac{\dot{V}}{d^2 \cdot \pi / 4} = \frac{100}{3600 \cdot 0{,}1^2 \cdot \pi / 4} = 3{,}54\ \text{m/s}$$

$$\text{Re} = \frac{c \cdot d}{\nu} = \frac{3{,}54 \cdot 0{,}1}{0{,}52 \cdot 10^{-6}} = 6{,}8 \cdot 10^5 \ \text{ turbulente Strömung}$$

$$\lambda = \frac{0{,}3164}{\sqrt[4]{6{,}8 \cdot 10^5}} = 0{,}011$$

$$\Sigma\zeta = 49{,}53$$

$$\Delta p_\text{v} = \lambda \cdot \frac{l}{d} \cdot \frac{\rho}{2} \cdot c^2 + \Sigma\zeta \cdot \frac{l}{d} \cdot \frac{\rho}{2} \cdot c^2$$

$$\Delta p_\text{v} = 0{,}011 \cdot \frac{50}{0{,}1} \cdot \frac{678}{2} \cdot 3{,}54^2 + 49{,}5 \cdot \frac{678}{2} \cdot 3{,}54^2 = 2{,}33\ \text{bar}$$

$$\Delta p_\text{v} = \rho \cdot g \cdot h_\text{v}$$

$$h_\text{v} = \frac{2{,}33 \cdot 10^5}{9{,}81 \cdot 678} = 35\ \text{m}$$

Der Druckverlust beträgt 2,33 bar, die Verlusthöhe 35 m.

Beispiel 3.5

Es ist die Zugstärke eines Schornsteines gesucht.

Gegeben:

Umgebungsdruck $p = 1$ bar, Abgastemperatur 400 °C, Höhe $H = 50$ m von der Abgaseinführung zum Austritt, ρ = 0,517 kg/m³ des Abgases, Luftdichte ρ_L = 1,2 kg/m³. Der Druckunterschied bzw. die Zugstärke ergibt sich durch die unterschiedlichen Gasdichten von: $p_Z = p_L - p_G = H \cdot g \cdot (\rho_L - \rho_G)$ (analog zur Schwerkraftheizung)

$$= 50\,\text{m} \cdot 9{,}81\,\text{m/s}^2 \cdot \left(1{,}2\,\text{kg/m}^3 - 0{,}517\,\text{kg/m}^3\right) = 335\,\text{Pa}$$

Die Zugstärke des Schornsteins beträgt 335 Pa. Die wirkliche Zugstärke erhält man nach Abzug des Druckverlusts.

Beispiel 3.6

Gegeben:

Eine Heißwasserleitung von 2 km Länge und DN150, Massenstrom $\dot{m} = 7000\,\text{kg/s}$, mittlere Wassertemperatur von 140 °C, $\Sigma\zeta = 25$, R = 71 Pa/m, c = 1,14 m/s

Gesucht:

Der Druckabfall

$$\Delta p_v = R \cdot l + Z = 71\text{Pa/m} \cdot 2000\,\text{m} + 25 \cdot \frac{1000\,\text{kg/m}^3}{2} \cdot (1{,}14\,\text{m/s})^2 = 1{,}58\,\text{bar}$$

$$Z = \Sigma\zeta \cdot \frac{\rho}{2} \cdot c^2$$

Der Druckabfall beträgt 1,58 bar.

Beispiel 3.7

Es ist gem. Abschnitt 1.3.1 der Zusammenhang von k_{vs}-Wert und ζ_o-Wert einer Armatur mit $k_{vs} = 140$ zu ermitteln, DN = 100.

$$\Delta p_o = \frac{\zeta_o}{2A^2} \cdot \rho_o \cdot k_{vs}^2$$

$$\zeta_o = \frac{2 \cdot 10^5\,\text{Pa}}{1000\,\text{kg/m}^3} \cdot \left(\frac{(0{,}1\text{m})^2 \cdot \pi / 4}{140 / 3600\,\text{m}^3/\text{s}} \right)^2 = 8{,}14$$

Beispiel 3.8

Der k_{vs}-Wert eines Kugelhahnes DN300 beträgt $2{,}1 \cdot 10^4$. Wie groß ist der Widerstandswert ζ?

$$\zeta = 200 \cdot \left(\frac{0{,}3^2 \cdot \pi / 4}{2{,}1 \cdot 10^4 / 3600} \right)^2 = 0{,}029$$

Der Widerstandsbeiwert beträgt 0,029.

Beispiel 3.9

Vorbemerkung: Im Kapitel 5 „Kältetechnik" werden die strömungstechnischen Grundlagen behandelt. Wie dort aufgeführt werden in der Gebäudesystemtechnik zwei Kühlsysteme angewendet:

a) die „indirekte Kühlung" mit Kühlwasser und einem Wasser-Solegemisch als Kälteträger

und

b) die „direkte Kühlung" mit Kältemitteln.

Strömungstechnisch ist die „Wasserkühlung" analog der „Wasserheizung" bei den Rohrnetzberechnungen.

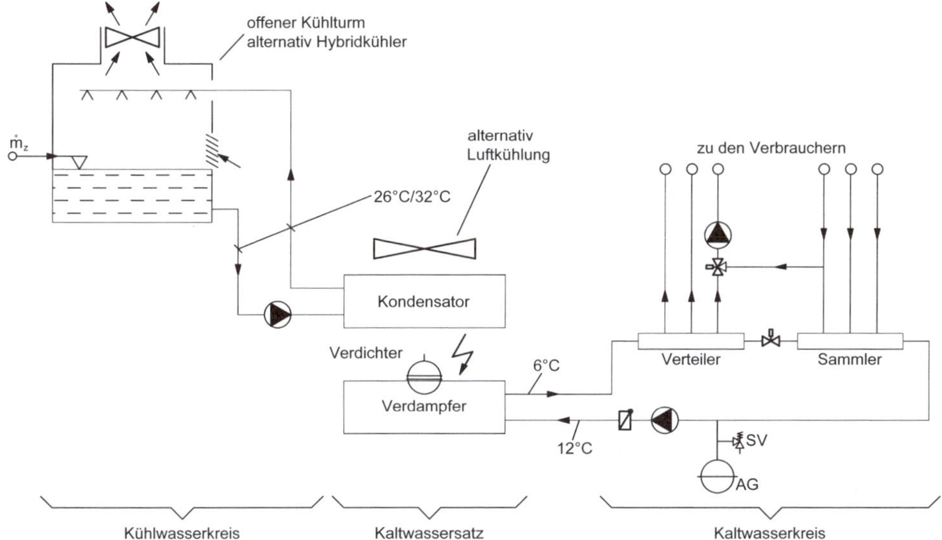

Abb. 3.10: Darstellung zu Beispiel 3.9, typischer Kaltwasser- und Kühlwasserkreislauf einer Kälteanlage für indirekte Kühlung

Rohrleitungen für Kühlwasser sind überwiegend aus Stahl oder Kupfer gefertigt. Die Druckverlustberechnung der Rohrnetze erfolgt analog der Heizung bzw. Wasserförderung durch Pumpen.

Zu beachten ist, dass sich die Rohrreibungszahl λ ändert: Sie wird größer aufgrund der höheren Viskosität von Kaltwasser zu Warmwasser (s. Beispiel 3.10).

Beispiel 3.10

Vergleich von λ-Werten bei turbulenter Strömung: $\lambda = \dfrac{0,3164}{\sqrt[4]{Re}}$

a) Wasser von 10 °C, $\nu = 1{,}31 \cdot 10^{-6}\ \text{m}^2/\text{s}$, $d = 50$ mm, $c = 2$ m/s

$$\text{Re} = \frac{c \cdot d}{\nu} = \frac{2\,\text{m/s} \cdot 0{,}05\,\text{m}}{1{,}31 \cdot 10^{-6}\,\text{m}^2/\text{s}} = 0{,}076 \cdot 10^6$$

$$\lambda = \frac{0{,}3164}{\sqrt[4]{76000}} = 0{,}019$$

b) Wasser-Sole-Gemisch von −20 °C, $\nu = 4 \cdot 10^{-6}\ \text{m}^2/\text{s}$, sonst wie zuvor

$$\text{Re} = \frac{2 \cdot 0{,}05}{4 \cdot 10^{-6}} = 0{,}025 \cdot 10^6$$

$$\lambda = \frac{0{,}3164}{\sqrt[4]{25000}} = 0{,}025$$

c) Wasser von 80 °C, $\nu = 0{,}66 \cdot 10^{-6}\,\text{m}^2/\text{s}$, sonst wie zuvor

$$\text{Re} = \frac{2 \cdot 0{,}05}{0{,}66 \cdot 10^{-6}} = 0{,}15 \cdot 10^6$$

$$\lambda = \frac{0{,}3164}{\sqrt[4]{150000}} = 0{,}016$$

3.1.1 Gasleitungen

Der übliche Druck der Gasversorgungsleitungen beträgt im Niederdruckbereich bis 100 mbar, im Mitteldruckbereich 100 bis 1000 mbar. Der **Anschlussdruck** (Fließdruck) bei den Verbrauchern mit Erdgas beträgt mindestens 18 mbar.

Der Druckverlust wird auch hier als inkompressibles Fluid mit Gleichung 1.13 behandelt. Die Strömungsgeschwindigkeit c = ca. 2...3 m/s. Bei Ferngasleitungen im Hochdruckbereich > 60 bar wird gem. Kapitel 4 gerechnet.

Beispiel 3.11

Gegeben: Erdgasbrenneranlage für Heizkessel nach Abbildung 3.11

Gesucht: Gasfließdruck

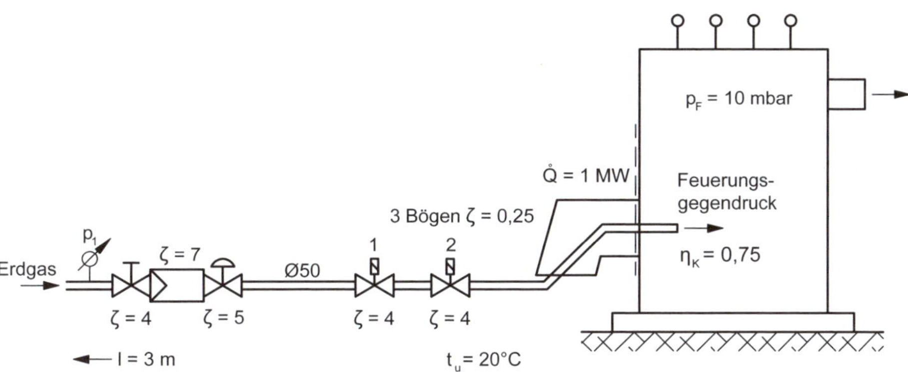

Abb. 3.11: Darstellung zu Beispiel 3.11

Daten: Widerstandsbeiwerte

1 Absperrventil	$\zeta = 4{,}0$
1 Filter	$\zeta = 7{,}0$
1 Druckregler	$\zeta = 6{,}0$
1 Magnetventil 1	$\zeta = 4{,}0$
1 Magnetventil 2	$\zeta = 4{,}0$
3 Bögen á $\zeta = 0{,}25$	$\zeta = 0{,}75$
Austrittsverlust	$\zeta = 1{,}0$; $\nu = 15 \cdot 10^{-6}\ \text{m}^2/\text{s}$

Erdgasdichte $\rho_a = 0{,}78\ \text{kg/m}^3$

Erdgasheizwert $H_u = 33000\ \text{kJ/m}^3$

Der erforderliche Fließdruck p errechnet sich aus dem Druckverlust Δp_v des Rohrsystems und dem Feuerungsgegendruck p_F:

$$p = \Delta p_v + p_F$$

$$\Delta p_v = \left(\lambda \cdot \frac{l}{d} + \Sigma\zeta \right) \cdot \frac{\rho}{2} \cdot c^2$$

$$c = \frac{\dot{V}}{A}; \quad \dot{V} = \frac{\dot{Q}}{H_u \cdot \eta_K} = \frac{1000\ \text{kW}}{33000\,\text{kJ/m}^3 \cdot 0{,}75} = 0{,}04\ \text{m}^3/\text{s}$$

$$c = \frac{0{,}04\,\text{m}^3/\text{s}}{(0{,}05\,\text{m})^2 \cdot \pi / 4} = 20{,}38\ \text{m/s}$$

$$\text{Re} = \frac{c \cdot d}{\nu} = \frac{20{,}38\,\text{m/s} \cdot 0{,}05\,\text{m}}{15 \cdot 10^{-6}\,\text{m}^2/\text{s}} = 68000$$

$$\lambda = \frac{0{,}3164}{\sqrt[4]{68000}} = 0{,}02$$

$$\Delta p_v = \left(0{,}02 \cdot \frac{3\,\text{m}}{0{,}05\,\text{m}} + 26{,}75\right) \cdot \frac{0{,}78\,\text{kg/m}^3}{2} \cdot 20{,}38\,\frac{\text{m}^2}{\text{s}^2} = 4527{,}5\,\text{Pa}$$

$$p = 4527{,}5 + 1000 = 5527{,}5\,\text{Pa} = 55{,}28\,\text{mbar}$$

Als Fließdruck an der Liefergrenze ist ein Druck von 55,28 mbar zuzüglich Brennerwiderstand (Stauscheibe) erforderlich.

3.2 Wasserleitungen

3.2.1 Freie natürliche Strömung

Ursache der freien Strömung ist die Schwerkraft. Gerinneströmungen in natürlichen Fließgewässern oder in künstlich angelegten Kanälen weisen eine freie Oberfläche zur Luft auf, d. h., nur ein Teil des Querschnittumrisses bildet den benetzten Umfang.

Kanäle werden meistens mit regelmäßigem, über große Längen konstant bleibendem Querschnitt *A* angelegt. Natürliche Fließgewässer haben dagegen einen sehr unregelmäßigen, gegliederten Querschnittsverlauf, häufig mit Pflanzenbewuchs. Oft führen Flüsse auch Geschiebe aus Kies, Sand oder Felsbrocken mit sich, was die Berechnung der Strömung außerordentlich erschwert.

Der vorliegende Abschnitt ist nur als Einführung gedacht und beschränkt sich auf die Anwendung der Strömungsgesetze für Kanäle (Entwässerung) in der Gebäudetechnik. Die natürliche Strömung findet

a) in offenen Gerinnen und

b) im Ausfluss aus Behältern

statt.

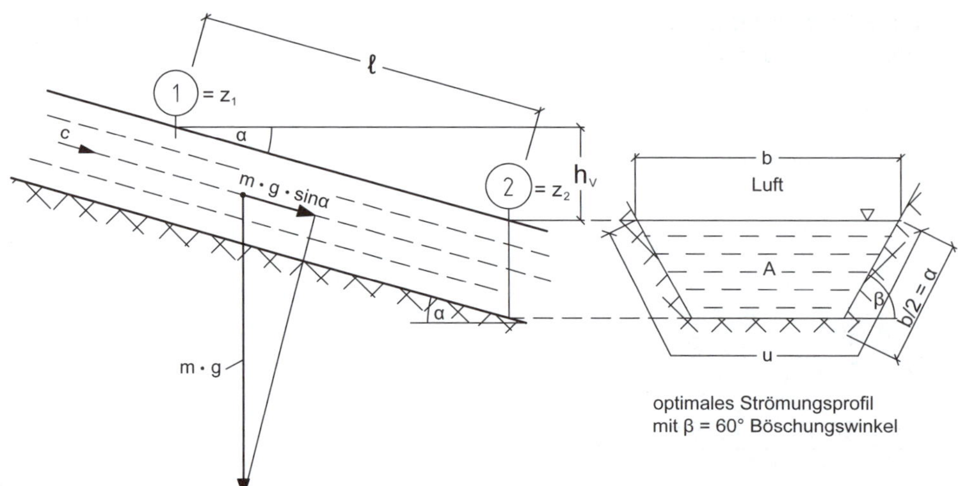

Abb. 3.12: Gleichförmige Strömung in offenen Gerinnen (Kanalströmung)

Spiegelgefälle J (oder Sohlengefälle):

$$J = \sin\alpha = \frac{z_1 - z_2}{l} = \frac{h}{l}$$

Zwischen der hangabtreibenden Komponente $m \cdot g \cdot \sin\alpha$ und dem Reibungswiderstand muss Gleichgewicht bestehen.

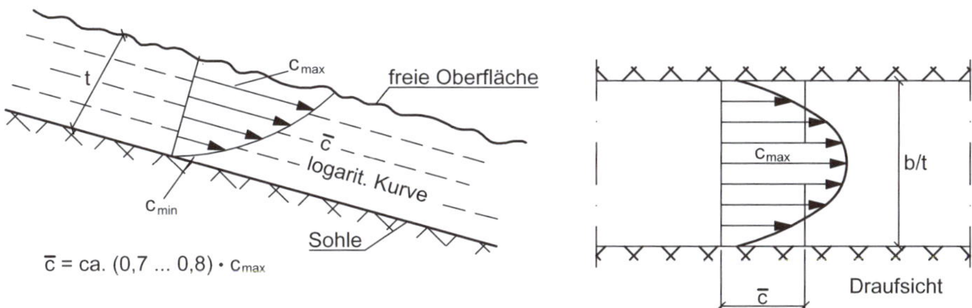

Abb. 3.13: Geschwindigkeitsverteilung in einem offenen Kanal

Das Geschwindigkeitsfeld im offenen Gerinne ist im Gegensatz zum vollgefüllten Kreisrohrquerschnitt asymmetrisch. An den Wänden und an der Sohle haftet das Wasser und die Strömungsgeschwindigkeit wird null.

Die mittlere Strömungsgeschwindigkeit $\overline{c}$ ergibt sich aus der Kontinuitätsgleichung

$$\overline{c} = \frac{\dot{V}}{A}$$

Durch Anwendung der erweiterten Bernoulli-Gleichung Gleichung 1.5a auf die Abb. 3.12:

$$z_1 + \frac{p_1}{\rho \cdot g} + \frac{c_1^2}{2g} = z_2 + \frac{p_2}{\rho \cdot g} + \frac{c_2^2}{2g} + h_v$$

$c_1 = c_2$; $A =$ konst. ; $p_1 = p_2 =$ Luftdruck

$z_1 - z_2 = h_v =$ Reibungsverlusthöhe

$$h_v = \frac{\Delta p_v}{\rho \cdot g} = \lambda \cdot \frac{l}{d_h} \cdot \frac{\overline{c}^2}{2g}$$

$$d_h = \frac{4 \cdot A}{u} \text{ hydraulischer Durchmesser} \tag{3.1}$$

$$\text{Mit } J = \sin\alpha = \frac{z_1 - z_2}{l} = \frac{\lambda}{d_h} \cdot \frac{\overline{c}^2}{2g} \tag{3.2}$$

J ist die universelle Fließformel.

Die Gleichung 3.1 kann näherungsweise auch auf teilweise ausgefüllte Querschnitte angewandt werden.

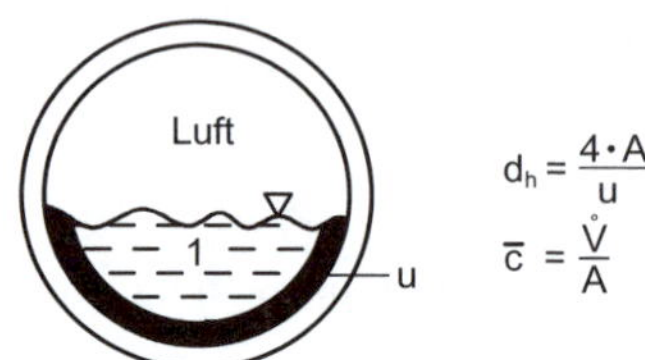

Abb. 3.14: Entwässerungskanal

Beispiel 3.12

Gegeben:

Ein trapezförmiger Kanal gemäß Abbildung 3.12 fällt auf 1200 m um 1,5 m. Die Kanalsohle *s* ist 2,3 m breit, der Böschungswinkel beträgt $\beta = 50°$ und die Gerinntiefe $t = 1{,}6$ m. $\lambda = 0{,}023$.

Gesucht:

Strömungsvolumen $\dot{V}$

$$A = \frac{s+b}{2} \cdot t$$

$$b = s + 2 \cdot \text{tg}40° \cdot t = 2{,}3\,\text{m} + 2 \cdot \text{tg} \cdot 0{,}84 \cdot 1{,}6\,\text{m} = 4{,}99\ \text{m}$$

$$A = \frac{2{,}3\,\text{m} + 4{,}99\,\text{m}}{2} \cdot 1{,}6\,\text{m} = 5{,}83\ \text{m}^2$$

$$u = s + 2a\,;\ a = \frac{1{,}35}{\sin 40°} = 2{,}1\,\text{m}$$

$$u = 2{,}3\,\text{m} + 2 \cdot 2{,}1\,\text{m} = 6{,}5\ \text{m}$$

$$d_\text{h} = \frac{4 \cdot A}{u}$$

$$d_\text{h} = \frac{4 \cdot 5{,}83\,\text{m}^2}{6{,}5\,\text{m}} = 3{,}59\ \text{m}$$

$$J = \frac{h}{l}$$

$$J = \frac{1{,}5\,\text{m}}{1200\,\text{m}} = 0{,}00125 \mathrel{\hat{=}} 1{,}25‰$$

$$c = \sqrt{\frac{J \cdot d_\text{h} \cdot 2g}{\lambda}} = \sqrt{\frac{0{,}00125 \cdot 3{,}59\,\text{m} \cdot 2 \cdot 9{,}81\,\text{m/s}^2}{0{,}023}} = 1{,}96\ \text{m/s}$$

$$\dot{V} = A \cdot c = 5{,}83\,\text{m}^2 \cdot 1{,}96\,\text{m/s} = 11{,}4\ \text{m}^3/\text{s}$$

Beispiel 3.13

Gegeben:

Durch ein elliptisches Abwasserrohr aus glattem Beton mit $\lambda = 0{,}02$, $h = 1$ m, $b = 0{,}5$ m, fließen stündlich 1000 m³ Wasser von 15 °C. Der Umfang beträgt 2,422 m.

Gesucht:

Der Druckverlust bei 1 km Rohrlänge und das Gefälle bei Voll-Füllung.

Lösung:

$$A = \pi \cdot \frac{h}{2} \cdot \frac{b}{2} = 3{,}14 \cdot 0{,}5\,\text{m} \cdot 0{,}25\,\text{m} = 0{,}392\ \text{m}^2$$

$$d_\text{h} = \frac{4 \cdot A}{u}$$

$$d_\text{h} = \frac{4 \cdot 0{,}392\,\text{m}^2}{2{,}422\,\text{m}} = 0{,}647\ \text{m}$$

$$c = \frac{V}{A} = \frac{1000\,\text{m}^3/\text{h}}{3600 \cdot 0{,}392\,\text{m}^2} = 0{,}71\,\text{m/s}$$

$$\Delta p_\text{v} = \lambda \cdot \frac{l}{d} \cdot \frac{\rho}{2} \cdot c^2 = 0{,}02 \cdot \frac{1000\,\text{m}}{0{,}647\,\text{m}} \cdot \frac{1000\,\text{kg/m}^3}{2} \cdot \left(0{,}71\frac{\text{m}}{\text{s}}\right)^2 = 7791\,\text{Pa} = 78\ \text{mbar}$$

$$J = \frac{\lambda}{d_\text{h}} \cdot \frac{c^2}{2g}$$

$$J = \frac{0{,}02}{0{,}647\,\text{m}} \cdot \frac{(0{,}71\,\text{m/s})^2}{2 \cdot 9{,}81\,\text{m/s}^2} = 0{,}79 \cdot 10^{-3} \mathrel{\hat{=}} 0{,}79\,‰$$

Der Druckverlust beträgt 78 mbar. Das Gefälle liegt bei 0,79 ‰.

Ausfluss aus Gefäßen

Für die reibungsfreie Strömung gilt die Gleichung 1.5:

$$\frac{p_1}{\rho} + \frac{c_1^2}{2} + g \cdot z_1 = \frac{p_2}{\rho} + \frac{c_2^2}{2} + g \cdot z_2$$

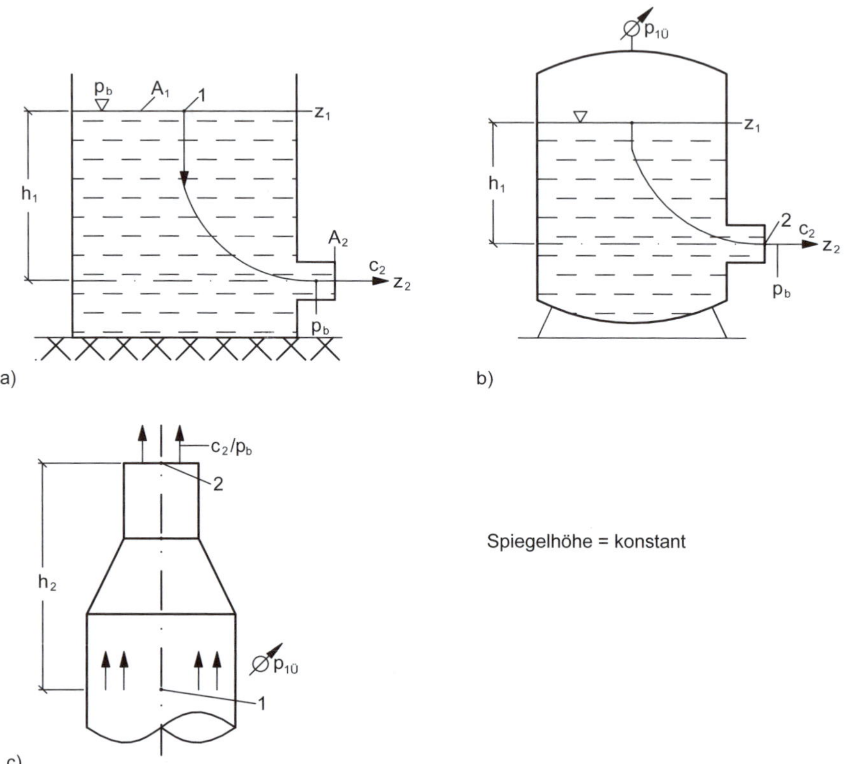

Abb. 3.15: Ausfluss von Flüssigkeiten aus Gefäßen und Behältern

Und geht für offene Gefäße in die klassische Ausflussformel von *Torricelli* über:

$p_1 = p_2$ und $c_1 = 0$; da $A_1 >> A_2$ und $c_2 >> c_1$, kann die kinetische Energie in Punkt 1 vernachlässigt werden (Abbildung 3.15a):

$$0 + 0 + g \cdot z_1 = 0 + \frac{c_2^{\ 2}}{2} + g \cdot z_2$$

$c_2 = \sqrt{2 \cdot g \cdot (z_1 - z_2)}$ oder $c_2 = \sqrt{2 \cdot g \cdot h}$ in m/s Ausflussformel

Die wirkliche Ausflussgeschwindigkeit mit Reibung:

$c_2 = \varphi\sqrt{2gh}$ h in m

$\varphi < 1$ (ca. 0,97...0,99) Geschwindigkeitsbeiwert

$\dot{V} = c_2 \cdot A_2 = \varphi \cdot A_2\sqrt{2gh}$ in m³/s Volumenstrom

Das v. g. stimmt nur dann, wenn die Austrittsöffnung gut gerundet ist. Bei **scharfkantigen Öffnungen** erfährt der ausfließende Strahl eine **Einschnürung** oder **Kontraktion**, da die radial auf die Öffnung zulaufenden Stromfäden nicht plötzlich in die Ausflussrichtung umgelenkt werden – eine Erscheinung, die auch bei Eintritt in eine Rohrleitung festgestellt wurde (sogenannte Eintrittsverlusthöhe $h_e = \zeta_e \cdot \frac{c_2^2}{2g}$)

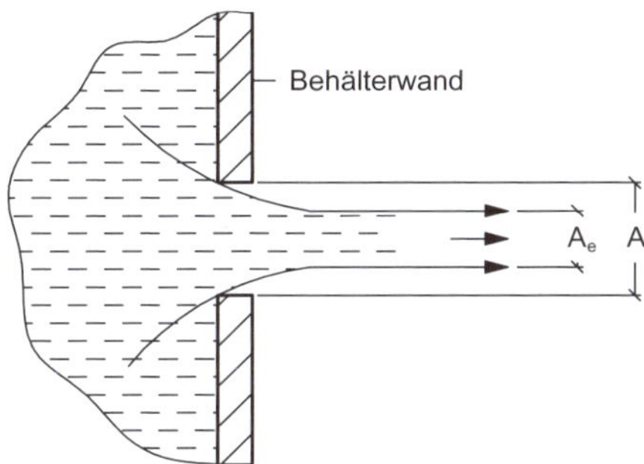

Abb. 3.16: Einschnürung des Strahls an einer scharfkantigen Öffnung

Die Geschwindigkeit im Einschnürungsquerschnitt ist höher als die Strahlgeschwindigkeit. Es stoßen ständig Teilchen höherer Geschwindigkeit auf solche mit geringerer Geschwindigkeit, so dass „Stoßverluste" entstehen.

Die **Kontraktionszahl** $\alpha = \frac{A_e}{A_a}$ wird versuchsmäßig ermittelt. Ein Beispielwert ist $\alpha = 0{,}64$. Das Produkt $\alpha \cdot \varphi = \mu$ ist die **Ausflusszahl** und es gilt $\dot{V} = \mu \cdot A_a \cdot \sqrt{2 \cdot g \cdot h}$.

$\mu = \alpha \cdot \varphi = 0{,}64 \cdot 0{,}97 = 0{,}62$ bei scharfkantigen Öffnungen

$\mu = \alpha \cdot \varphi = 1{,}0 \cdot (0{,}97...0{,}99)$ bei gut gerundeten Ausflussdüsen

In Abbildung 3.15b ruht ein zusätzlicher Druck auf dem Flüssigkeitsspiegel, z. B. 1 bar(ü).

Ist $h_1 = 2$ m, $d_2 = 2$ cm, das Fluid Wasser und gesucht werden c_2 und $\dot{V}$, dann rechnet man wie folgt:

$$\frac{p_{1ü}}{\rho} + 0 + g \cdot h_1 = 0 + \frac{c_2^2}{2} + 0$$

$$c_2 = \sqrt{2 \cdot g \cdot h_1 + 2 \cdot \frac{p_{1ü}}{\rho}}$$

$$= \sqrt{2 \cdot 9{,}81 \frac{\text{m}}{\text{s}^2} \cdot 2\text{m} + 2 \cdot \frac{10^5 \text{ kg/m} \cdot \text{s}^2}{10^3 \text{ kg/m}^3}} = 15{,}5 \text{ m/s}$$

Bei μ =0,62 (scharfkantig)

$\dot{V} = \mu \cdot A_e \cdot c_2$

$\dot{V} = 0{,}62 \cdot (0{,}02\text{m})^2 \cdot \pi/4 \cdot 15{,}5\text{m/s} = 0{,}18 \cdot 10^{-3}\text{m}^3/\text{s} = 0{,}18 \text{ l/s}$

Bei μ = 0,98 (Ausflussdüse)

$$\dot{V} = 0{,}98 \cdot 0{,}02^2 \cdot \pi / 4 \cdot 15{,}5 = 0{,}29 \text{ l/s}$$

Beispiel 3.14

Für ein Spritzrohr gemäß Abbildung 3.15c ist c_2 gesucht.

Gegeben:

$p_{1ü}$ = 4 bar(ü), h_2 = 0,2 m, ρ = 780 kg/m³, d_1 = 100 mm, d_2 = 2 mm

Lösung:

$$\frac{p_{1ü}}{\rho} + \frac{c_1^2}{2} + 0 = 0 + \frac{c_2^2}{2} + g \cdot h_2$$

$$A_1 \cdot c_1 = A_2 \cdot c_2, \quad c_1 = c_2 \cdot A_2/A_1$$

$$\frac{p_{1ü}}{\rho} + \frac{c_2^2}{2}\left(\frac{A_2}{A_1}\right)^2 = \frac{c_2^2}{2} + g \cdot h_2$$

$$c_2 = \sqrt{\frac{2 \cdot p_{1ü} / \rho - 2 \cdot g \cdot h_2}{1 - A_2^2/A_1^2}} = \sqrt{\frac{2 \cdot 4 \cdot 10^5 \text{Pa} / 780 \text{kg/m}^3 - 2 \cdot 9{,}81 \text{m/s}^2 \cdot 0{,}2 \text{m}}{\left[1 - (2/100)^4\right]}}$$

c_2 = 32 m/s

Die Ausflussgeschwindigkeit beträgt 32 m/s.

Ausfluss unter Gegendruck bei konstanter Spiegelhöhe

$$\frac{p_1}{\rho} + g \cdot h_1 = \frac{p_2}{\rho} + \frac{c_2^2}{2} + g \cdot h_2 + \frac{p_1}{\rho}$$

$$p_2 = \rho \cdot g(h_3 - h_2)$$

$$c_2 = \sqrt{2 \cdot g(h_1 - h_3)}$$

$$\mu < 0{,}62$$

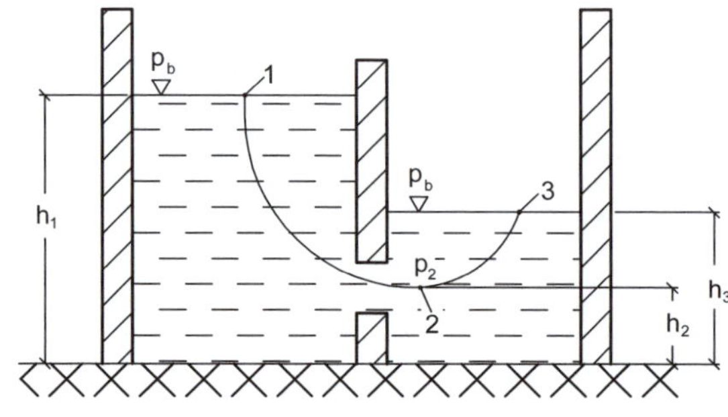

Abb. 3.17: Ausfluss unter Gegendruck

Beispiel 3.15

Gegeben:

Aus einem Behälter fließt Wasser durch eine kreisrunde Bodenöffnung von 60 mm. Der Zufluss ist konstant auf einer Spiegelhöhe von 3,4 m gehalten, die Ausflussziffer μ beträgt 0,62.

Gesucht:

Wie groß ist $\dot{V}$ und die Ausflusszeit für 2,5 m³ Wasser?

Lösung:

$$\dot{V} = \mu \cdot A \cdot \sqrt{2 \cdot g \cdot h} = 0{,}62 \cdot \left(0{,}060\,\text{m}\right)^2 \cdot \pi / 4 \cdot \sqrt{2 \cdot 9{,}81\,\text{m/s}^2 \cdot 3{,}4\,\text{m}}$$

$$= 0{,}0143\ \text{m}^3/\text{s} = 0{,}86\ \text{l/s}$$

$$\dot{V} = \frac{V}{t_a}$$

$$\text{Ausflusszeit}\ t_a = \frac{2{,}5\,\text{m}^3}{0{,}0143\,\text{m}^3/\text{s}} = 175\ \text{s}$$

Beispiel 3.16

Welche stationäre Höhe h_1 stellt sich in einem Zwischenbehälter ein, in den $\dot{V} = 60$ m³/h Wasser gepumpt werden, wenn das Wasser durch eine Öffnung mit $d = 60$ mm abfließen kann ($h_2 = 0{,}3$ m)?

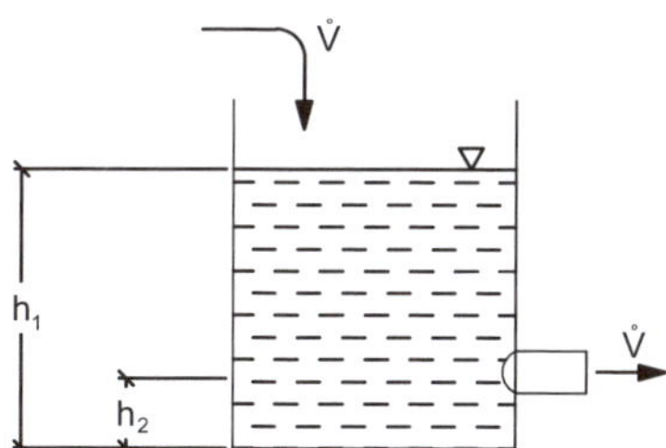

Abb. 3.18: Darstellung zu Beispiel 3.16

Lösung:

$$\dot{V} = A \cdot c_2$$

$$c_2 = \frac{60\,\text{m}^3/\text{h}}{3600 \cdot \left(0{,}06\,\text{m}\right)^2 \cdot \pi / 4} = 5{,}9\ \text{m/s}; \quad c_1 = 0; p_1 = p_2 = p_b$$

$$\frac{p_1}{\rho \cdot g} + \left(h_1 - h_2\right) + \frac{c_1^2}{2g} = \frac{p_2}{\rho \cdot g} + 0 + \frac{c_2^2}{2g}\,; \ h_1 = \frac{p_2}{\rho \cdot g} - \frac{p_1}{\rho \cdot g} + \frac{c_2^2}{2g} - \frac{c_1^2}{2g} + h_2$$

$$h_1 = \frac{1\,\text{bar}}{1000\,\text{kg/m}^3 \cdot 9{,}81\,\text{m/s}^2} - \frac{1\,\text{bar}}{1000\,\text{kg/m}^3 \cdot 9{,}81\,\text{m/s}^2} + \frac{(5{,}9\ \text{m/s})^2}{2 \cdot 9{,}81\,\text{m/s}^2} + 0{,}3\,\text{m}$$

$$h_1 = 2{,}07\ \text{m}$$

Wie hoch steigt h_1, wenn die Ausflussziffer $\mu = 0{,}62$ ist?

$$\dot{V} = \mu \cdot A \cdot c; \quad c = \frac{60\,\mathrm{m}^3/\mathrm{h}\,/\,3600}{0{,}62 \cdot (0{,}06\,\mathrm{m})^2 \cdot \pi\,/\,4} = 9{,}51\,\mathrm{m/s}$$

$$h_1 = h_2 + \frac{(9{,}51\,\mathrm{m/s})^2}{2 \cdot 9{,}81\,\mathrm{m/s}^2} = 4{,}91\,\mathrm{m}$$

Die stationäre Höhe steigt auf 4,91 m.

Das Gleiche erreicht man mit Abdrosselung.

Beispiel 3.17

Gegeben:

Ein Behälter mit 50 Litern füllt sich mittels eines Gummischlauches mit d = 50 mm und einer Länge von 20 m in 11,5 s.

Gesucht:

Der Reibungskoeffizient λ des Gummischlauches.

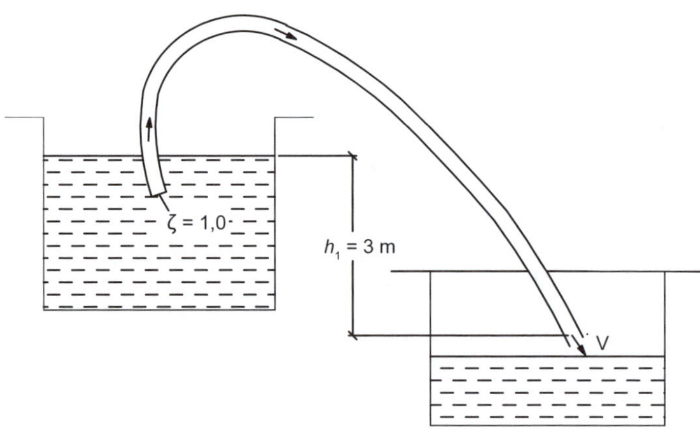

Abb. 3.19: Darstellung zu Beispiel 3.17

$$\frac{p_1}{\rho \cdot g} + \underbrace{\frac{c_1^2}{2g}}_{=0} + h_1 = \frac{p_2}{\rho \cdot g} + \frac{c_2^2}{2g} + h_v$$

$h_2 = 0$; $p_1 = p_2$ atmosphärischer Luftdruck

$$h_1 = \frac{c_2^2}{2g} + h_v \quad ; \; c_2 = 0$$

Die geodätische Höhe h_1 bewirkt die Schlauchgeschwindigkeit c sowie den Druckverlust Δp_v bzw. h_v.

$$\dot{V} = \frac{V}{t}; \quad \dot{V} = \frac{50 \cdot 10^{-3} \mathrm{m}^3}{11{,}5\ \mathrm{s}} = 4{,}34 \cdot 10^{-3}\ \mathrm{m}^3/\mathrm{s}$$

$$c = \frac{\dot{V}}{A}; \quad c = \frac{4{,}34 \cdot 10^{-3} \mathrm{m}^3/\mathrm{s}}{(0{,}05\mathrm{m})^2 \cdot \pi / 4} = 2{,}21\mathrm{m/s}\ \text{Strömungsgeschwindigkeit im Schlauch}$$

$$h_1 = \frac{c^2}{2g} + \left(\lambda \cdot \frac{l}{d} + \zeta \right) \cdot \frac{c^2}{2g}$$

$$3\mathrm{m} = \frac{(2{,}21\mathrm{m/s})^2}{2 \cdot 9{,}81\mathrm{m/s}^2} + \left(\lambda \cdot \frac{20\mathrm{m}}{0{,}05\mathrm{m}} + 1{,}0 \right) \cdot \frac{(2{,}21\mathrm{m/s})^2}{2 \cdot 9{,}81\mathrm{m/s}^2}$$

$$\lambda = 0{,}025$$

Der Reibungskoeffizient des Gummischlauches beträgt 0,025.

Beispiel 3.18

Gegeben:

Gemäß Abbildung 3.20 eine große Seitenöffnung mit $a = 0{,}2$ m, $b = 0{,}6$ m, $t = 1{,}4$ m, $\mu = 0{,}6$.

Gesucht:

Der Volumenstrom $\dot{V}$

$$h = t - \frac{a}{2} = 1{,}4\mathrm{m} - 0{,}1\mathrm{m} = 1{,}3\ \mathrm{m}$$

$$\dot{V} = \mu \cdot A \cdot \sqrt{2 \cdot g \cdot h}$$

$$\dot{V} = 0{,}6 \cdot 0{,}2\mathrm{m} \cdot 0{,}6\mathrm{m} \cdot \sqrt{2 \cdot 9{,}81\mathrm{m/s}^2 \cdot 1{,}3\mathrm{m}} = 0{,}364\ \mathrm{m}^3/\mathrm{s}$$

Der Volumenstrom beträgt 0,364 m³/s.

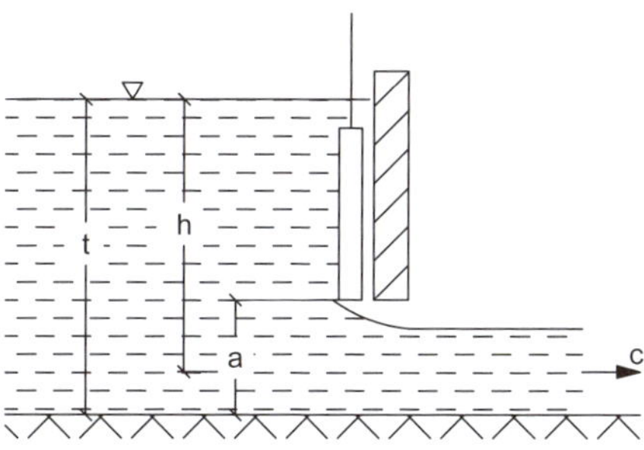

Abb. 3.20: Darstellung zu Beispiel 3.18

Beispiel 3.19

Gegeben:

Ein Springbrunnen mit einer Düse 15 mm∅, einer Rohrlänge $\Sigma l = 110$ m, $\lambda = 0{,}035$ und 3 Stück Krümmer.

Gesucht:

a) Volumenstrom $\dot{V}$ und die Ausflussgeschwindigkeit c_A

b) Steighöhe h_s ohne Luftreibung

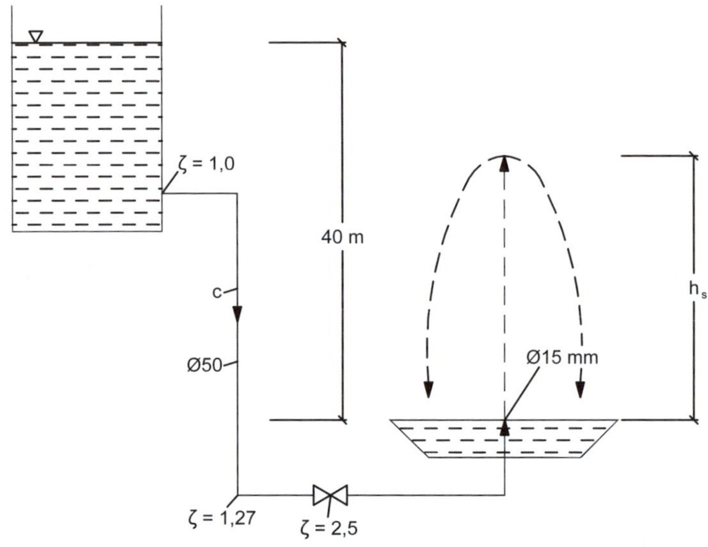

Abb. 3.21: Darstellung zu Beispiel 3.19

Zu a) $\frac{p_1}{\rho \cdot g} + \underbrace{\frac{c_1^2}{2g}}_{=0} + 40\,\text{m} = \frac{p_2}{\rho \cdot g} + \frac{c_A^2}{2g} + 0 + h_v; \quad p_1 = p_2 = p_b$

$$40\,\text{m} = \frac{c_A^{\,2}}{2g} + \left(0{,}035 \cdot \frac{110\,\text{m}}{0{,}05\,\text{m}} + 7{,}31\right) \cdot \frac{c^2}{2g}$$

$$c = c_A \cdot \frac{0{,}015^2 \cdot \pi / 4}{0{,}05^2 \cdot \pi / 4}$$

$$40 = \frac{c_A^{\,2}}{2g} + \left(0{,}035 \cdot \frac{110}{0{,}05} + 7{,}31\right) \cdot \frac{c_A^{\,2}}{2 \cdot 9{,}81} \cdot \left(\frac{0{,}015^2}{0{,}05^2}\right)^2$$

$c_A = 21,44 \text{ m/s}$

$\dot{V} = c_A \cdot 0,015^2 \cdot \pi / 4 = 3,79 \text{ l/s}$

zu b)

$c_A = \sqrt{2 \cdot g \cdot h_s}$

$$h_s = \frac{c_A^2}{2g} = \frac{(21,44 \text{ m/s})^2}{2 \cdot 9,81 \text{m/s}^2} = 23,43 \text{m}$$

Entfällt der bisherige konstante Zufluss von oben her, so sinkt der Flüssigkeitsspiegel im Laufe der Zeit ab. Dadurch ändert sich ständig die Ausflussgeschwindigkeit c_A und damit der Volumenstrom $\dot{V}$. Es handelt sich um eine **instationäre Strömung**. Von praktischer Bedeutung ist die Berechnung der Ausflusszeit *t*.

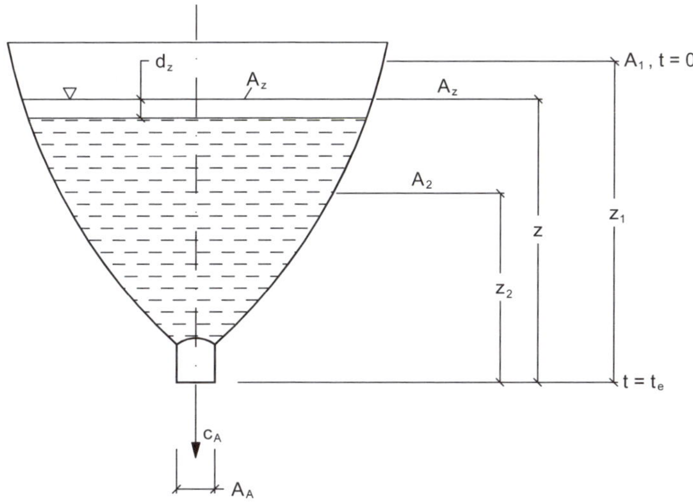

Abb. 3.22: Veränderliche Spiegelhöhe

Die momentane Spiegelhöhe *z* beträgt mit der momentanen Ausflussgeschwindigkeit c_A:

$c_A = \varphi \cdot \sqrt{2 \cdot g \cdot z}$

und

$V = \mu \cdot A_A \cdot \sqrt{2 \cdot g \cdot z} \cdot \mathrm{d}t = -A_z \cdot \mathrm{d}z$

und

$$dt = \frac{-A_z \cdot \mathrm{d}z}{\mu \cdot A_A \cdot \sqrt{2 \cdot g \cdot z}}$$

Während der Zeit von $t = 0$ auf $t = t_a$ sinkt der Flüssigkeitsspiegel von z_1 auf z_2. Durch Integration erhält man die Ausflusszeit t_a:

$$\int_0^{ta} dt = \frac{1}{\mu \cdot A_A \cdot \sqrt{2 \cdot g}} \cdot \int_{z_2}^{z_1} \frac{-A_z}{\sqrt{z}} \cdot dz$$

$$t_a = \frac{1}{\mu \cdot A_A \cdot \sqrt{2 \cdot g}} \cdot \int_{z_2}^{z_1} \frac{A_z}{\sqrt{z}} \cdot dz$$

und die Entleerungszeit t_e:

$$t_e = \frac{1}{\mu \cdot A_A \cdot \sqrt{2g}} \cdot \int_0^{z_1} \frac{A_z}{\sqrt{z}}$$

Beispiel 3.20

Ein Wassertank mit ∅ 2 m ist oben offen. Welche Ausflusszeit t_a ergibt sich, um den Wasserspiegel von 5 m auf 2 m abzusenken, wenn sich am Tankboden eine ∅ 5 cm scharfkantige Öffnung $(\mu = 0{,}6)$ befindet.

Lösung:

$$A_A = (0{,}05\,\text{m})^2 \cdot \pi / 4 = 19{,}6 \cdot 10^{-4}\ \text{m}^2$$

$$A_z = \text{konst.} = \pi_{\text{m}}$$

$$t_a = \frac{\pi}{0{,}6 \cdot 19{,}6 \cdot 10^{-4}\text{m}^2 \cdot \sqrt{2 \cdot 9{,}81\text{m/s}^2} \cdot 4{,}43} \int_2^5 z^{-1/2} \cdot dz$$

$$= 1{,}206 \cdot 10^3 \left(\sqrt{5} - \sqrt{2}\right) = 1000\ \text{s} = 16{,}7\ \text{min}$$

3.2.1.1 Gebäudeentwässerung

Aufbauend auf den v.g. Ausführungen gibt es in der Gebäudeentwässerung zwei Abwassersysteme:

- Schmutzwasser,
- Regenwasser,

die entweder gemeinsam geführt werden im sogenannten **Mischsystem** oder getrennt geführt werden als sogenanntes **Trennsystem**. Dieses gilt auch außerhalb des Gebäudes für die Grundleitungen (unterirdisch verlegt) innerhalb des Grundstückes bis zum öffentlichen Abwasserkanalsystem. Dieses kann je nach Gemeinde als Trenn- oder Mischsystem ausgeführt werden.

Leitung für Schmutzwasser

Maßgebend für die Dimensionierung ist der zu erwartende Schmutzwasseranfall $\dot{V}_{sw}$:

$\dot{V}_{sw} = k \cdot \sqrt{\Sigma \text{DU}}$ in l/s

DU = Anschlusswerte der Einzelanschlüsse unter Berücksichtigung der Gleichzeitigkeit (aus Tabelle)

k = Abflusskennzahl 0,5...1,2 berücksichtigt die Benutzung (unregelmäßig, regelmäßig, häufig)

Grund- und Sammelleitungen innerhalb des Gebäudes sollten mit einem Füllungsgrad von ca. 50 % unter einem Mindestgefälle J = 0,5 % und einer Mindestgeschwindigkeit von 0,5 m/s bemessen werden.

Grundleitungen außerhalb des Gebäudes mit D_{min} = 100 mm ∅ und einer Mindestgeschwindigkeit von 0,7 m/s und c_{max} = 2,5 m/s sollten einen Füllungsgrad von 70 % und ein Mindestgefälle J = 1 : DN (z. B. DN100 → J = 1 %) aufweisen.

Beispiel 3.21

Gegeben:

Ein kreisförmiger Abwasserkanal mit d_h = 1 m ∅, einer Länge von 300 m, Geschwindigkeit $\overline{c} = 1{,}2\ \text{m/s}$, Füllungsgrad 50 %, λ = 0,0284.

Gesucht:

a) Welches Gefälle J liegt vor? Wie lautet die Verlusthöhe h_v?

b) Welche Strömungsgeschwindigkeit c bei Vollfüllung?

Zu a) $J = \frac{h_v}{l} = \frac{\lambda}{d_h} \cdot \frac{\overline{c}^2}{2g}$ (Gleichung 3.2)

$$d_h = \frac{4A}{U} = \frac{4 \cdot (1\text{m})^2 \cdot \pi}{1\text{m} \cdot \pi \cdot 4} = 1\,\text{m}$$

$$J = \frac{0{,}0284}{1\text{m}} \cdot \frac{(1{,}2\text{m/s})^2}{2 \cdot 9{,}81\text{m/s}^2} = 0{,}00208 \mathrel{\hat{=}} 2{,}08\,‰$$

$$h_v = J \cdot l = 0{,}00208 \cdot 300\,\text{m} = 0{,}625\ \text{m}$$

Das Gefälle J beträgt 2,08 ‰. Die Verlusthöhe liegt bei 0,625 m.

Zu b)

Mit Gl. 3.2 wird $c = \sqrt{\frac{J \cdot d_h \cdot 2g}{\lambda}}$

$$c = \sqrt{\frac{0{,}00208 \cdot 2 \cdot 9{,}81\text{m/s}^2 \cdot 1\text{m}}{0{,}0284}} = 1{,}2\ \text{m/s}$$

Die Strömungsgeschwindigkeit c beträgt 1,2 m/s, da d_h = 1 m ∅ und sich das Gefälle nicht geändert hat.

Beispiel 3.22

Bei einem Abflussrohr gemäß Abbildung 3.23 soll der Druckrückgewinn Δp_R ermittelt werden, für den Fall, dass in der Abb. 3.23a ein Austrittsdiffusor gemäß Abb. 3.23b montiert wird. Welche Auswirkung hat dies auf die Abwasserpumpenförderleistung bei 5000 jährlichen Betriebsstunden ($\zeta_a = 0{,}25$ s. Anhang).

a)

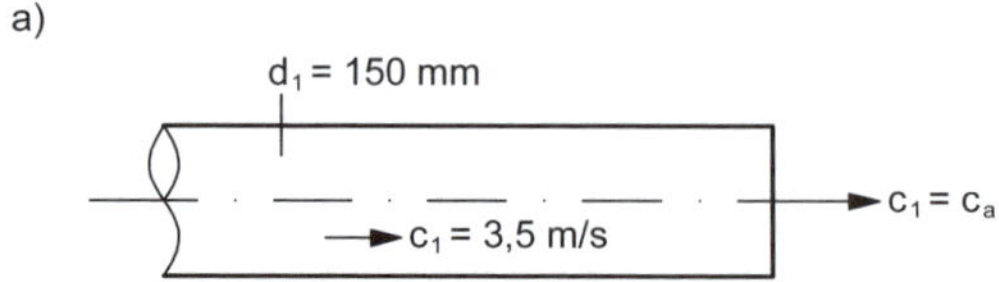

b)

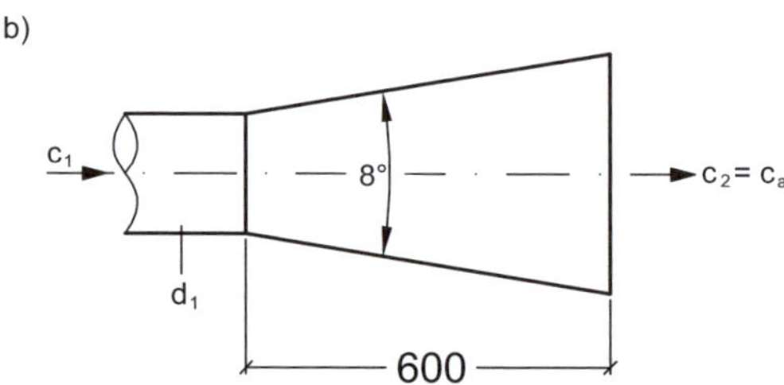

Abb. 3.23: Darstellung zu Beispiel 3.22

Anmerkung: Die am Austritt von Druckrohrleitungen vorhandene Strömungsenergie geht bei Ausströmung ins Freie verloren gemäß Gleichung 1.12a und wird in Wärme $\frac{c_a^2}{2}$ umgewandelt (s. Abbildung 1.17).

Bei Enddiffusoren oder Austrittsdiffusoren strömt das Fluid in Form eines Freistrahls ins Freie. Der Diffusoraustrittsdruck p_2 wird gleich dem Umgebungsdruck p_b. Die geometrische Vielfalt der Querschnittsverläufe ist sehr groß.

Der *ideale* Druckanstieg nach der Bernoulli-Gleichung:

$$p_2 - p_1 = \frac{\rho}{2}\left(c_1^2 - c_2^2\right) \text{ oder durch Umformen: } \Delta p_{12} = \frac{\rho}{2} \cdot c_1^2 \left[1 - \left(\frac{A_1}{A_2}\right)^2\right]$$

Der *wirkliche* Druckanstieg nach der erweiterten Bernoulli-Gleichung mit Gleichung 1.12a:

$$\Delta p_{12} - \Delta p_v = \frac{\rho}{2} \cdot c_1^2 \left[1 - \left(\frac{A_1}{A_2}\right)^2 - \zeta_a\right]$$

Lösung zu Beispiel 3.22:

Austrittsdruckverlust bei Abb. 3.23a mit $\zeta_a = 1{,}0$

$$\Delta p_v = \zeta_a \cdot \frac{\rho}{2} \cdot c_1^2 = 1{,}0 \cdot \frac{1000\,\text{kg/m}^3}{2} \cdot \left(3{,}5\,\text{m/s}\right)^2 = 6125\,\text{Pa}$$

Energieverlust

$$\dot{V} = A_1 \cdot c_1 = \left(0{,}15\,\text{m}\right)^2 \cdot \pi / 4 \cdot 3{,}5\,\text{m/s} = 0{,}062\,\frac{\text{m}^3}{\text{s}}$$

$$\Delta p_v \cdot \dot{V} = 6125\,\text{Pa} \cdot 0{,}062\,\text{m}^3/\text{s} = 0{,}38\,\text{kW}$$

Austrittsdruckverlust bei Abb. 3.23b mit $\zeta_a = 0{,}25$

d_2-Ermittlung: $\text{tg}\,4° = \dfrac{d_2 - 75}{600}$; $d_2 = 234\,\text{mm}\varnothing$

Austrittsgeschwindigkeit

$$c_a = \frac{\dot{V}}{A_2} = \frac{0{,}062\,\text{m}^3/\text{s}}{(0{,}234\,\text{m})^2 \cdot \pi / 4} = 1{,}44\,\text{m/s}$$

Diffusordruckverlust

$$\Delta p_v = \zeta_a \cdot \frac{\rho}{2} \cdot c_1^2 = 0{,}25 \cdot 500\frac{\text{kg}}{\text{m}^3} \cdot \left(1{,}44\frac{\text{m}}{\text{s}}\right)^2 = 259{,}2\,\text{Pa}$$

Der wirkliche Druckanstieg = Druckrückgewinn

$$\Delta p_{12} - \Delta p_v = \Delta p_R = 500\frac{\text{kg}}{\text{m}^3} \cdot \left(3{,}5\frac{\text{m}}{\text{s}}\right)^2 \left[1 - \left(\frac{0{,}0177\,\text{m}}{0{,}043\,\text{m}}\right)^2 - 0{,}25\right]$$

$$= 3552{,}5\,\text{Pa}$$

Energieeinsparung

$$\Delta p_R \cdot \dot{V} = 3552{,}5\,\text{Pa} \cdot 0{,}062\,\text{m}^3/\text{s} = 0{,}22\,\text{kW} \cdot 5000\,\text{h/a} = 1100\,\text{kWh/a}$$

Energieaustrittsverlust

$$e_v = \frac{c_a^2}{2} = \frac{(1{,}44\,\text{m/s})^2}{2} = 1{,}04\,\text{J/kg} \mathrel{\hat{=}} 321\,\text{kWh/a}$$

3.2.1.2 Regenwasser

Regenwasser ist Wasser aus natürlichem Niederschlag, das nicht durch Gebrauch verunreinigt ist. Es kann gesammelt werden zur Nutzung von Toilettenspülungen, zur Gartenbewässerung, für Waschanlagen etc.

Regenfall-Leitungen haben das auf Dächern und Balkonen anfallende Niederschlagswasser getrennt abzuführen und in der Regel über die Grundleitungen für Regenwasser im **Trennverfahren** oder als Mischwasser im **Mischverfahren** und über den betreffenden Anschlusskanal dem öffentlichen Entwässerungsnetz zuzuleiten.

Die lichte Weite von Regenwasserleitungen, Anschluss-, Sammel- und Grundleitungen ist abhängig von den angeschlossenen Niederschlagsflächen A in m², der Berechnungsregenspende $r_{(D,T)}$ in $\text{l/s} \cdot \text{h}_a$ und dem Abflussbeiwert C:

$\dot{V}_R = C \cdot A \dfrac{r_{(D,T)}}{10000}$ in l/s (anstatt $\dot{V}_R$ wird auch Q verwendet)

C = Abflussbeiwert, er ist abhängig von der Art der Niederschlagsfläche wie Dach-, Betonflächen, Rampen, begrünten Flächen etc. (Anhaltswerte aus Tabellen)

$r_{(D,T)}$ = Berechnungsregenspende, sie ist ein nach Regendauer(D) und Jährlichkeit (T) definiertes Regenereignis (Anhaltswerte aus Tabellen)

Regenereignis z. B. D = 5 heißt Regendauer 5 min

T = 2 heißt einmal in 2 Jahren

Die Regenfallleitungen sind im Gefälle 1:100 zu bemessen.

Die Bemessung von Mischwasserleitungen ist mit dem Mischwasseranschluss $\dot{V}_m = \dot{V}_{sw} + \dot{V}_R$ in l/s mit einer Mindestfließgeschwindigkeit von 0,7 m/s und Höchstgeschwindigkeit von 2,5 m/s mit einem Füllgrad $h/d = 0{,}7$ durchzuführen. Das Mindestgefälle außerhalb von Gebäuden J = 1 : DIN, z. B.:

Vollgefüllte Mischleitung DN100, $\lambda = 0{,}035$

$$J = 1\% = \frac{\Delta h}{l} = \frac{\lambda}{d_h} \cdot \frac{c^2}{2g}; \quad c = \sqrt{\frac{0{,}01 \cdot 0{,}1 \cdot 2g}{0{,}035}} = 0{,}76 \text{ m/s}$$

Im Bereich der Flachdachentwässerung wird zwischen zwei Systemen unterschieden:

a) der **Freispiegelentwässerung** (wie zuvor behandelt)

und

b) der **Druckentwässerung** (auch Unterdruckentwässerung genannt).

Die Freispiegelentwässerung eignet sich zur wirkungsvollen Entwässerung kleinerer Flächen. Grundsätzlich kann jede Dachfläche mittels Freispiegelsystem entwässert werden. Für die Berechnung der Anzahl der Dachabläufe $\dot{V}_{DA}$ mit o. g. Gleichung gilt $n_{DA} = \frac{\dot{V}_R}{\dot{V}_{DA}}$

Gemäß DIN EN 12056-3 darf der Füllungsgrad von Einzel- und Sammelleitung und Grundleitungen innerhalb von Gebäuden $h/d = 0{,}7$ max betragen, damit eine Be- und Entlüftung gewährleistet ist. Das Mindestgefälle beträgt 0,5 %, was einen bestimmten Platzbedarf mit sich bringt. Gemäß DIN 1986-100 muss der Mindestdurchmesser von Regenwassergrundleitungen DN100 betragen.

Im Gegensatz zu der v. g. konventionellen Freispiegelentwässerung wird bei der unter Punkt b) genannten Druckentwässerung eine planmäßige Vollfüllung (h/d = 1,0) der Rohrleitungen angestrebt.

Die Funktion gem. Beispiel 1.5a:

Die Abflussleistung $\dot{V}_{min} = 1$ l/s, ein geschlossenes, vollgefülltes Rohrleitungssystem mit Strömungsgeschwindigkeiten z. B. 2,5 m/s.

Gemäß Abbildung 1.8, Punkt 3, entsteht ein Unterdruck (Entspannungspunkt der Vollfüllung zur Teilfüllung) mit anschließendem Enddiffusor (Saugrohr) für den Druckrückgewinn zum Atmosphärendruck des Abwassersystems.

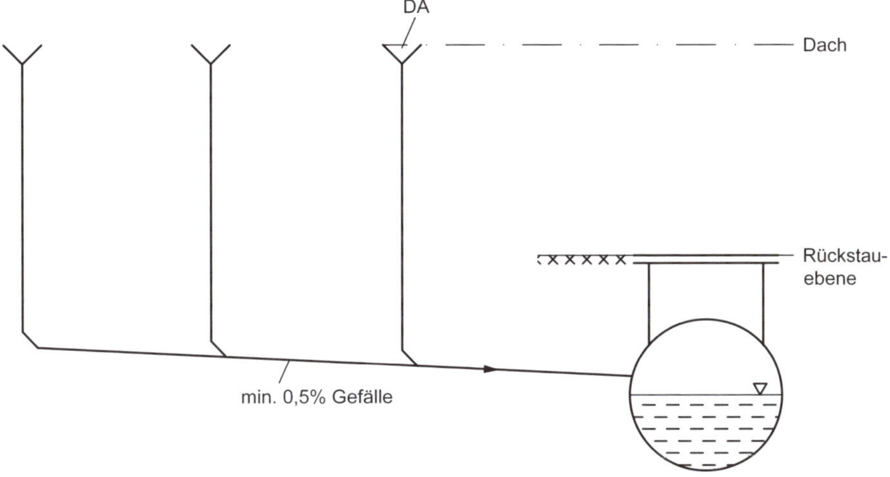

Abb. 3.24: Freispiegelentwässerung für Dachflächen < 150 m² pro Ablauf

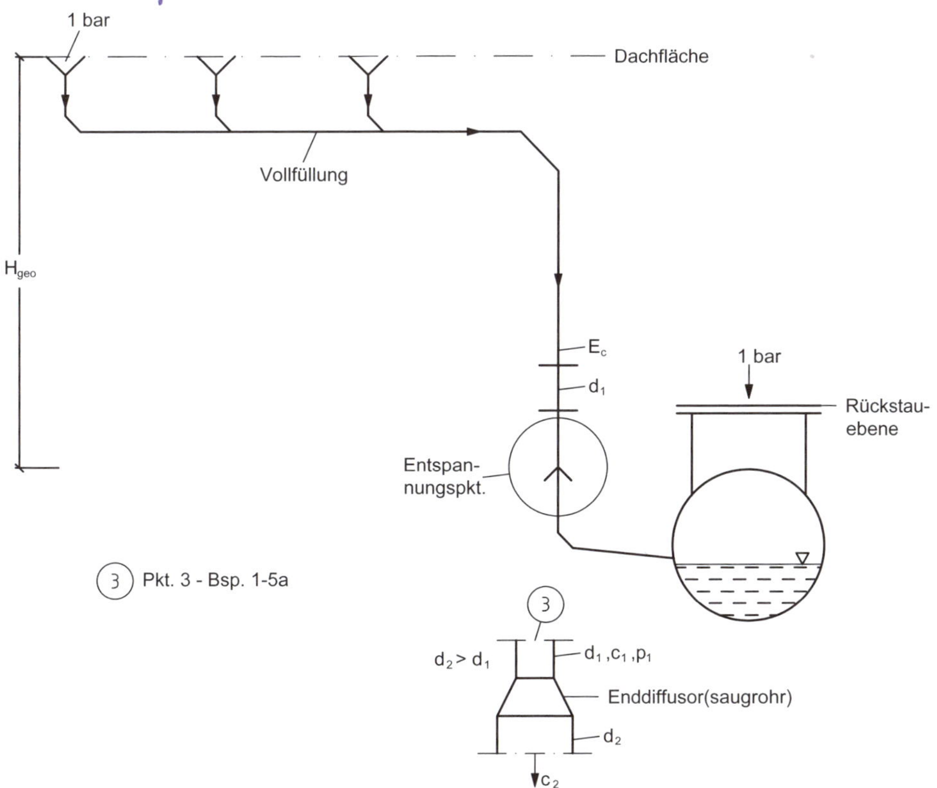

Abb. 3.25: Druck- bzw. Unterdruckentwässerung

Es liegt die erweiterte Bernoulli-Gleichung Gl. 1.5a zugrunde.

$$H = \frac{p}{\rho \cdot g} + z + \frac{c^2}{2g} + \frac{\Delta p_v}{\rho \cdot g}$$

$$\Delta p_v = \left(\lambda \cdot \frac{l}{d} + \Sigma\zeta \right) \cdot \frac{\rho}{2} \cdot c^2$$

Bei geringen Niederschlagsmengen arbeitet das System wie die konventionelle Freispiegelentwässerung.

Die Dacheinläufe sind entsprechend so konstruiert, dass Lufteinschlüsse verhindert werden. Vorteil der Druckentwässerung:

- kleinere Rohrdimensionen
- weniger Fall-Leitungen (bis zu 5000 m^2 eine Fall-Leitung)
- Verlegung ohne Gefälle
- weniger Kanalgrundleitungsanschlüsse
- bei Starkregenereignissen ist die Ablaufgeschwindigkeit größer, das bedeutet kleinere Wassergewichte auf Flachdächern.

3.2.2 Bewässerung

Als Folge des natürlichen Wasserkreislaufs ist bei der zentralen Trinkwassergewinnung Oberflächenwasser und Grundwasser zu unterscheiden. In Deutschland werden etwa 99 % der Gebäude mit zentral gewonnenem Trinkwasser versorgt. Der Oberflächenwasseranteil beträgt etwa 20 %, der Anteil an Grundwasser etwa 64 %.

Zur Förderung des Trinkwassers sind Pumpen erforderlich: Kolben-, Kreisel-, Unterwasser-, Wasserstrahlpumpen.

Man unterscheidet:

a) **Trinkwasser**, das wichtigste Lebensmittel, das nicht ersetzt werden kann. Qualitätsanforderungen regelt die Trinkwasserverordnung (TrinkwV).

b) **Nichttrinkwasser** ist der Sammelbegriff für alle anderen Wasserarten wie

- Grauwasser, das fäkalienfreie Abwasser, nicht fetthaltig, gering verschmutzt (Badewasser, Körperwäsche etc., kann gesammelt für Toilettenspülung, Gartenbewässerung, Gebäudereinigung verwendet werden),
- Regenwasser aus natürlichen Niederschlägen,
- Betriebswasser, das gewerblichen o. ä. Zwecken dient.

Beispiel 3.23

Pumpenanlage mit $\dot{V} = 0{,}5\ \text{m}^3/\text{s}$

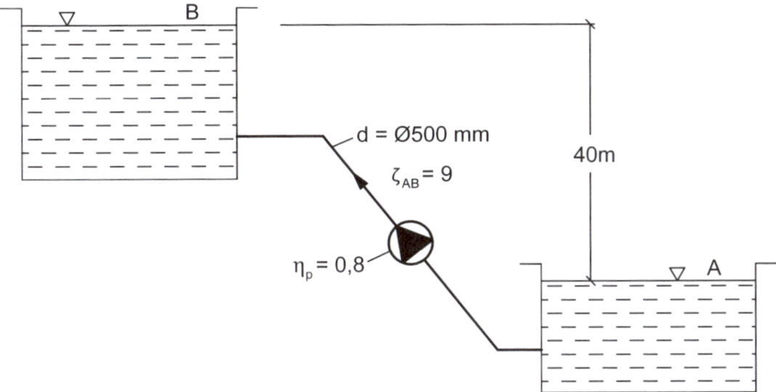

Abb. 3.26: Darstellung zu Beispiel 3.23

Erweiterte Bernoulli-Gleichung Gleichung 1.6 umgeformt:

$$\frac{p_1}{\rho} + g \cdot z_1 + \frac{c_1^2}{2} + Y = \frac{p_2}{\rho} + g \cdot z_2 + \frac{c_2^2}{2} + \frac{\Delta p_v}{\rho}$$

$$0 + 0 + 0 + Y = 0 + g \cdot 40 + 0 + \frac{c_2}{2} \cdot \zeta_{AB}$$

$$c = \frac{\dot{V}}{A} = \frac{0{,}5\,\text{m}^3/\text{s}}{(0{,}5\,\text{m})^2 \cdot \pi / 4} = 2{,}55\ \text{m/s}$$

spez. Stutzenarbeit:

$$Y = 9{,}81 \frac{\text{m}}{\text{s}^2} \cdot 40\,\text{m} + \frac{(2{,}55\,\text{m/s})^2}{2} \cdot 9 = 421{,}66\ \text{J/kg}$$

Hydraulische Leistung P_h nach Gleichung 2.1a:

$$P_h = \dot{m} \cdot Y = \rho \cdot g \cdot H \cdot \dot{V}$$

$$P_h = \dot{m} \cdot Y = 0{,}5\ \text{m}^3/\text{s} \cdot 1000\ \text{kg/m}^3 \cdot 421{,}66\,\text{J/kg} = 210{,}83\ \text{kW}$$

Pumpenleistung P_w nach Gleichung 2.1b:

$$P_w = \frac{P_h}{\eta_p} = \frac{210{,}83\,\text{kW}}{0{,}8} = 263{,}54\ \text{kW}$$

Beispiel 3.24

Ein Pumpwerk liefert Wasser aus einer Bacheinfassung durch eine Talsenkung in ein Staubecken eines Kraftwerkes.

Gegeben:

$\dot{m} = 600\ \text{kg/s}$, $\zeta_{34} = 6$, $\zeta_{12} = 5$ (λ ist in ζ enthalten)

Gesucht:

a) Stutzenarbeit , b) Förderhöhe, c) Antriebsleistung, d) Druck, saug- und druckseitig

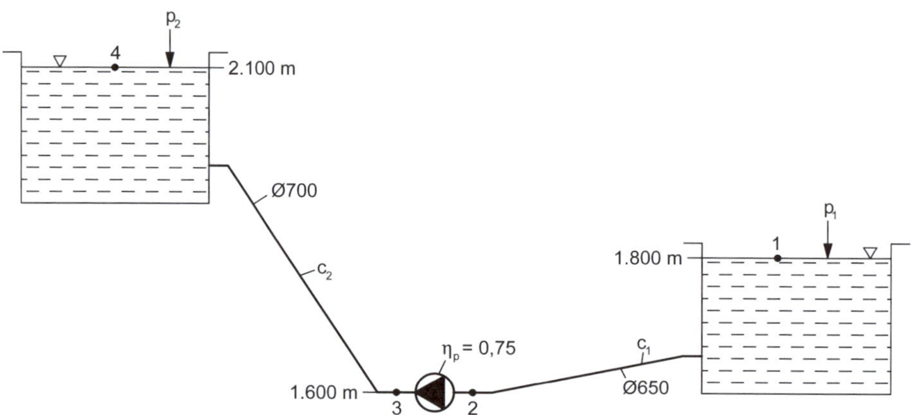

Abb. 3.27: Pumpwerk, Darstellung zu Beispiel 3.24

zu a) Spez. Stutzenarbeit Y:

$$c_1 = \frac{\dot{V}}{A} = \frac{0{,}6\,\text{m}^3/\text{s}}{(0{,}65\,\text{m})^2 \cdot \pi / 4} = 1{,}81\,\text{m/s}; \quad c_2 = \frac{0{,}6\,\text{m}^3/\text{s}}{(0{,}7\,\text{m})^2 \cdot \pi / 4} = 1{,}56\,\text{m/s}$$

$$\frac{p_1}{\rho} + g \cdot z_1 + \frac{c_1^2}{2} + Y = \frac{p_2}{\rho} + g \cdot z_2 + \frac{c_2^2}{2} + \frac{\Delta p_v}{\rho}$$

$$9{,}81\frac{\text{m}}{\text{s}^2} \cdot 200\,\text{m} + \frac{(1{,}81\,\text{m/s})^2}{2} + Y = 9{,}81\frac{\text{m}}{\text{s}^2} \cdot 500\,\text{m} + \frac{(1{,}56\,\text{m/s})^2}{2} + \frac{\Delta p_v}{\rho}$$

$$\Delta p_v = \frac{\rho}{2}\left[\left(\zeta_{12} \cdot c_1^2\right) + \left(\zeta_{34} \cdot c_2^2\right)\right]$$

$$= 500\frac{\text{kg}}{\text{m}^3}\left[5 \cdot (1{,}81\,\text{m/s})^2 + 6 \cdot (1{,}56\,\text{m/s})^2\right] = 15490\,\text{Pa}$$

$$Y = 2958{,}07\,\text{J/kg}$$

zu b) Förderhöhe

$$h = \frac{Y}{g} = \frac{2958{,}07\,\text{J/kg}}{9{,}81\,\text{m/s}^2} = 301{,}54\,\text{m}$$

zu c) Antriebsleistung

$$P_h = \dot{m} \cdot Y = 600\,\text{kg/s} \cdot 2958{,}07\,\text{J/kg} = 1774{,}84\,\text{kW}$$

$$P_w = \frac{P_h}{\eta_p} = \frac{1774{,}84\,\text{kW}}{0{,}75} = 2366{,}46\,\text{kW}$$

zu d) Druck

$$p_s = \rho \cdot g \cdot z_1 + \Delta p_{v1} = 1000\frac{kg}{m^3} \cdot 9{,}81\frac{m}{s^2} \cdot 200\,m + 500\frac{kg}{m^3} \cdot 5 \cdot \left(1{,}81\frac{m}{s}\right)^2 = 19{,}7\,bar$$

$$p_d = \rho \cdot g \cdot z_2 + \Delta p_{v2} = 1000 \cdot 9{,}81 \cdot 500 + 500 \cdot 6 \cdot 1{,}56^2 = 49{,}78\,bar$$

Beispiel 3.25

Gegeben:

An einer Kreiselpumpe werden gemessen:

Saugdruck p_s = 0,28 bar(u), Manometerabstand x = 0,45 m

Druck p_d = 3,86 bar(ü), Umgebungsdruck p_b = 0,97 bar

Fördermenge $\dot{V} = 64\ m^3/h,\quad \eta_p = 0{,}74,\quad \eta_{el} = 0{,}89$

Saugstutzen d_s = 100 mm, Druckstutzen d_d = 80 mm

Gesucht:

Y, H, P_h, P_w, P_{el}, p_{abs} am Saugstutzen

Spez. Stutzenarbeit Y laut Gleichung 2.2

$$Y = \frac{p_d - p_s}{\rho} + \frac{{c_d}^2 - {c_s}^2}{2} + x \cdot g$$

$$c_d = \frac{\dot{V}}{A} = \frac{64\,m^3/h}{3600 \cdot (0{,}08\,m)^2 \cdot \pi / 4} = 3{,}54\ m/s$$

$$c_s = \frac{64}{3600 \cdot 0{,}1^2 \cdot \pi / 4} = 2{,}27\ m/s$$

$$Y = \frac{3{,}86 - (-0{,}28) \cdot 10^5\,kg/m \cdot s^2}{1000\,kg/m^3} + \frac{(3{,}54\,m/s)^2 - (2{,}27\,m/s)^2}{2} + 0{,}45\,m \cdot 9{,}81\frac{m}{s^2}$$

$$= 422\ J/kg \text{ oder } 422\,Nm/kg \text{ oder } 422\ m^2/s^2$$

Förderhöhe

$$H = \frac{Y}{g} = \frac{422\,m^2/s^2}{9{,}81\,m/s^2} = 43\ m$$

Hydraulische Leistung

$$P_h = \dot{m} \cdot Y = 17{,}78\,kg/s \cdot 422\,m^2/s^2 = 7{,}5\ kW$$

Wellenleistung

$$P_w = \frac{P_h}{\eta_p} = \frac{7{,}5\,kW}{0{,}74} = 10{,}14\ kW$$

Elektrische Leistung

$$P_{el} = \frac{P_w}{\eta_{el}} = \frac{10{,}14\,kW}{0{,}89} = 11{,}4\ kW$$

$$p_{s\text{-}abs} = 0{,}97 - 0{,}28 = 0{,}69\ bar$$

Beispiel 3.26

Eine Wasserleitung $d = 200\ mm\varnothing$ mündet in ein Becken mit 4 m/s Strömungsgeschwindigkeit.

Wieviel Pa muss die Pumpe mehr fördern, bedingt durch den Austrittsverlust?

$$\Delta p_v = \zeta \cdot \frac{\rho}{2} \cdot c_1^2\ ; \quad \zeta = 1{,}0$$

$$= 1{,}0 \cdot 500\,kg/m^3 \cdot (4\,m/s)^2 = 8000\ Pa = ca.\ 0{,}8\ mWS$$

Wie lautet der Druckrückgewinn, wenn man eine plötzliche Erweiterung (Carnot-Stoßverlust) am Ende der v. g. Rohrleitung installiert?

Aus Abschnitt 1.2.2: maximaler Druckrückgewinn $\Delta p_R = \frac{\rho}{4} \cdot c_1^2$

Bei $A_1 = \frac{1}{2} \cdot A_2$ wird $c_2 = 2\ m/s$ und $\Delta p_R = 250\,kg/m^3 \cdot (4\,m/s)^2 = 4000\ Pa$

Beispiel 3.27

Ein Springbrunnen wird aus einem höher gelegenen Brunnen gespeist.

Gegeben:

geodätische Höhe $H = 40$ m, Düsendurchmesser $d_D = 15$ mm $\varnothing$, $\lambda = 0{,}0351$, 110 m Rohrleitung mit $d_R = 50$ mm $\varnothing$, $\Sigma\zeta = 7{,}31$

Gesucht: Austrittsgeschwindigkeit c_a und die Steighöhe h_S

Austrittsgeschwindigkeit

$$\frac{p_1}{\rho \cdot g} + \underbrace{\frac{c_1^2}{2g}}_{=0} + H = \frac{p_2}{\rho \cdot g} + \frac{c_a^2}{2g} + h_v$$

$$h_v = \frac{c^2}{2g}\left(\lambda \cdot \frac{l}{d} + \Sigma\zeta\right)$$

$$c = c_a \cdot \frac{0{,}015^2 m^2}{0{,}05^2 m^2}$$

$$40\,m = \frac{c_a^{\ 2}}{2g} + \left(0{,}035 \cdot \frac{110\,m}{0{,}05\,m} + 7{,}31\right) \cdot \frac{c_a^{\ 2}}{2g} \cdot \left(\frac{0{,}015}{0{,}05}\right)^4$$

$$c_a = 21{,}44\ m/s$$

Steighöhe (ohne Luftreibung)

$$h_s = \frac{c_a^{\ 2}}{2g} = \frac{(21{,}44\,\text{m/s})^2}{2 \cdot 9{,}81\,\text{m/s}^2} = 23{,}42\ \text{m}$$

Beispiel 3.28

Ein Springbrunnen mit Kreiselpumpe.

Gegeben:

$l_1 = 10\ \text{m}, \quad \Sigma\zeta_1 = 6{,}03$

$l_2 = 10\ \text{m}, \quad \Sigma\zeta_2 = \zeta_{12} + \frac{c^2}{2} \cdot \rho$

$\lambda = 0{,}032$

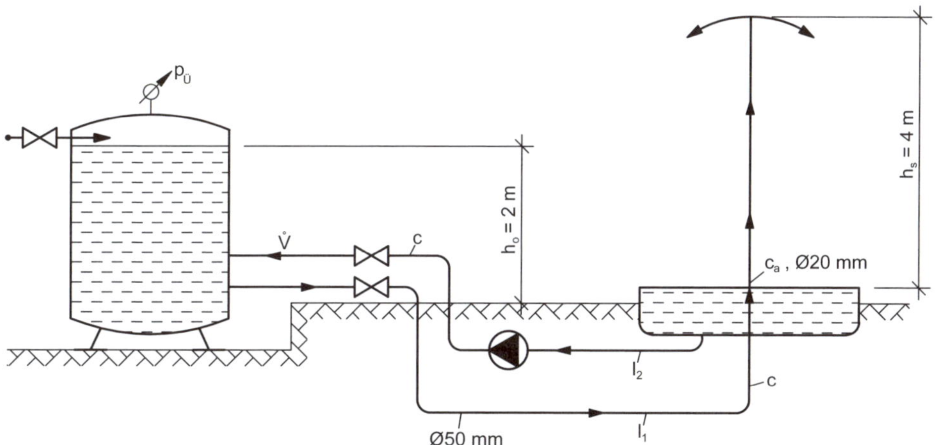

Abb. 3.28: Springbrunnen mit Kreiselpumpe

Gesucht: a) c_a, b) $p_ü$, c) Y, d) P_h

zu a) Austrittsgeschwindigkeit c_a

$$c_a = \sqrt{2 \cdot g \cdot h} = \sqrt{2 \cdot 9{,}81\,\text{m/s}^2 \cdot 4\,\text{m}} = 8{,}86\ \text{m/s}$$

Die Austrittsgeschwindigkeit beträgt 8,86 m/s.

zu b) Überdruck $p_ü$

Rohrströmung $c_a \cdot A_a = c \cdot A$

$$c = \frac{8{,}86\,\text{m/s} \cdot 0{,}02^2\,\text{m}^2 \cdot \pi / 4}{0{,}05^2\,\text{m}^2 \cdot \pi / 4} = 1{,}42\ \text{m/s}$$

Zuleitungskreis l_1

$$(p_ü + p_b) + h_0 \cdot \rho \cdot g = p_b + h_s \cdot \rho \cdot g + \frac{\rho}{2} \cdot c^2 + \Delta p_{v1}$$

$$\Delta p_{v1} = \left(\lambda \cdot \frac{l}{d} + \Sigma\zeta \right) \cdot \frac{\rho}{2} \cdot c^2$$

$$\Delta p_{v1} = \left(0{,}032 \cdot \frac{10\,\text{m}}{0{,}05\,\text{m}} + 6{,}03 \right) \cdot 500\,\text{kg/m}^3 \cdot (1{,}42\,\text{m/s})^2 = 0{,}125\text{ bar}$$

$$p_ü = 1000 \frac{\text{kg}}{\text{m}^3} \cdot 9{,}81 \frac{\text{m}}{\text{s}^2} \cdot 2 + 0{,}125 \cdot 10^5 \frac{\text{kg}}{\text{m} \cdot \text{s}^2} + 500 \frac{\text{kg}}{\text{m}^3} \cdot \left(1{,}42 \frac{\text{m}}{\text{s}} \right)^2 = 0{,}33\text{ bar(ü)}$$

Der Überdruck beträgt 0,33 bar.

zu c) Spez. Stutzenarbeit

Rückleitungskreis l_2

$$\Delta p_{v2} = \Delta p_{v1} + \underbrace{\frac{\rho}{2} \cdot c^2}_{\text{Austrittsverlust}} = 0{,}125\,\text{bar} + 0{,}01\,\text{bar} = 0{,}135\text{ bar}$$

$$Y = \frac{p_ü}{\rho} + h_0 \cdot g + \frac{c^2}{2} + \Delta p_{v2}$$

$$= 0{,}33 \cdot 10^2 + 2 \cdot 9{,}81 + \frac{1{,}42^2}{2} + 0{,}135 \cdot 10^2$$

$$= 67{,}12\,\text{m}^2/\text{s}^2 = 67{,}12\text{ J/kg}$$

Die spez. Stutzenarbeit beträgt 67,12 J/kg.

zu d) Hydraulische Leistung P_h

$$P_h = \dot{m} \cdot Y$$

$$\dot{m} = \dot{V} \cdot \rho = 0{,}05^2\,\text{m}^2 \cdot \pi \,/\, 4 \cdot 1{,}42\,\text{m/s} \cdot 1000\,\text{kg/m}^3 = 2{,}79\text{ kg/s}$$

$$P_h = 2{,}79\,\text{kg/s} \cdot 67{,}12\,\text{J/kg} = 187\,\text{J/s} = 0{,}187\text{ kW}$$

Die hydraulische Leistung beträgt 0,187 kW.

3.2.2.1 Gebäudebewässerung

Mit der Hauptarmaturengruppe, bestehend i. d. R. aus: Wasserzähler, Absperrungen, Druckminderer, Rückschlagarmatur, ggf. Rückspülfilter, beginnen die gebäudeeigenen Innenleitungen. Sie bestehen aus den **Verteilleitungen** im Kellergeschoss o. Ä., den **Steigleitungen** und **Stockwerksleitungen** sowie Einzelleitungen und Zirkulationsleitungen.

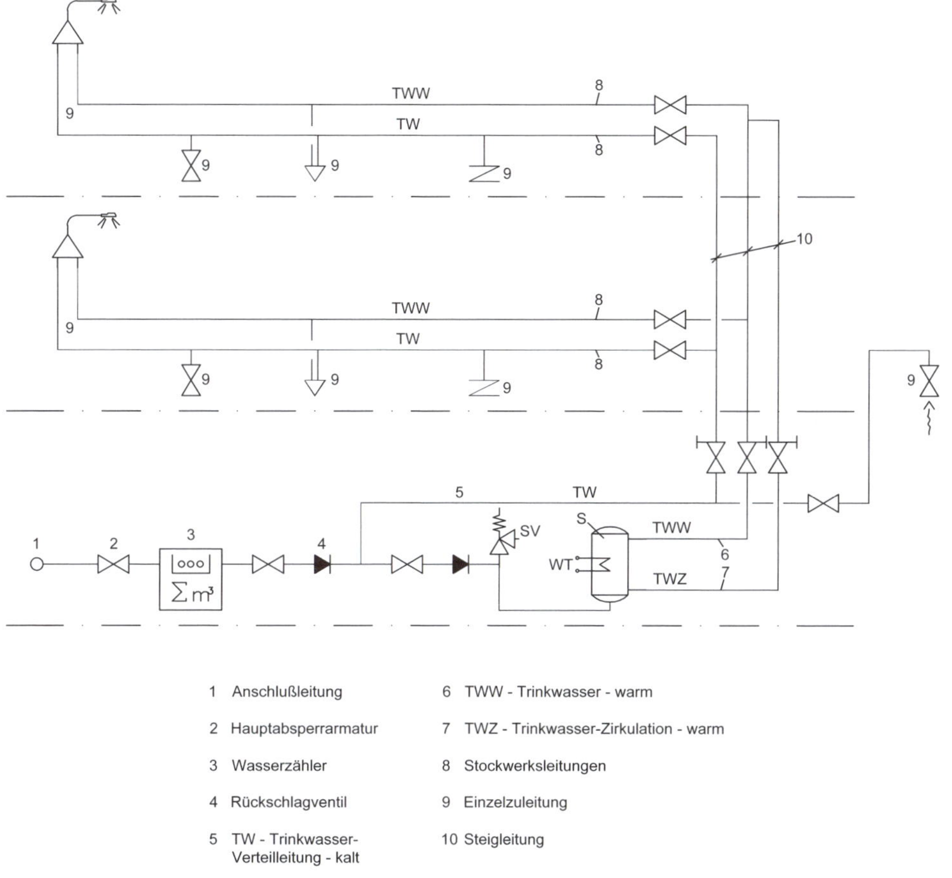

Abb. 3.29: Schema einer Trinkwasseranlage im Gebäude

Die Bemessung der Trinkwasserleitungen erfolgt nach dem **Spitzendurchfluss** $\dot{V}_s$ und dem verfügbaren Druckgefälle für die Rohrreibung. Beachtet werden müssen dabei die höchst zulässigen Strömungsgeschwindigkeiten. Kaltwasser- und Brauchwarmwasser-Rohrleitungen werden in der gleichen Weise berechnet.

Für jede Wasserentnahmestelle gibt es einen **Mindestfließdruck** bei einem bestimmten Wasserdurchfluss, den sogenannten **Berechnungsdurchfluss** $\dot{V}_R$. Die Gesamtsumme aller Entnahmestellen-Berechnungsdurchflüsse wird jedoch nicht gleichzeitig benutzt. Deshalb hat man empirisch den **Spitzendurchfluss** $\dot{V}_s$ ermittelt, gemäß Abb. 3.30. Dieser Spitzendurchfluss ist Grundlage der Rohrnetzberechnung. Die Vorgehensweise bei der Rohrnetzberechnung: Es gilt grundsätzlich die erweiterte Bernoulli-Gleichung Gl. 1.6/6a und für den **Gesamtdruckverlust** Gleichung 1.13:

$$\Delta p_v = \left(\Sigma\lambda \cdot \frac{l}{d} + \Sigma\zeta \right) \cdot \frac{\rho}{2} \cdot c^2 \text{ in Pa oder mbar}$$

$$\Delta p_{\text{v}} = \Sigma(l \cdot R) + \Sigma\zeta \cdot \frac{\rho}{2} \cdot c^2 \text{ oder } \Sigma(l \cdot R) + Z$$

R = Druckgefälle in Pa/m

Das Druckgefälle R bei verschiedenen Strömungsgeschwindigkeiten und Rohrarten (Stahl, Kupfer, Kunststoff etc.) wird wie bei der Heizungsberechnung aus Tabellen und Diagrammen entnommen (s. Anhang).

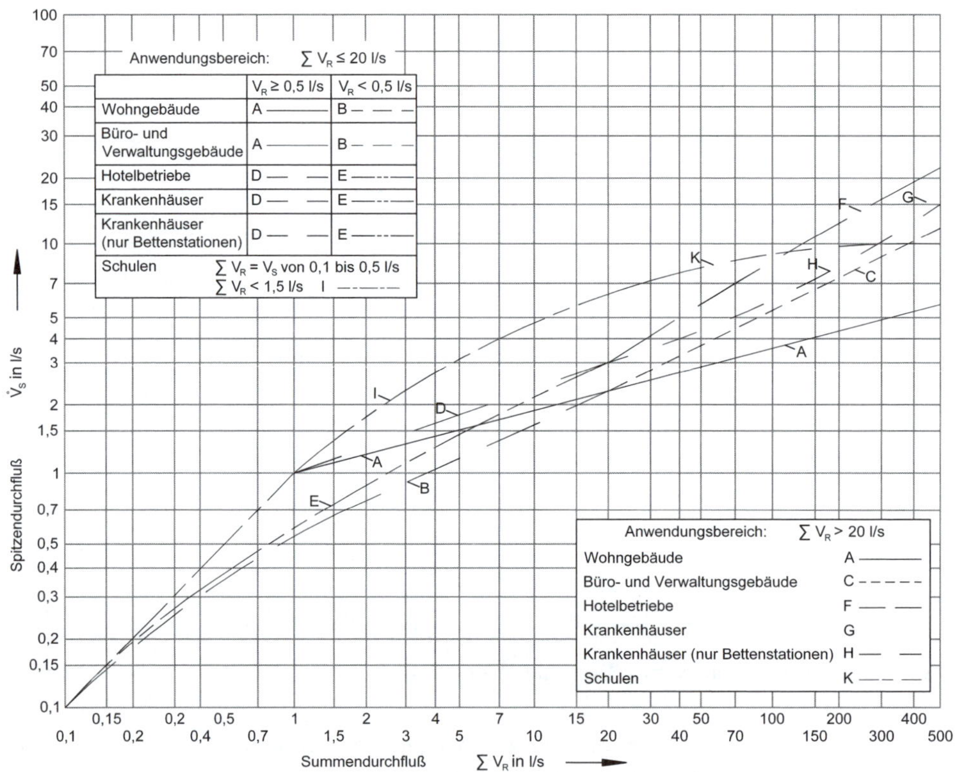

Abb. 3.30: Spitzendurchfluss $\dot{V}_{\text{s}}$ – Summendurchfluss $\Sigma\dot{V}_{\text{R}}$

Richtgeschwindigkeiten:

- Verteilleitungen bis 3 m/s (auch Feuerlöschleitungen)
- Steigleitungen 1…2 m/s
- Stockwerksleitungen 0,5…1,0 m/s

Verfügbare Druckdifferenz

In den Verbrauchsleitungen vom Hausanschluss bis zu den Entnahmestellen entstehen vielfältige Druckverluste. An den hydraulisch ungünstigsten Stellen gilt der Mindestfließdruck p_{min}:

$p_{min\,V}$ = Mindestversorgungsdruck am Hausanschluss

$p_{min\,fl}$ = Mindestfließdruck an der Entnahmestelle

Δp_{WZ} = Druckverlust am Wasserzähler

Δp_{geo} = Druckverlust durch die geodätische Höhe

Δp_{AP} = Druckverlust durch Apparate

$\Delta p_v = \Sigma(R \cdot l + Z)$

Das verfügbare Druckgefälle $R_v = \frac{\Delta p_v}{l}$ wird üblicherweise mit 40...60 % Anteil der Einzelwiderstände Z bei ca.-Rohrnetzberechnungen angesetzt.

Abbildung 3.31 verdeutlicht den **Mindestfließdruck** $p_{min\,fl}$ (der Wert wird aus Tabellen entnommen, i. d. R. beträgt er 1 bar(ü)).

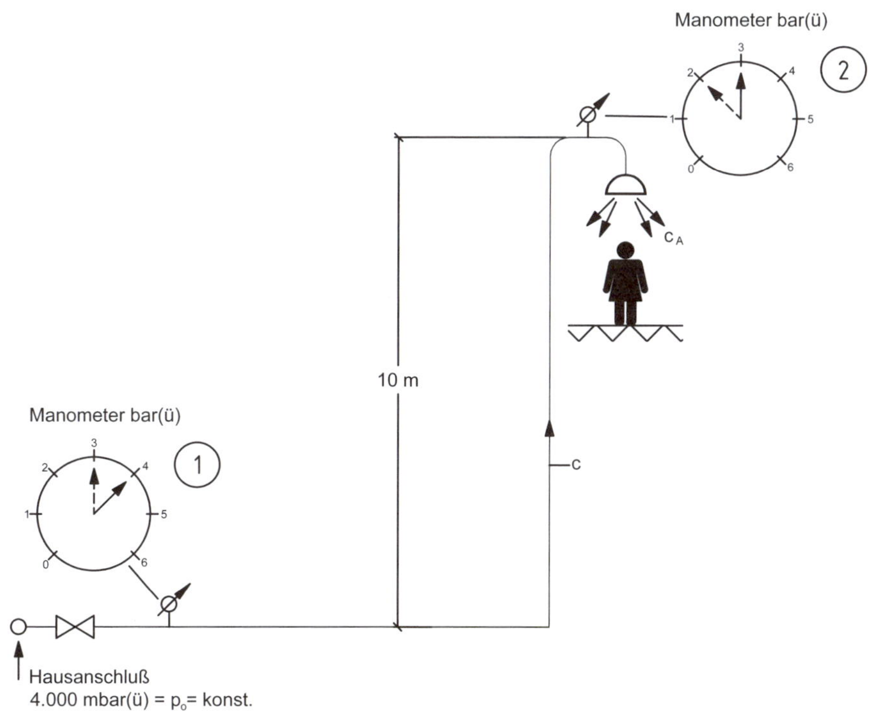

Abb. 3.31: Beispiel Mindestfließdruck, s. auch Abschnitt 1.1.2.1

1. Ruhezustand p_0
   - Entnahmestelle geschlossen
   - Es herrscht **Ruhedruck** in bar
   - Manometer 1 zeigt den statischen Druck in 4 bar(ü) (Ruhedruck) an
   - Manometer 2 zeigt den statischen Druck – unmittelbar an der Entnahmestelle – von 3 bar(ü) an (4 bar abzüglich h_{geo})
2. Fließzustand $p_{min\ fl}$
   - Entnahmestelle offen
   - Es herrscht Fließdruck ($\hat{=}$ statischer Druck)
   - Manometer 2 sinkt um den dynamischen Druck p_{dyn}, das gleiche gilt für Manometer 1.

Allgemein gilt $p_{minfl} = p_{ges} - p_{st} = p_{dyn}$

Zu Abb. 3.31: $p_0 = 4\ \text{bar(ü)}$, $h_{geo} = 10\ \text{m} \hat{=} \text{ca. } 1\ \text{bar(ü)}$, $p_{minfl} = 1\ \text{bar(ü)}$

Zur Verfügung stehender Druck für die Rohrnetzdruckverlustberechnung:

$$\Delta p = p_0 - p_{minfl} = \Delta p_v = h_{geo} \cdot \rho \cdot g + \left(\lambda \cdot \frac{l}{d} + \Sigma\zeta \right) \cdot \frac{\rho}{2} \cdot c^2$$

Beispiel 3.29

Vereinfachte Berechnung aus der Praxis:

Versorgungsdruck p_{min}	= 4000 mbar
Druckverlust geodätische Höhe (8 m) Δp_{geo}	= 800 mbar
Druckverlust durch Wasserzähler Δp_{WZ}	= 700 mbar
Druckverlust durch Filter Δp_{fi}	= 300 mbar
Mindestfließdruck $p_{min\ fl}$	= 1000 mbar
Verfügbare Druckdifferenz $\Sigma(l \cdot R + Z)$	= 1200 mbar

Davon z. B. 50 % verfügbar für die Rohrreibung 600 mbar und für Form- und Verbindungsstücke sowie Armaturen ebenfalls 600 mbar. Gemäß Rohrreibungsdiagramm z. B. Kaltwasser mit z. B. R = 10 mbar/m kann eine Rohrabstufung vorgenommen werden.

Bei genauen Rohrnetzberechnungen werden für den hydraulisch ungünstigsten Rohrstrang Teilstrecken entgegen der Fließrichtung nummeriert, die Werte für den Summendurchfluss $\Sigma\dot{V}_R$ und Spitzendurchfluss $\dot{V}_S$ eingetragen und die vorläufigen Durchmesser in Abhängigkeit von der Geschwindigkeit oder vom zulässigen Druckgefälle R_v angegeben.

Der sich ergebende Gesamtdruckverlust der ungünstigsten Rohrstrecke wird durch Abdrosselung der günstigeren Rohrstränge angeglichen.

Wenn der vorhandene Versorgungsdruck nicht ausreicht, z. B. bei Hochhäusern sowie bei Feuerlösch- und Brandschutzanlagen, werden **Druckerhöhungsanlagen** (DEA) erforderlich.

Die Förderhöhe H_p der Pumpenanlage (die aus mehreren Pumpen in Reihe bestehen kann):

$$H_p = H_{geo} + H_{min\,fl} + H_v - H_{vor} \text{ in mWS}$$

H_{vor} = Versorgungsdruck

3.3 Hydraulische Grundschaltungen

Die wasserseitige Zusammenschaltung eines Stellgliedes mit der Wärme- und Kälteerzeugung, der Pumpe und den Wärme- und Kälteverbrauchern zu einer funktionsfähigen Anlage bezeichnet man als **hydraulische Schaltung**. Als Grundlage der Regelaufgabe in wasserführenden Systemen dient die Kenntnis des Durchflussverhaltens von Armaturen mit dem sogenannten kv-Wert gemäß Abschnitt 1.3.1.

Eine Hauptaufgabe in der Gebäudetechnik ist die **Temperaturregelung**. Grundsätzlich gibt es zwei Systeme:

a) die Durchflussregelung

und

b) die Mischregelung

Die in der Heizungs- und Klimatechnik üblichen Schaltungen lassen sich auf einige Grundschaltungen zurückführen (Abbildung 3.32). Die Wahl einer Schaltung ist von den Anforderungen der Verbraucher und Energieerzeuger abhängig.

Man unterscheidet zwei Hauptschaltungen:

Verteiler *ohne* Hauptpumpe und Verteiler *mit* Hauptpumpe.

Zu Abb. 3.32:

I. In der **Drosselschaltung** variiert der Massenstrom im gesamten hydraulischen System (veränderlicher Wasserstrom im Primär- sowie im Sekundärkreis), Druckschwankungen im gesamten Netz, große Temperaturdifferenzen

II. **Umlenkschaltung**, Leistungsregelung wie bei I. durch variablen Wasserstrom im Verbraucher. Wasserstrom im Primärkreis konstant. Annähernd konstante Druckverhältnisse im Rohrnetz.

III. **Beimischschaltung** mit Durchgangsventil und Sekundärpumpe, Schaltung wie I. jedoch mit **Internpumpe**. Leistungsregelung jetzt durch Mischung mit dem Rücklauf. Wasserstrom im Verbraucherkreis konstant, im Primärkreis variabel. Druckschwankungen im Netz.

IV. **Einspritzschaltung**, es haben Verbraucher und Erzeuger einen konstanten Massenstrom.

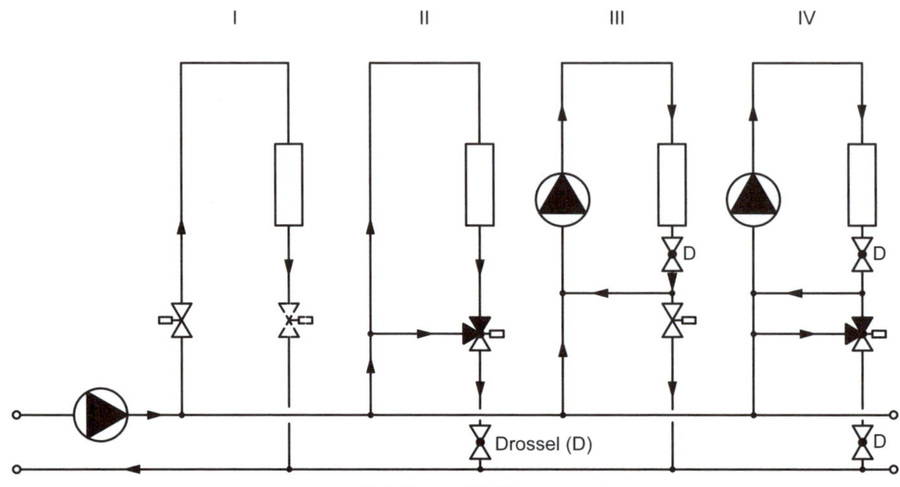

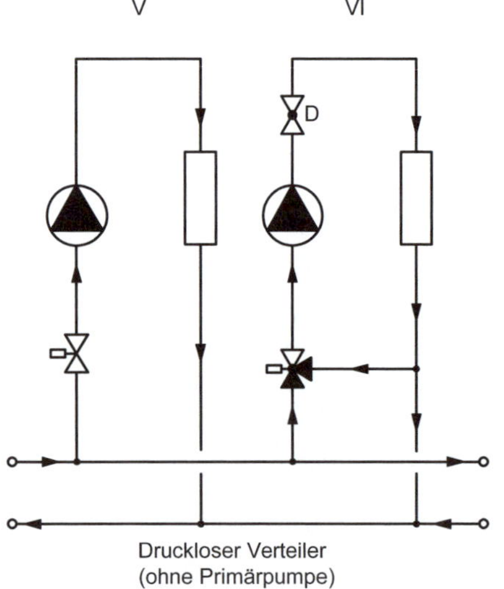

I Drosselschaltung (Durchflußregelung)
II Umlenkschaltung (Durchflußregelung)
III Beimischschaltung (Mischregelung)
IV Einspritzschaltung (Mischregelung)
V Drosselschaltung (Durchflußregelung)
VI Beimischschaltung (Mischregelung)

Ventilpriorität P_V = ca. 0,5

Abb. 3.32: Hydraulische Grundschaltungen

V. **Drosselschaltung** mit drucklosem Verteiler. Die Sekundärpumpe muss sowohl Druckverlust im Verbraucher- als auch im Erzeugerkreis überwinden. Die Wassermengen sind variabel.

VI. **Mischkreis** im Verbraucher, sonst wie V.

Wie in Abschnitt 1.3.1 aufgezeigt, ist der k_v-Wert eines Regelventils eine charakteristische Kenngröße. Er dient zur Bemessung des Regelventils.

Das Regelventil hat eine bestimmte Grundkennlinie und wird in eine hydraulische Schaltung eingebaut (Netz, Erzeuger, Pumpe, Rohrleitung, Verbraucher – z. B. Wärmeübertrager – und Armaturen). Damit wird ein Druckabfall am Ventil ein Anteil vom Gesamtdruckgefälle, welches die Pumpe in der Anlage zur Verfügung stellt. Für die Betriebskennlinie ist von Bedeutung, wie groß bei ganz geöffnetem Ventil der Druckabfall ist, bezogen auf den gesamten Druck am zu regelnden Regelkreis. Dieses Verhältnis nennt man **Ventilautorität** P_v:

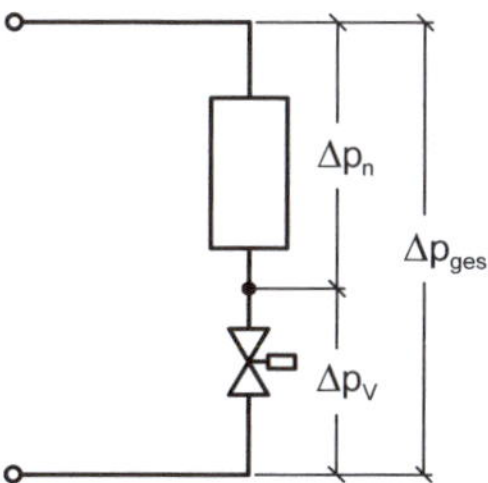

Abb. 3.33: Serienschaltung Netzdruckdifferenz und Regelventildruckverlust zur Gesamtdruckdifferenz

$$P_v = \frac{\Delta p_{v-100}}{\Delta p_{ges}} = \frac{\Delta p_{v-100}}{\Delta p_{v-100} + \Delta p_N};$$ Δp_N = Netzdruckverlust eines Regelkreises

Bei P_v = 0,5 d. h. $\Delta p_{v-100} = 50\ \%$ Druckverlust

$\Delta p_N = 50\ \%$ Netzdruckverlust des Sekundärkreises

s. Abb. 3.32: P_v = 0,5

Bei konstanter Gesamtdruckdifferenz gilt:

$$\frac{\dot{V}}{\dot{V}_{100}} = \frac{1}{\sqrt{1 + P_v\left[\left(k_{vs} / k_v\right)^2 - 1\right]}}$$

Nachstehend ein Beispiel zur Regelung eines Wärmeübertragers.

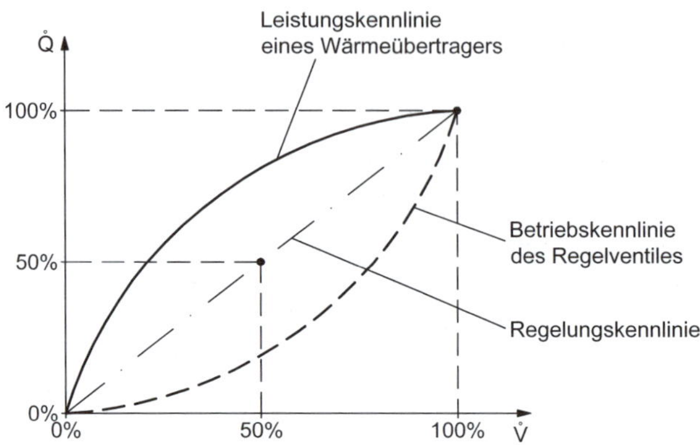

Abb. 3.34: Kennlinien eines Wärmeübertragers

3.4 Lufttechnik

Aufgabe der Lufttechnik ist, ein gewünschtes Raumklima sicherzustellen. Je nach Anforderung müssen dabei eine oder mehrere Aufgaben erfüllt werden:

- Frischluftversorgung
- Abfuhr von thermischen und Feuchtelasten
- Einhaltung von geforderten Raumtemperaturen und Raumfeuchten

Die Lufttechnik wird in zwei große Bereiche unterteilt:

a) die **Prozesslufttechnik**

   und

b) die **Raumlufttechnik**, diese wird wiederum aufgeteilt in **Raumlufttechnische Anlagen** (RLT-Anlagen) und in die **Freien Lüftungssysteme**. Bei den RLT-Anlagen erfolgt der Lufttransport maschinell mittels Ventilatoren. Dagegen wird bei der freien Lüftung der Lufttransport durch windbedingte Druckunterschiede und durch Temperaturdifferenzen zwischen innen und außen angetrieben.

3.4.1 Freie Lüftung

Die freie Lüftung ist eine „natürliche Lüftung". Sie kommt in der Natur vielfältig vor. Man versteht unter freier Lüftung den Luftaustausch durch Gebäudeöffnungen. Der Antrieb für die freie Lüftung sind die Druckdifferenzen infolge der Dichteunterschiede bedingt durch Temperaturdifferenz.

Die Druckdifferenzen des Thermischen Auftriebs:

$\Delta p_A = g \cdot \Delta\rho \cdot \Delta h$ in Pa

mit

g = Erdbeschleunigung 9,81 m/s²

$\Delta\rho$ = Dichteunterschied in kg/m³

Δh = Höhendifferenz in m

wobei die Dichte der Feuchten Luft umgekehrt proportional zur Temperatur ist:

$\rho_L \approx \frac{351}{T}$; d. h., die Luftdichte wird mit steigender Temperatur geringer.

Dichtedifferenzen und damit Druckdifferenzen entstehen durch Temperaturdifferenzen

- zwischen Raumluft und Außenluft,
- zwischen benachbarten Räumen,
- zwischen Schächten und Kanälen,
- durch hohe Räume.

Wird ein Gebäude durch Wind angeströmt, so bildet sich

- auf der Anströmseite (Luvseite) Überdruck (+)

  und
- auf der Abströmseite (Leeseite) Unterdruck (-) aus.

Widerstandszahl:

- Luvseite $\zeta_{Luv} = 0,8...1,0$
- Leeseite $\zeta_{Lee} = 0,05...0,25$

und die Druckdifferenz wird:

$$\Delta p_{wind} = p_{Luv} - p_{Lee} \approx (0,8...1,2) \cdot \frac{\rho}{2} \cdot c_{wind}^2 \text{ in Pa}$$

mit

c_{wind} = 3...4 m/s im Jahresmittel

$\Delta p_{wind} \approx$ 4...12 Pa

Beispiele von Lüftungsverfahren der Freien Lüftung zeigt Abbildung 3.35.

- Fensterlüftung und Querlüftung

  Bei kurzzeitiger Öffnung spricht man von **Stoßlüftung**. Bei ständig geöffneten Fenstern von **Dauerlüftung**. Ist die Außenluft kälter als die Innenluft strömt bei Windstille die Luft gem. Abbildung 3.35.

- Fugenlüftung (nicht im Bild)

  entsteht durch Gebäudeundichtigkeiten (u. a. zwischen Luv- und Leeseite) und Temperaturdifferenzen.

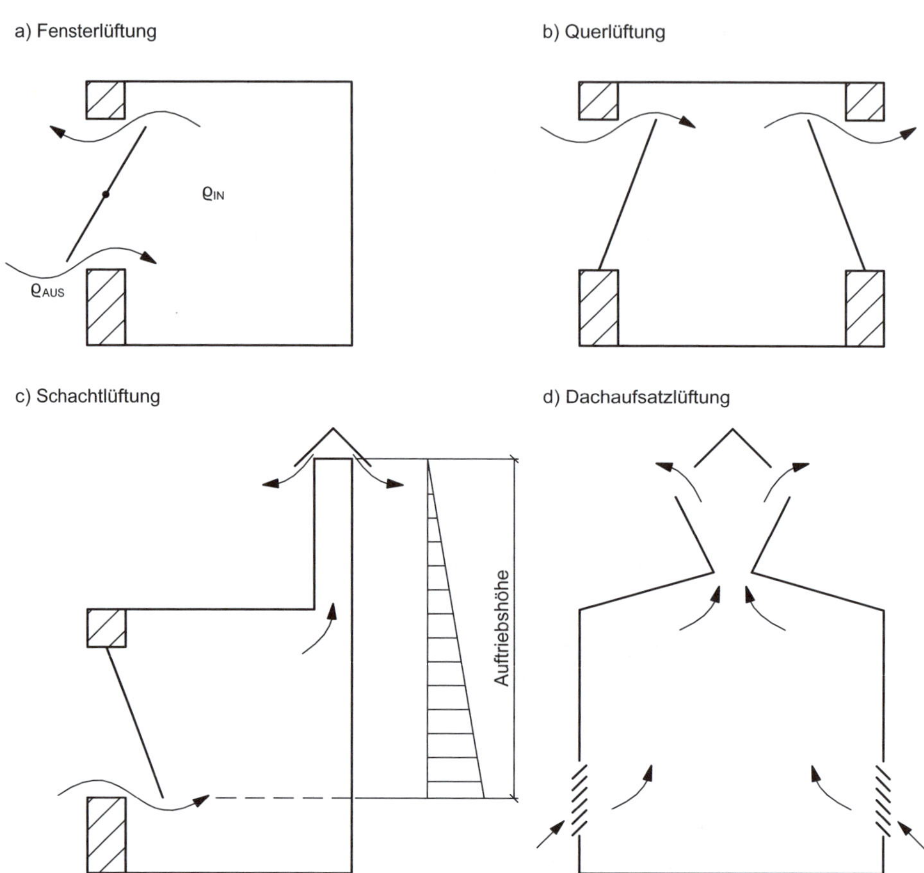

Abb. 3.35: a) Fensterlüftung, b) Querlüftung, c) Schachtlüftung, d) Dachaufsatzlüftung

- Schachtlüftung

  Natürlicher Luftwechsel im Winter; bei gleicher Innen- und Außentemperatur ist keine Luftbewegung möglich; im Sommer bei Außentemperaturen, die höher sind als Innentemperaturen, kehrt sich die Luftbewegung um und es dringt Außenluft nach innen.

- Dachaufsatzlüftung

  Um bei Wind zusätzlich einen Unterdruck zu erzeugen, werden Luftleitlamellen eingebaut.

3.4.2 Raumströmung

Man unterscheidet zwei Luftführungssysteme:

a) Die **turbulente Mischlüftung** wird erzeugt, wenn die Zuluft mit hohem Impuls und starker Induktionswirkung ausgeblasen wird. Die Zuluft vermischt sich intensiv mit der Raumluft. Dieses System wird auch **Verdünnungsströmung** genannt. Die Ausblasgeschwindigkeiten liegen über 1 m/s, meist 2...5 m/s, in großen Hallen bis 15 m/s.

Die Luftauslässe:

- Drallauslässe
- Schlitzauslässe
- Düsen und Gitter

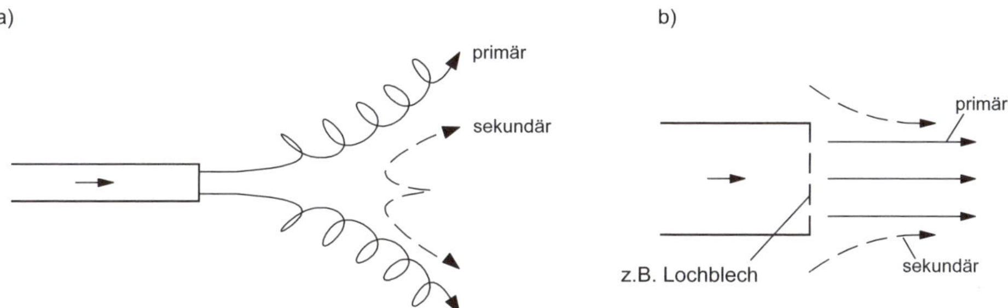

Abb. 3.36: a) turbulenter Luftstrahl, b) turbulenzarmer (laminarer) Luftstrahl

b) Die **turbulenzarme Verdrängungsströmung**, wenn die Zuluft mit geringem Impuls und mit einer Vielzahl von benachbarten dünnen Luftstrahlen ausgeblasen wird. Die Ausblasgeschwindigkeit ist < 1 m/s. Die Raumluft wird weniger mit der Zuluft vermischt, sondern mehr aus dem Aufenthaltsbereich verdrängt.

Auf die Luftbewegung im Raum wirken die Kräfte

- Impulskraft des Luftstrahles,
- Reibungskraft der Strömung,
- thermische Kraft infolge der Temperaturdifferenz bzw. der Dichteunterschiede,
- Trägheitskraft der Luftteilchen,
- Wärmeübergang an den angrenzenden Flächen.

Wegen der Vielzahl der Kräfte, die auf die Raumströmung wirkt, ist es praktisch nicht möglich, Raumluftströmungen zu berechnen.

Beispiel 3.30

Ein Luftfreistrahl tritt in die Atmosphäre.

Gesucht:

a) c_0, $\dot{m}_0$

b) F_{PL}

c) Impulsänderung mit der Entfernung

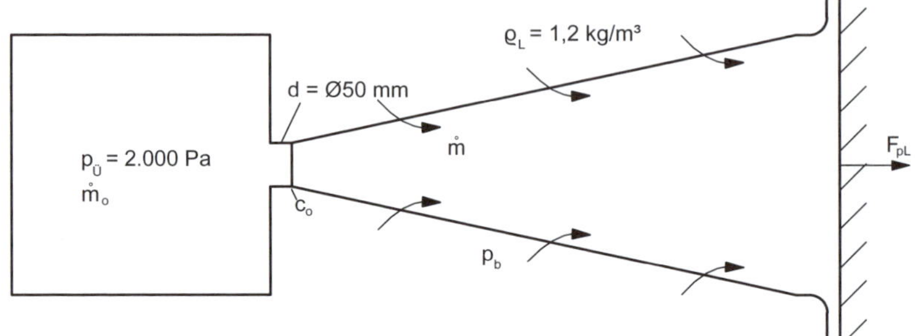

Abb. 3.37: Darstellung zu Beispiel 3.30

zu a) $c_0 = \sqrt{2 \cdot g \cdot h} = \sqrt{2 \cdot g \cdot p_{ü} / \rho \cdot g}$

$$= \sqrt{2 \cdot 2000\,\text{kg/m} \cdot \text{s}^2 / 1{,}2\,\text{kg/m}^3} = 57{,}73\,\text{m/s}$$

$$\dot{m}_0 = A \cdot c_0 \cdot \rho = (0{,}05\,\text{m})^2 \cdot \pi / 4 \cdot 57{,}73\,\text{m/s} \cdot 1{,}2\,\text{kg/m}^3 = 0{,}136\,\text{kg/s}$$

zu b) $F_{PL} = -F_0 = \dot{m} \cdot c_0 = 0{,}136\,\text{kg/s} \cdot 57{,}73\,\text{m/s} = 7{,}85\,\text{N}$ (= Impulsstrom)

zu c) Der Impulsstrom bleibt konstant (siehe Abschn. 1.2.2). Bei einem relativ kleinen Überdruck ergeben sich eine hohe Strahlgeschwindigkeit und Impulsstrom.

Die Ausbreitung eines runden Freistrahls zeigt Abb. 3.38. An der Grenzfläche des Zuluftstrahls setzt mit dem Impulsaustausch mit der Raumluft zugleich ein Mischvorgang (Induktion) ein. Der Freistrahl induziert Raumluft. Die **Kernlänge** x_0 ist die Länge, in der die axiale Strömungsgeschwindigkeit gleich ist der Ausströmungsgeschwindigkeit c_0. Erst ab hier reduziert sich allmählich auch die axiale Geschwindigkeit.

Die Zentralgeschwindigkeit c_0 längs der Strahlachse verringert sich mit zunehmendem Abstand x von der Austrittsöffnung als c_x-Geschwindigkeit. Man zeichnet durch vier Bereiche:

1. Bereich $x_0 = (2...6) \cdot d_0$; $c_0 = c_x$

Mit Einsetzen der Vermischung nimmt der Durchmesser des Strahlkerns, in dem noch die Austrittsgeschwindigkeit c_0 erhalten bleibt, ab und zwar proportional mit dem Abstand von der Austrittsöffnung (Innenkegel).

2. Bereich $x = (8...10) \cdot d_0$ Übergangszone

$$c_x \sim \frac{1}{\sqrt{x}}$$

3. Bereich $x = (25...100) \cdot d_0$ wichtigster Bereich

$$c_x \sim \frac{1}{x}$$

4. Bereich: Endbereich c_x fällt auf die Raumluftgeschwindigkeit ab.

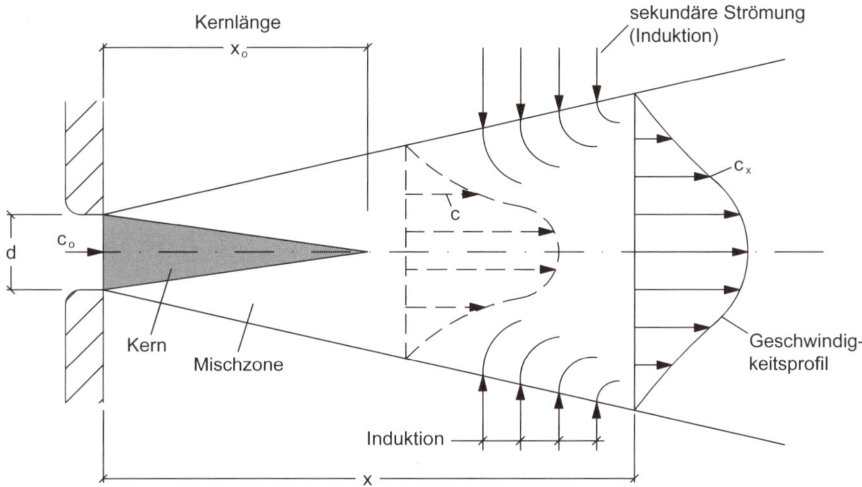

Abb. 3.38: Strahlausbreitung eines runden isothermen Freistrahls

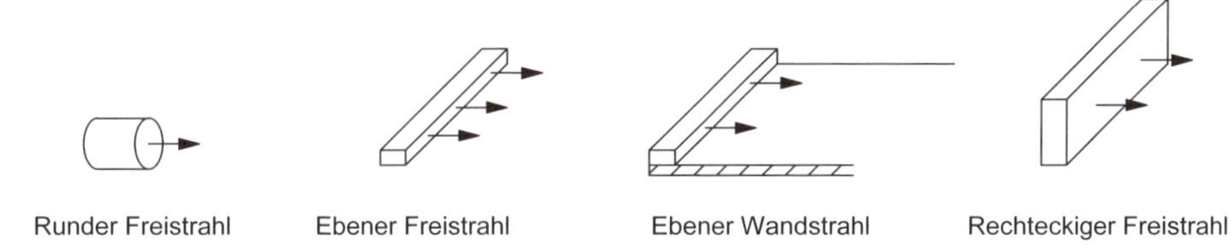

Abb. 3.39: Luftstrahlen

Ist der Luftauslass in der Nähe einer Begrenzungsfläche (z. B. Decke, Wand), so kann sich der Luftstrahl nur einseitig durch Induktion ausdehnen. Der Abbau der Strahlgeschwindigkeit verläuft langsamer als bei einem Freistrahl.

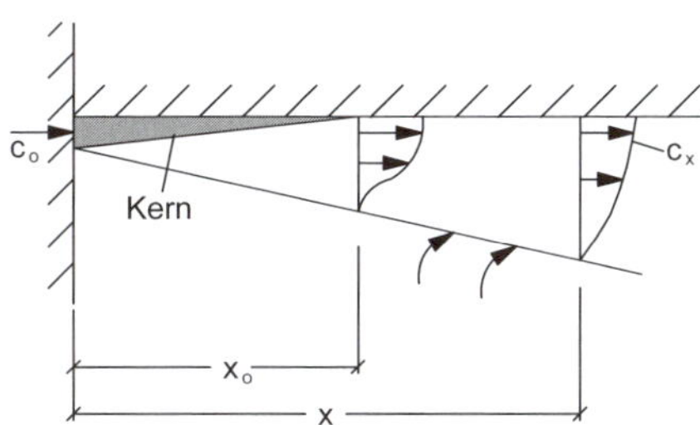

Abb. 3.40: Wandstrahl

In der Klimatechnik ist die Regel, dass zwischen Zu- und Raumluft Temperaturdifferenzen bestehen. Während beim isothermen Freistrahl nur Trägheits- und Reibungskräfte auftreten, tritt beim **nichtisothermen Freistrahl** die Auftriebs- oder Abtriebskraft auf.

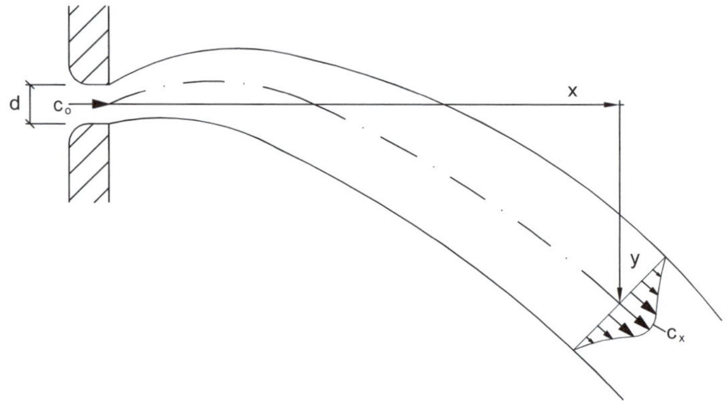

Abb. 3.41: Nichtisothermer kalter Luftstrahl

Es muss strömungstechnisch überlegt werden, ob der nichtisotherme Strahl beschleunigt oder gebremst wird (nach unten geblasener kalter Strahl wird beschleunigt, warmer Strahl gebremst).

Bei vertikalen Strahlen ist die Wirkung dieser Kräfte im Verein mit der dem Strahl innewohnenden Trägheitskraft besonders anschaulich. Es gibt zwei Fälle:

a) Auftriebs- oder Abtriebskraft und Trägheitskraft sind gleichgerichtet. Kaltluft kommt von oben, Warmluft von unten in den Raum. Dies verstärkt die Strahlrichtung im Vergleich zum isothermen Strahl.

b) Auftriebs- oder Abtriebskraft und Trägheitskraft sind entgegengesetzt gerichtet. Kaltluft kommt von unten, Warmluft von oben in den Raum. Dies vermindert die Strahlwirkung und wenn sich beide Kräfte aufheben, wird die Strahlgeschwindigkeit gleich null.

Bei horizontal eintretenden Strahlen (Abbildung 3.41) wird die Strahlachse gekrümmt, da die Auf- oder Abtriebskraft senkrecht zur Richtung der Trägheitskraft wirkt.

Die v. g. Auf- oder Abtriebskräfte beim Heizen bzw. Kühlen werden ausgelöst durch den Dichteunterschied, bedingt durch die Temperaturdifferenz zwischen Zuluft und Raumluft.

Für die Raumströmungsform und die Geschwindigkeit sind das Verhältnis der **thermischen Auf- bzw. Abtriebskräfte** $F_A = A \cdot \Delta p_A = A \cdot g \cdot \Delta \rho \cdot h$ und die im Zuluftstrahl enthaltene **Trägheitskraft** $F_T = m \cdot \frac{dw}{dt}$ von Bedeutung.

Dieses Verhältnis wird **Archimedes-Zahl** *Ar* genannt:

$$F_A = \Delta p_A \cdot A = A \cdot g \cdot (\rho_U - \rho_{ZL}) \cdot h = \frac{\rho_{ZL}}{2} \cdot c^2 \cdot A$$

bei p_b = konstant wird $\frac{\rho_{ZL}}{\rho_U} = \frac{T_U}{T_{ZL}}$ mit Index ZL = Zuluft, Index U = Umgebung.

$$F_A = \Delta p_A \cdot A = A \cdot g \cdot \rho_{ZL} \cdot \frac{\Delta T}{T_U} \cdot h = A \cdot \frac{\rho_{ZL}}{2} \cdot c^2$$

$F_T = \dot{m} \cdot w = A \cdot w \cdot \rho_{ZL} \cdot w = A \cdot \rho_{ZL} \cdot w^2$ mit w = Verdrängungsgeschwindigkeit im Raum (w = 0,1...0,3 m/s)

$$Ar = \frac{F_A}{F_T} = \frac{A \cdot \rho_{ZL} \cdot h \cdot \Delta T}{A \cdot \rho_{ZL} \cdot w^2 \cdot T_U} = \frac{c^2}{2w^2}$$

Der **Coanda-Effekt** ist die Eigenschaft von strömenden Fluiden, beim tangentialen Anblasen von gekrümmten Flächen sich an diese anzulehnen und daran entlangzufließen.

Quelllüftung oder Schichtlüftung ist eine nach oben gerichtete Verdrängungsströmung, mit der die Zuluft mit Untertemperatur in Bodennähe in den Raum eingebracht wird. Die Abluft wird im Deckenbereich abgesaugt. Maximale Luftausblasgeschwindigkeit 0,2 m/s.

Unter dem Begriff **hybride Lüftung** fasst man alle lufttechnischen Konzepte zusammen, bei denen natürliche Antriebskräfte (thermischer Auftrieb/Wind) und mechanische Antriebskräfte (Ventilatoren) in Kombination eingesetzt werden.

Die heute namhaften Hersteller von Luftauslässen haben in der Regel Strömungslabors. Es ist grundsätzlich empfehlenswert, deren Beratung bei der Auslegung in Anspruch zu nehmen.

3.4.3 Maschinelle Lüftung, Leitungsnetze

Die Kanalnetze von Lüftungs- und Klimaanlagen haben wie die Rohrnetze der zentralen Heizungs- und Kühlanlagen die Aufgabe, Stoffströme zu fördern und in einer vorbestimmten Weise auf die Zweigleitungen zu verteilen. Es bestehen jedoch wesentliche Unterschiede in den Anforderungen, die zu abweichenden Verfahren in der Planung und Bemessung der Leitungsnetze führen. Während in der Heizungs- und Kältetechnik die zu fördernden Stoffströme allein dem Zweck dienen, vorgegebene Temperaturen in den einzelnen Räumen eines Gebäudes sicherzustellen, muss bei lufttechnischen Anlagen wegen der notwendigen Lufterneuerung neben der Einhaltung von Luftzustandswerten (wie Temperatur und Feuchte) auch der Luftstrom selbst gewährleistet sein. Hinzu kommt, dass vielfach die Luftgeschwindigkeit in den Kanälen zur Vermeidung störender Geräusche bestimmte Grenzwerte nicht überschreiten darf. Auch macht die Unterbringung der Kanäle im Gebäude wegen ihrer größeren Querschnitte i. d. R. mehr Schwierigkeiten als die Verlegung von Heiz- oder Kühlrohren.

Strömungstechnisch besteht der Hauptunterschied zwischen Rohr- und Kanalnetzen in der größeren Bedeutung der Einzelwiderstände bei der Luftförderung. Ihr Anteil ist bei Kanalnetzen für den Gesamtdruckverlust bestimmend; die Reibungsverluste treten demgegenüber zurück. Der strömungsgerechten Gestaltung aller Einbauteile muss daher erhöhte Beachtung geschenkt werden, zumal die Förderkosten bei lufttechnischen Anlagen wirtschaftlich eine größere Rolle spielen als bei Heiz- und Kühlanlagen.

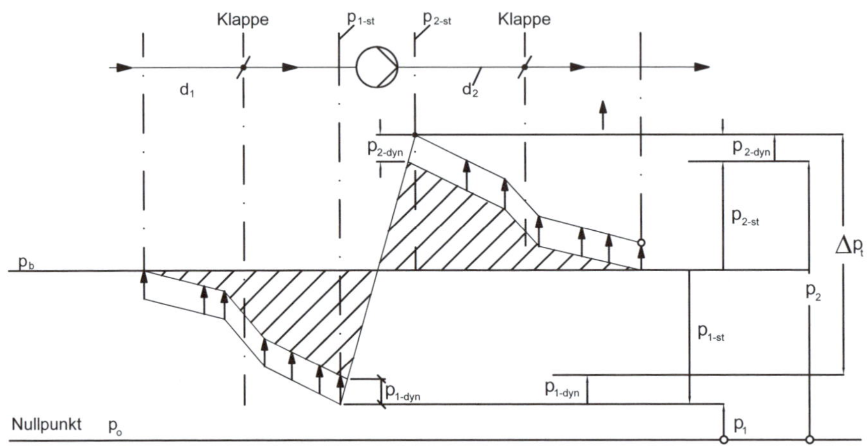

Abb. 3.42: Druckverlauf in einem Kanalnetz mit Ventilator

Der Energietransport bei Lüftungs- und Klimaanlagen für den Humanbereich sollte sich - außer bei einfachen Hallen und Werkstätten mittels Luftheizung - auf die Frischlufterneuerung beschränken. Die internen Heiz- und Kühllasten sollten mit dem Energieträger Wasser direkt abgeführt werden. Ausgenommen sind lufttechnische Prozesse in der Industrie, bei denen die Luft u. a. als Energieträger erforderlich ist (z. B. Kühlräume, Textil-, Tabakproduktion, Holztrocknung, Reinraumtechnik).

Mit der Gleichung $\dot{Q} = \dot{V} \cdot \rho \cdot c \cdot \Delta t$ ergibt sich:

Um Δt = 1 K zu transportieren, benötigt man bei 1 kW Energiestrom

a) bei Luft $\dot{V} = 0{,}833\,\mathrm{m^3/s}$

b) bei Wasser $\dot{V} = 0{,}24 \cdot 10^{-3}\,\mathrm{m^3/s}$

Nach den gewählten Luftgeschwindigkeiten im Hauptkanal unterscheidet man zwischen

- Niedergeschwindigkeitsanlagen und
- Hochgeschwindigkeitsanlagen.

Die obere Grenze liegt bei 6...8 m/s für die ersteren und etwa 25 m/s für die letzteren.

Bei Industrieanlagen werden höhere Geschwindigkeiten zugelassen. Im Netz selbst werden die Geschwindigkeiten stufenweise herabgesetzt, um an den Luftauslässen die kleinsten Werte zu erreichen (1,5...4 m/s). Hohe Geschwindigkeiten finden vorwiegend Anwendung bei großen Luftleistungen und ausgedehnten Netzen, vor allem bei Induktionsauslässen. Dabei wird der Vorteil kleinerer Abmessungen der Kanäle durch einen entsprechend höheren Druckverlust erkauft. Man bezeichnet daher häufig Anlagen mit Netzdruckverlusten von bis zu 3000 Pa als **Hochdruckanlagen** im Gegensatz zu **Niederdruckanlagen** mit geringeren Förderdrücken der Ventilatoren, zumeist unter 1000 Pa.

Wie bereits erwähnt: Die in lufttechnischen Anlagen auftretenden Druckunterschiede sind so klein, dass bei allen Berechnungen die Luft als inkompressibel angesehen werden kann.

Gemäß Abbildung 3.42 gilt der Bernoulli-Ansatz $\Delta p_t = p_{st} + p_{dyn}$

Der Gesamtdruck nimmt wegen der Strömungsverluste in Richtung des Stromes ab, der statische Druck kann bei Geschwindigkeitsverminderung zunehmen.

Für die Druckverluste bei Kanalnetzberechnungen gelten analog der Heiz- und Kühlwassertechnik die Gleichungen 1.9/1.12a. Für rechteckige Querschnitte gilt der hydraulische Durchmesser d_h. Den Widerstand von Luftauslässen sollte man wie erwähnt beim Hersteller erfragen.

Stromtrennung

Die Verluste in Abzweigleitungen (Trennverluste) sind insbesondere von Bedeutung. Sie hängen stark von den Geschwindigkeitsverhältnissen zwischen Haupt- und Abzweigstrom ab.

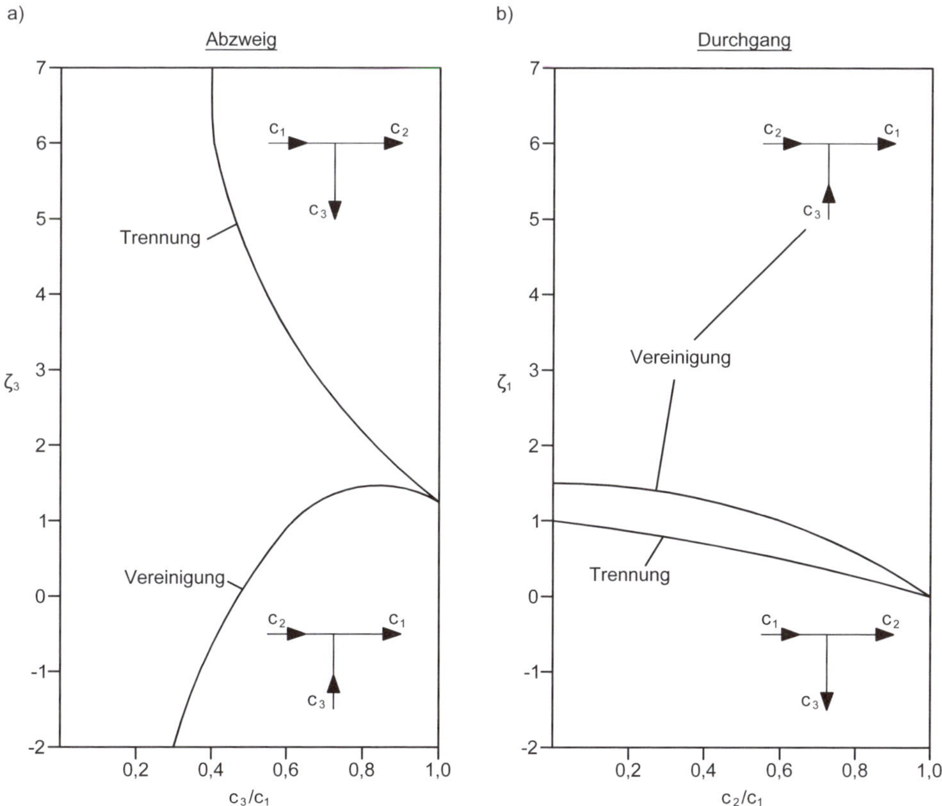

Abb. 3.43: Widerstandsbeiwerte ζ stumpfer Abzweige

a) ζ_3 Abzweigstrom bezogen auf c_3

b) ζ_1 Durchgangsstrom bezogen auf c_1

Es kommt zur Verminderung der Abzweigverluste, wenn die Trennstelle nicht scharfkantig, sondern gerundet ausgeführt wird.

Beispiel 3.31

Gegeben: Ein rechtwinkliger stumpfer Abzweig mit $c_1 = 6$ m/s und $c_3 = 4$ m/s, $\rho = 1{,}2$ kg/m³

Gesucht: Welcher Druckverlust Δp_v entsteht am Abzweig?

Lösung:

Aus Abbildung 3.43 entnimmt man $\zeta_3 = 2{,}75$

$$\Delta p_{v13} = \zeta_3 \cdot \frac{\rho}{2} \cdot c_3^2 = 2{,}75 \cdot 0{,}6\,\text{kg/m}^3 \cdot (4\,\text{m/s})^2 = 26{,}4\,\text{Pa}$$

oder mit $\dfrac{\zeta_1}{\zeta_3} = \dfrac{c_3}{c_1} \rightarrow \zeta_1 = 1{,}22$

$$\Delta p_{v13} = 1{,}22 \cdot 0{,}6 \cdot 6^2 = 26{,}4\,\text{Pa}$$

Am Abzweig entsteht ein Druckverlust von 26, 4 Pa.

Stromvereinigung (Abluftnetz)

Abbildung 3.43 zeigt die Widerstandswerte ζ bei Stromvereinigungen sowohl für den Zweigstrom als auch für den Hauptstrom.

Beispiel 3.32

Gegeben: Ein rechtwinkliger Abzweig für eine Stromvereinigung mit $c_1 = 8$ m/s, $c_2 = 6$ m/s, $c_3 = 4$ m/s.

Gesucht: Welcher Druckverlust ergibt sich?

Lösung:

$c_3/c_1 = 0{,}5$, $c_2/c_1 = 0{,}75 \rightarrow \zeta_3 = 0{,}4$ und $\zeta_1 = 0{,}6$

$$\Delta p_{v13} = \zeta_3 \cdot \frac{\rho}{2} \cdot c_3^2 = 0{,}4 \cdot 0{,}6\frac{\text{kg}}{\text{m}^3} \cdot (4\,\text{m/s})^2 = 4\,\text{Pa} \;;\; \Delta p_{v12} = 0{,}6 \cdot 0{,}6 \cdot 8^2 = 23\,\text{Pa}$$

Am Abzweig entsteht ein Druckverlust von 23 Pa.

Bezieht man die Widerstandsbeiwerte auf die Geschwindigkeit c_1 im Hauptkanal – ein strömungstechnisch naheliegendes, im Rechnungsgang aber wenig zweckmäßiges Verfahren – ergibt sich, dass für die Abzweige bei Stromvereinigung die Druckverluste umso niedriger werden je größer die Flächenverhältnisse A_3/A_1 gewählt werden. Dasselbe gilt für 90°-Abgänge bei Stromtrennung. Es ist jedoch zu beachten, dass die so erreichte Verminderung der Druckverluste im Abzweig eine Erhöhung der Druckverluste im Durchgang zur Folge hat.

Anmerkung: Verschiedene Publikationen zeigen oft infolge unterschiedlicher Versuchsbedingungen wesentliche Abweichungen voneinander.

Im Unterschied zum Rohrnetz der Heizungs- und Kälteanlagen handelt es sich in der Lufttechnik um keinen geschlossenen Kreislauf des Mediums. Hinter den Zuluftöffnungen eines Raumes herrscht Umgebungsdruck. Deshalb werden Zu- und Abluftnetze gesondert behandelt.

Bei dem hohen Anteil der Druckverluste durch Einzelwiderstände am Gesamtwiderstand – er beträgt im Allgemeinen mehr als die Hälfte – ist die genaue Erfassung der ζ -Werte aller Einbauteile und Formstücke wichtig. Bei ausgedehnten Netzen können die Drucküberschüsse an zentralen Abgängen und Auslässen wegen der Geschwindigkeitsbegrenzung nur selten durch Verringerung der Leitungsquerschnitte aufgebraucht werden. Es sind Drosselorgane einzubauen.

Dimensionierung

Die bei Heizungs- und Kühlnetzen üblichen Verfahren, das Druckgefälle R festzulegen und im kritischen Leitungszug einheitlich beizubehalten, ist bei der geringen Bedeutung der Reibungsverluste für Rohrnetze wenig sinnvoll. Man *wählt* vielmehr die Luftgeschwindigkeiten am Anfang und am Ende des Hauptstranges nach Erfahrungswerten, wobei die baulichen Verhältnisse und die akustischen Anforderungen Berücksichtigung finden.

Wahl der Geschwindigkeiten:

	Komfortanlagen	Industrieanlagen
Außenjalousien	2...3 m/s	4...6 m/s
Hauptkanäle	4...8 m/s	8...12 m/s
Abzweigkanäle	3...5 m/s	5...8 m/s
Abluft-Umluftgitter	1,5...2,0 m/s	3...4 m/s

Im Kanalnetz wird die Geschwindigkeit etwa gleichmäßig auf den Endwert abgesenkt. Die Umsetzung der dynamischen in statische Druckhöhe ist dabei optimal. Die Kanalnetzberechnung erfolgt mit dem Druckverlust der ungünstigsten Leitungswege.

Bei einem geraden **Zuluftkanal** von konstantem Querschnitt mit vielen gleich großen Öffnungen tritt die Luft nicht gleichmäßig aus allen Öffnungen aus, sondern die einzelnen Volumenströme werden zum Ende des Kanals hin größer. Der Grund ist, dass hinter einem Luftauslass im Hauptkanal die Geschwindigkeit sich verringert, wodurch nach Gl. 1.5 ohne z

$p_1 + \frac{\rho}{2} \cdot c_1^2 = p_2 + \frac{\rho}{2} \cdot c_2^2$ gilt und die statische Druckerhöhung oder der Druckrückgewinn

$(p_2 - p_1)_{th} = \frac{\rho}{2} \cdot (c_1^2 - c_2^2)$ wird.

Wenn dieser errechenbare Druckanstieg größer ist als der Strömungsverlust, erhöht sich der statische Druck am Kanalende und damit erhöhen sich die Abzweigvolumina.

Bei **Abluftkanälen** mit konstantem Querschnitt wird durch die seitlich zuströmenden Luftvolumina die Geschwindigkeit im Hauptkanal erhöht. Dadurch und aufgrund der Reibungsverluste sinkt der statische Druck im Kanal in Strömungsrichtung. Am Kanalende ist der Druck am geringsten.

Die Luftverteilung könnte man vergleichmäßigen, wenn der Querschnitt oder die Anzahl der Luftauslässe reduziert würde. Dies ist meist nicht realisierbar, weil sich dadurch der Schalldruckpegel erhöhen würde (höhere Strömungsgeschwindigkeit) und damit höhere Raumströmungsgeschwindigkeiten entstünden (Zuggefahr).

Die Druckumsetzung ist mit Verlusten verbunden, den sogenannten **Stoßverlusten** (siehe Abschnitte 1.1.2 und 1.2.2).

Statischer Druckrückgewinn: $\Delta p_2 = \rho \cdot c_1 \cdot (c_2 - c_1)$

Anzustreben ist: $\Delta p_v = \left(\lambda \cdot \frac{l}{d_h} + \zeta\right) \cdot \frac{\rho}{2} \cdot c_2^2 = p_2 - p_1$

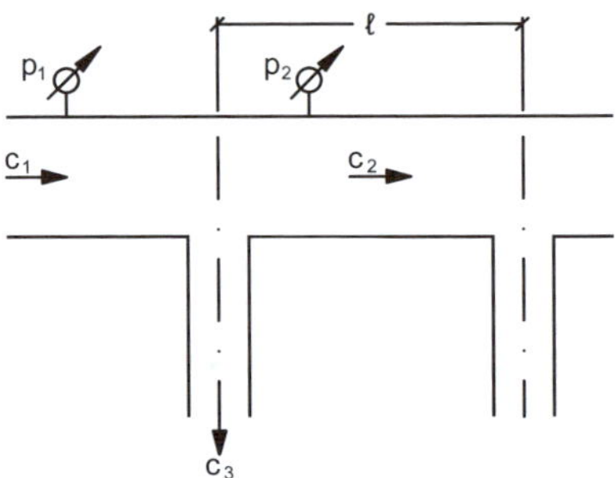

Abb. 3.44: Strömungsabzweige

Beispiel 3.33

Berechne für die Abzweige laut Abbildung 3.45 den Gesamtdruck, den statischen und den dynamischen Druck an den Stellen 1, 2, 3 bei $\dot{V}_1 = 400\,\text{m}^3/\text{h}$, $\dot{V}_3 = 150\,\text{m}^3/\text{h}$ und p_1 = 200 Pa (Reibung vernachlässigt).

zu a)

$$c_1 = \frac{\dot{V}_1}{d_1^2 \cdot \pi / 4} = \frac{400\,\text{m}^3/\text{h}}{3600 \cdot (0{,}15\,\text{m})^2 \cdot \pi / 4} = 6{,}29\,\text{m/s}$$

$$p_{1\text{-ges}} = p_{1\text{-st}} + \frac{\rho}{2} \cdot c_1^2 = 200\,\text{Pa} + 0{,}6\frac{\text{kg}}{\text{m}^3} \cdot (6{,}29\,\text{m/s})^2 = 223{,}7\,\text{Pa}$$

$$c_2 = \frac{\dot{V}_2}{d_1^2 \cdot \pi / 4} = \frac{400 - 150\,\text{m}^3/\text{h}}{3600 \cdot (0{,}15\,\text{m})^2 \cdot \pi / 4} = 3{,}93\,\text{m/s}$$

$$p_{1\text{-st}} - p_{2\text{-st}} = \frac{\rho}{2} \cdot (c_2^2 - c_1^2)$$

$$p_{2\text{-st}} = p_{1\text{-st}} - \frac{\rho}{2} \cdot (c_2^2 - c_1^2) = 200\,\text{Pa} - 0{,}6\,\text{kg/m}^3 (3{,}93^2 - 6{,}29^2)\,\text{m}^2/\text{s}^2$$

$$p_{2\text{-st}} = 200\,\text{Pa} + 14{,}5 = 214{,}5\,\text{Pa}$$

$$p_{2\text{-ges}} = p_{2\text{-st}} + \frac{\rho}{2} \cdot c_2^2 = 214{,}5\,\text{Pa} + 9{,}2 = 223{,}7\,\text{Pa}$$

$\zeta_{12} = 0$ (nach Laux)

$$\Delta p_{v\text{-}13} = \zeta_3 \cdot \frac{\rho}{2} \cdot c_3^2 = 2{,}4 \cdot 0{,}6\,\text{kg/m}^3 \cdot (5{,}31\,\text{m/s})^2 = 40{,}6\,\text{Pa}$$

$$c_3 = \frac{\dot{V}_3}{A_3} = \frac{150\,\text{m}^3/\text{h}}{3600 \cdot 0{,}1^2\,\text{m}^2 \cdot \pi / 4} = 5{,}31\,\text{m/s}$$

$$p_{1\text{-st}} - p_{3\text{-st}} = \frac{\rho}{2}\left(c_3^2 - c_1^2\right) + \Delta p_{v13} = 0{,}6\,\text{kg/m}^3 \cdot \left[\left(5{,}31\,\text{m/s}\right)^2 - \left(6{,}29\,\text{m/s}\right)^2\right] + 40{,}6\,\text{Pa}$$

$$p_{3\text{-st}} = 160{,}2\,\text{Pa}$$

$$p_{3\text{-ges}} = p_{3\text{-st}} + p_{3\text{-dyn}} = 166{,}2\,\text{Pa} + 0{,}6\,\text{kg/m}^3 \cdot (5{,}31\,\text{m/s})^2 = 183{,}1\,\text{Pa}$$

a)

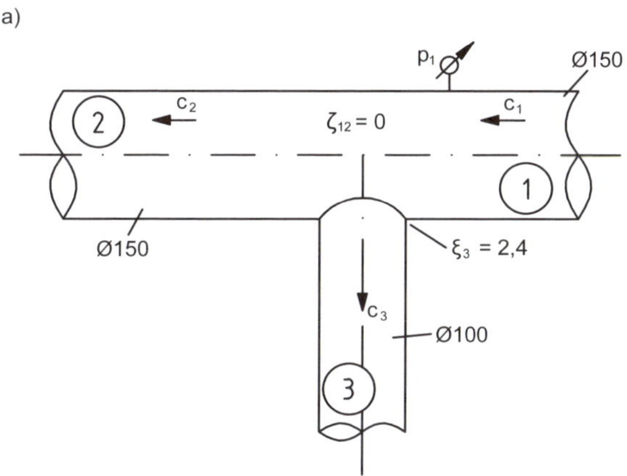

b)

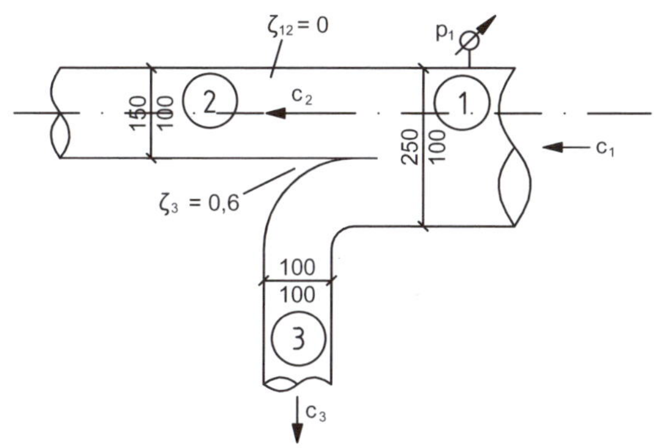

Abb. 3.45: Darstellung zu Beispiel 3.33

zu b)

$$p_{1\text{-ges}} = p_{1\text{-st}} + \frac{\rho}{2} \cdot c_1^2 = 200\,\text{Pa} + 0{,}6\,\frac{\text{kg}}{\text{m}^3} \cdot (4{,}44\,\text{m/s})^2 = 211{,}9\,\text{Pa}$$

$$p_{1\text{-st}} - p_{2\text{-st}} = \frac{\rho}{2} \cdot (c_2^2 - c_1^2) = 0{,}6 \cdot (4{,}63^2 - 4{,}44^2)$$

$$p_{2\text{-st}} = 200 - 1 = 199\text{Pa}$$

$$p_{2\text{-ges}} = p_{2\text{-st}} + \frac{\rho}{2} \cdot c_2^2 = 199\,\text{Pa} + 0{,}6\,\text{kg/m}^3 \cdot (4{,}63\,\text{m/s})^2 = 211{,}9\,\text{Pa}$$

$$\zeta_{12} = 0 \text{ (nach Laux)}$$

$$\Delta p_{v\text{-}13} = \zeta_3 \cdot \frac{\rho}{2} \cdot c_3^2 = 0{,}6 \cdot 0{,}6\,\text{kg/m}^3 \cdot (4{,}17\,\text{m/s})^2 = 6{,}62\,\text{Pa}$$

$$p_{1\text{-st}} - p_{3\text{-st}} = \frac{\rho}{2}\left(c_3^2 - c_1^2\right) + \Delta p_{v13} = 0{,}6\,\text{kg/m}^3 \cdot \left[\left(4{,}17\,\text{m/s}\right)^2 - \left(4{,}44\,\text{m/s}\right)^2\right] + 6{,}62\,\text{Pa}$$

$$p_{3\text{-st}} = 195{,}13\,\text{Pa}$$

$$p_{3\text{-ges}} = p_{3\text{-st}} + p_{3\text{-dyn}} = 195{,}13\,\text{Pa} + 0{,}6\,\text{kg/m}^3 \cdot (4{,}17\,\text{m/s})^2 = 205{,}6\,\text{Pa}$$

Man erkennt, dass der preiswertere Rundkanal mit stumpfem Abzweig gegenüber dem teureren Rechteckkanal zu bevorzugen ist.

Beispiel 3.34

Gegeben: Ein Diffusor gemäß Abbildung 3.46. Durch das Kanalstück strömen 600 m³/h Zuluft mit $p_{1\text{-ges}}$ = 200 Pa, c_1 = 9,44 m/s, c_2 = 4,39 m/s.

Gesucht: Der Verlauf des Gesamtdrucks, des statischen und dynamischen Drucks sowie die graphische Darstellung über die Kantenlänge.

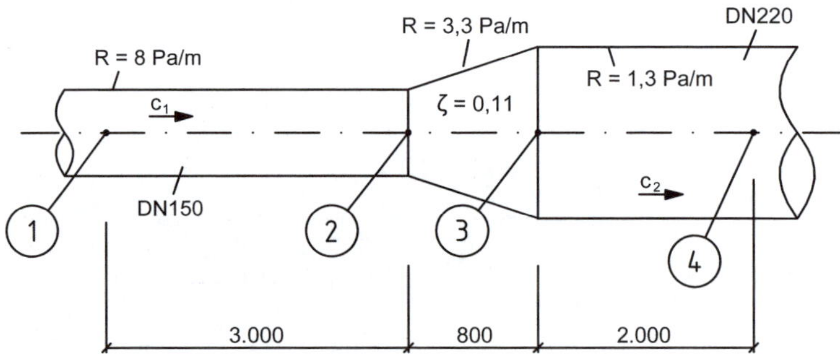

Abb. 3.46: Darstellung zu Beispiel 3.34

$$p_{1\text{-st}} = p_{1\text{-ges}} - \frac{\rho}{2} \cdot c_1^2 = 200\,\text{Pa} - 0{,}6\frac{\text{kg}}{\text{m}^3} \cdot (9{,}44\text{m/s})^2 = 146{,}53\text{Pa}$$

$$p_{1\text{-dyn}} = p_{2\text{-dyn}} = 53{,}47\,\text{Pa}$$

$$\Delta p_{v12} = R \cdot l = 8{,}0\text{Pa/m} \cdot 3{,}0\text{m} = 24\text{Pa}$$

$$p_{2\text{-st}} = p_{1\text{-st}} - \Delta p_{v12} = 146{,}53\text{Pa} - R \cdot l = 122{,}53\text{Pa}$$

$$p_{2\text{-ges}} = 176\,\text{Pa}$$

$$p_{3\text{-st}} = p_{2\text{-st}} + \frac{\rho}{2}\left(c_1^2 - c_2^2\right) + \Delta p_{v23}$$

$$p_{v23} = R \cdot l + \zeta \cdot \frac{\rho}{2} \cdot c_1^2 = 3{,}3 \cdot 0{,}8 + 0{,}11 \cdot 0{,}6 \cdot 9{,}44^2 = 8{,}22\,\mathrm{Pa}$$

$$= 122{,}53\,\mathrm{Pa} + 0{,}6\,\mathrm{kg/m^3} \cdot \left[\left(9{,}44\,\mathrm{m/s}\right)^2 - \left(4{,}39\,\mathrm{m/s}\right)^2\right] - 8{,}22\,\mathrm{Pa}$$

$$= 156\ \mathrm{Pa}$$

$$p_{3\text{-ges}} = p_{3\text{-st}} + \frac{\rho}{2} \cdot c_2^2 = 156\,\mathrm{Pa} + 0{,}6\,\mathrm{kg/m^3} \cdot (4{,}39\,\mathrm{m/s})^2 = 167{,}56\,\mathrm{Pa}$$

$$p_{4\text{-st}} = p_{3\text{-st}} - \Delta p_{v34} = 156\,\mathrm{Pa} - R \cdot l = 156\,\mathrm{Pa} - 1{,}3\,\mathrm{Pa/m} \cdot 2\,\mathrm{m} = 153{,}4\,\mathrm{Pa}$$

$$p_{4\text{-ges}} = p_{4\text{-st}} + \frac{\rho}{2} \cdot c_2^2 = 153{,}4\,\mathrm{Pa} + 0{,}6\,\mathrm{kg/m^3} \cdot (4{,}39\,\mathrm{m/s})^2 = 165\,\mathrm{Pa}$$

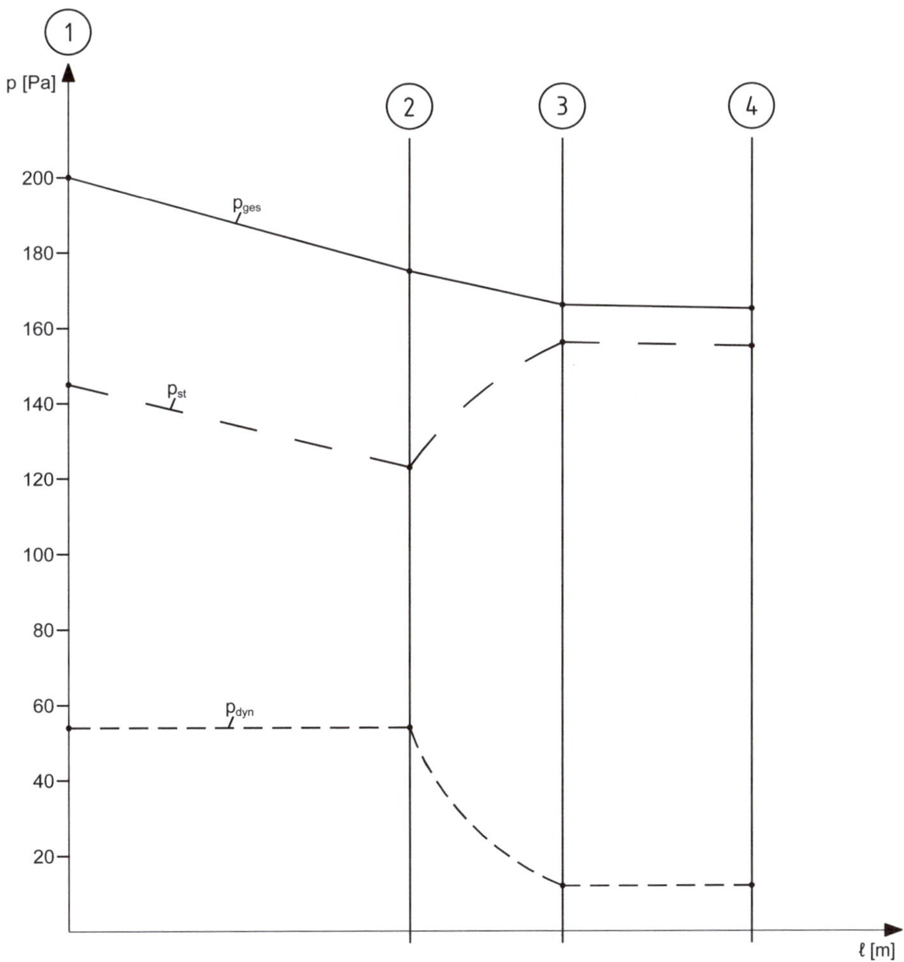

Abb. 3.47: Darstellung zu Beispiel 3.34

Beispiel 3.35

Gegeben: In einem Abzweig werden folgende statische Drücke gemessen:

p_1 = 108 Pa, p_2 = 99 Pa, p_3 = 80 Pa. Weitere Parameter: $\dot{V}_1$ = 1000 m³/h, $\dot{V}_2$ = 400 m³/h.

Gesucht: ζ_{12} und ζ_{13}, wenn c_1 = 7,72 m/s, c_2 = 4,63 m/s, c_3 = 5,56 m/s.

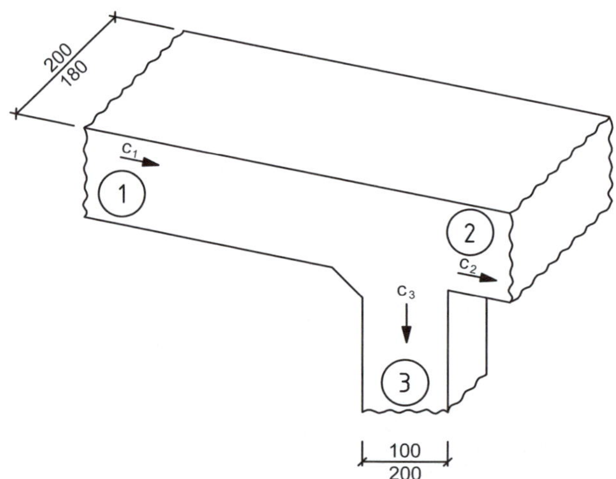

Abb. 3.48: Darstellung zu Beispiel 3.35

$$p_1 + \frac{\rho}{2} \cdot c_1^2 = p_2 + \frac{\rho}{2} \cdot c_2^2 + \Delta p_v$$

$$\zeta_{12} = \frac{(p_1 - p_2) + \frac{\rho}{2} \cdot (c_1^2 - c_2^2)}{\frac{\rho}{2} \cdot c_1} = 0,9$$

$$\zeta_{13} = 1,26$$

4 Kompressible Strömung

Die bisher behandelten Strömungsvorgänge betrafen inkompressible Fluide. In der technischen Strömungslehre für Gase (Luft) und Dämpfe gilt dies bei Drücken bis zu 30 kPa und Strömungsgeschwindigkeiten bis ca. 100 m/s.

Diese Einteilung trifft nicht mehr zu, wenn die v. g. Werte überschritten werden. Die Dichte ist in diesem Fall nicht mehr konstant und die Kompressibilität steigt infolgedessen.

Um die Bernoulli-Gleichung allgemein auch für die kompressible Strömung anzuwenden, werden nachstehend einige Grundlagen aufgezeigt.

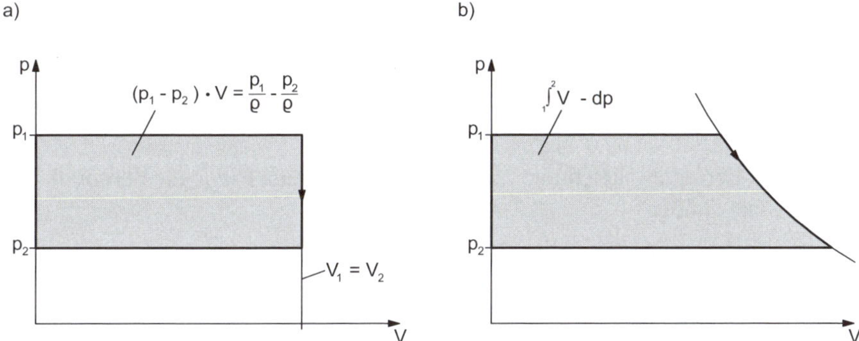

Abb. 4.1: Druckenergie bei a) inkompressiblem, b) kompressiblem Fluid im p,v-Diagramm

Es handelt sich um Grundgleichungen der **stationären Strömung** längs der Stromröhre.

Kontinuitätsgleichung (Gl. 1.1)

Nach dem **Massenerhaltungssatz** bleibt für eine stationäre Strömung der durch eine Stromröhre fließende Massenstrom $\dot{m} = A \cdot c \cdot \rho$ konstant.

Energiegleichung (Gl. 1.5)

Sie gilt auch für kompressible Fluide:

$$dp + \rho \cdot c \cdot dc + \rho \cdot g \cdot z = 0$$

Die Energie der Lage $(\rho \cdot g \cdot z)$ kann praktisch immer gegen die anderen Energieterme vernachlässigt werden ($z = 0$). Daraus ergibt sich die allgemeine Energiegleichung für kompressible Fluide:

$$\int_1^2 v \cdot dp = -\int_1^2 c \cdot dc = \frac{c_1^2}{2} - \frac{c_2^2}{2} \qquad (4.1)$$

Die Thermodynamik kennt verschiedene Zustandsänderungen idealer Gase – von der isochoren (v = konst.) über die isobare (p = konst.) bis hin zur isothermen (T = konst.), isentropen ($dq = 0$) und polytropischen Zustandsänderung.

Für die nachfolgenden Berechnungen wird die **isentropische Zustandsänderung** gewählt. Bei dieser wird keine Wärme mit der Umgebung ausgetauscht (adiabat dq = 0).

Für das ideale Gas gilt die **Isentropengleichung**:

$$p_1 \cdot v_1^\kappa = p_2 \cdot v_2^\kappa = p \cdot v^\kappa = \text{konst.} \tag{4.2}$$

Die dimensionslose Zahl κ ist der **Isentropen-Koeffizient** für ideale Gase (Luft oder Wasserdampf werden in der Praxis als ideal angenommen).

Mit Gleichung 4.2 wird

$$v_2 = v_1 \cdot \left(\frac{p_2}{p_1}\right)^{\frac{1}{\kappa}}$$

und

$$\int_1^2 v \cdot dp = -\frac{\kappa}{\kappa - 1} \cdot v_1 \cdot p_1 \cdot \left[1 - \left(\frac{p_2}{p_1}\right)^{\frac{\kappa-1}{\kappa}}\right] = \frac{c_1^2}{2} - \frac{c_2^2}{2} \tag{4.3}$$

Damit wird aus der Bernoulli-Gleichung 1.5a der inkompressiblen Fluide die Bernoulli-Gleichung 4.3 für kompressible Fluide.

Die **thermische Zustandsgleichung** für ideale Gase stellt eine Beziehung zwischen Druck p, Volumen V und Temperatur T her:

Für p = konst. gilt: $\frac{v_1}{v_2} = \frac{T_1}{T_2}$ Gay-Lussac'sches Gesetz

(Isobare) v = spez. Volumen = $\frac{1}{\rho}$ in m³/kg

T = Temperatur in K

Für T = konst. gilt: $\frac{p_1}{p_2} = \frac{v_2}{v_1}$ Boyle-Mariott'sches Gesetz

(Isotherme)

und

$$\frac{p_1 \cdot v_1}{T_1} = \frac{p_2 \cdot v_2}{T_2} = R \text{ in J/kg} \cdot \text{K} \tag{4.4}$$

Dies ist die thermische Zustandsgleichung mit der Gaskonstante R aus Tabellen. Die Abweichungen der Gleichung 4.4 für die „wirklichen Gase" im Gegensatz zu den idealen Gasen sind für den praktischen Gebrauch vernachlässigbar. Es ergibt sich:

$$\frac{T_2}{T_1} = \left(\frac{p_2}{p_1}\right)^{\frac{\kappa-1}{\kappa}} \tag{4.5}$$

Schallgeschwindigkeit

Luftdruckwellen werden als Schallwellen bezeichnet und breiten sich mit Schallgeschwindigkeit aus. Für ideale Gase gilt mit sehr genauer Näherung (auch für Luft) die Annahme einer isentropen Zustandsänderung:

$$a = \sqrt{\frac{\kappa \cdot p}{\rho}} = \sqrt{\kappa \cdot R \cdot T} \quad \text{in m/s Schallgeschwindigkeit}$$

Beispiel: Luft von 20 °C mit p_b = 1 bar = 10^5 Pa und ρ = 1,2 kg/m^3

κ =1,4 Isentropen-Koeffizient aus Tabellen

$$a = \sqrt{\frac{1{,}4 \cdot 10^5\,\text{Pa}}{1{,}2\,\text{kg/m}^3}} = 342\,\text{m/s}$$

Anmerkung: Man definiert das Verhältnis der Strömungsgeschwindigkeit zu Schallgeschwindigkeit als **Mach-Zahl** $M = \frac{c}{a}$

- Unterschallströmung $M < 1$
- transsonischer Bereich $M = 1$ (Schallmauer)
- Überschallströmung $M > 1$

4.1 Düsen- und Diffusorströmung

(siehe auch Abschnitt 1.2.2)

Wie bereits im o. g. Abschnitt behandelt, wird in einer Düse durch Beschleunigung der Strömung eine hohe Geschwindigkeit erzeugt. Dabei wird eine Druckenergie $\frac{\Delta p}{\rho}$ in dynamische Energie $\frac{c^2}{2}$ (Gleichung 1.5) umgesetzt.

Bei der Düsenströmung treten Reibungsverluste auf, die mit dem Druckverlustbeiwert ζ beschrieben werden können.

In Diffusoren kehrt sich das v. g. um: $\frac{c_1^2}{2}$ wird in $\frac{\Delta p}{\rho}$ umgesetzt.

In der Düse handelt es sich um eine **Expansionsströmung**, im Diffusor um eine **Kompressionsströmung**.

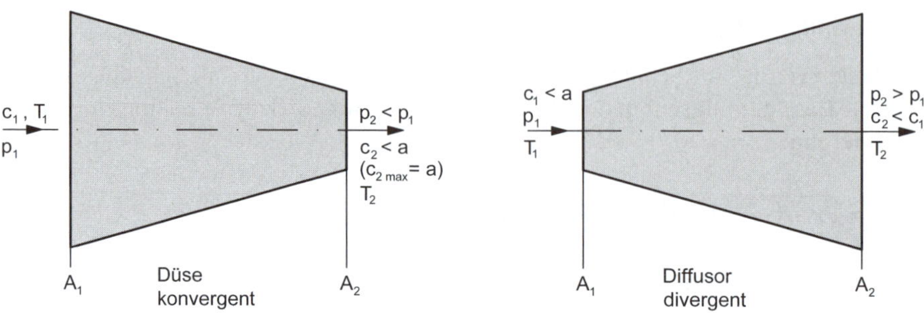

Abb. 4.2: Düse und Diffusor für Unterschallströmung

Bei reibungsfreier Strömung verläuft bei idealen Gasen der Zustand isentrop mit Gleichung 4.3:

$$\frac{c_2^2}{2}-\frac{c_1^2}{2}=\frac{\kappa}{\kappa-1}\cdot \underbrace{v_1\cdot p_1}_{\text{oder}\,R\cdot T_1}\cdot\left[1-\left(\frac{p_2}{p_1}\right)^{\frac{\kappa-1}{\kappa}}\right] \quad \text{in J/kg oder } \frac{\mathrm{m}^2}{\mathrm{s}^2}$$

als **Expansionsströmung** $c_2 > c_1$, $p_1 > p_2$ oder **Düsenströmung**.

Bei der Kompressionsströmung $c_1 > c_2$, $p_2 > p_1$ gilt ebenfalls die Gleichung 4.3, jedoch in der Schreibweise für die **Diffusorströmung**:

$$\frac{c_1^2}{2}-\frac{c_2^2}{2}=\frac{\kappa}{\kappa-1}\cdot \underbrace{v_1\cdot p_1}_{\text{oder}\,R\cdot T_1}\cdot\left[\left(\frac{p_2}{p_1}\right)^{\frac{\kappa-1}{\kappa}}-1\right] \quad \text{in J/kg}$$

Die Gleichung 4.3 ist eine spez. Arbeit in J/kg und mit dem Massenstrom $\dot{m}$ ergibt sich die Leistung. Diese tritt bei Turbinen (Kraftmaschinen) als Expansionsströmung und bei Ventilatoren/Verdichtern (Arbeitsmaschinen) als Kommpressionsströmung auf (siehe Gleichung 2.10).

In einer konvergenten Düse lässt sich keine höhere Geschwindigkeit erreichen als die Schallgeschwindigkeit. Sie tritt bei reibungsfreier (isentropen) Expansion im Querschnitt A_2 (Abbildung 4.2) auf.

Will man **Überschallgeschwindigkeit** erreichen ($c > a$), so muss sich der Querschnitt der Düse wieder erweitern ($dA > 0$). Eine Düse mit zuerst abnehmendem (konvergenten) und danach wieder zunehmendem (divergenten) Querschnitt nennt man **Lavaldüse**.

Gemäß Abbildung 4.3 kann man eine Unterschallströmung auf Überschallströmung beschleunigen.

Die Schallgeschwindigkeit der konvergenten Düse wird bei einem bestimmten Druckverhältnis erreicht. Man nennt dies das **kritische Druckverhältnis**:

$$\frac{p_{\text{krit}}}{p_1}=\left(\frac{2}{\kappa+1}\right)^{\frac{\kappa}{\kappa-1}}$$

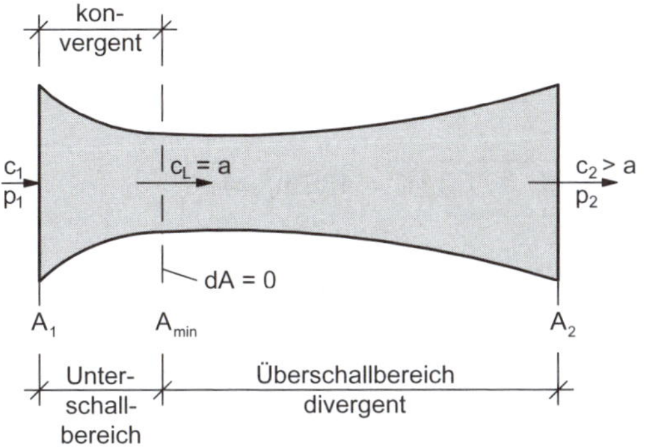

Abb. 4.3: Lavaldüse

	κ	$\left(\frac{p_2}{p_1}\right)_{krit}$	bei 0 °C und 1 bar
Luft	1,40	0,528	κ ist nicht konstant, der Wert ändert sich mit dem Druck und der Temperatur
Heißdampf	1,30	0,546	
Sattdampf	1,13	0,577	
CO_2	1,30	0,546	
Kältemittel R134a	1,08	0,589	

Bei reibungsbehafteten, also nicht isentropen Düsen- und Diffusorströmungen tritt das Maximum $c \cdot \rho$, die Massenstromdichte, im engsten Querschnitt auf, fällt aber nicht mit der Schallgeschwindigkeit a zusammen. In einer Lavaldüse erreicht das Fluid unter Einfluss der Reibung im engsten Querschnitt eine Geschwindigkeit $c < a$. Die Schallgeschwindigkeit a tritt erst dahinter im erweiterten Teil auf. Man nennt diese Zustandsänderung mit Reibung **polytropisch**. Anstelle vom Isentropen-Exponent κ kommt der **Polytropen-Exponent** n in die Gleichungen 4.2, 4.3, 4.5.

Beispiel 4.1

Gegeben: Luftströmung durch eine Laval-Düse mit p_1 = 10 bar, t_1 = 300 °C, p_2 = 1 bar

Gesucht: bei isentroper Expansion A_{min}, A_2, c_2 bei einem Massenstrom $\dot{m}$ = 1 kg/s mit κ = 1,4 und c_1 = 0, Gaskonstante für Luft R = 287 J/kgK (aus Tabellen)

Gemäß Abbildung 4.3:

$$T_1 = t_1 + 273 = 573\,\text{K}$$

$$v_1 = \frac{R \cdot T_1}{p_1} = \frac{287\frac{\text{J} \cdot \text{kg}}{\text{K}} \cdot 573\,\text{K}}{10 \cdot 10^5\,\text{Pa}} = 0{,}1645\,\text{m}^3/\text{kg}$$

$$p_{krit} = p_1 \cdot \left(\frac{2}{\kappa+1}\right)^{\frac{\kappa}{\kappa-1}} = 10\,\text{bar} \cdot \left(\frac{2}{2{,}4}\right)^{3{,}5} = 5{,}28\,\text{bar}$$

$$T_L = T_1 \cdot \left(\frac{p_{krit}}{p_1}\right)^{\frac{\kappa-1}{\kappa}} = 573\,\text{K} \cdot \left(\frac{5{,}28\,\text{bar}}{10\,\text{bar}}\right)^{0{,}286} = 477{,}34\,\text{K}$$

$$a = \sqrt{\kappa \cdot R \cdot T_L} = \sqrt{1{,}4 \cdot 287\,\text{J} \cdot \text{kg/K} \cdot 477{,}34\,\text{K}} = 438\,\text{m/s} = c_L$$

$$v_L = \frac{v_1}{\left(p_{krit}/p_1\right)^{1/\kappa}} = \frac{0{,}1645\,\text{m}^3/\text{kg}}{\left(5{,}28\,\text{bar}/10\,\text{bar}\right)^{0{,}71}} = 0{,}259\,\frac{\text{m}^3}{\text{kg}}$$

$$A_{min} = \frac{\dot{m} \cdot v_{krit}}{a} = \frac{1\,\text{kg/s} \cdot 0{,}259\,\text{m}^3/\text{kg}}{438\,\text{m/s}} = 0{,}59 \cdot 10^{-3}\,\text{m}^2; \quad d_{min} = 27{,}5\,\text{mm}\varnothing$$

$$c_2 = \sqrt{2 \cdot \frac{1{,}4}{0{,}4} \cdot 0{,}1645\,\text{m}^3/\text{kg} \cdot 10 \cdot 10^5\,\text{Pa}\left[1 - \left(\frac{1\,\text{bar}}{10\,\text{bar}}\right)^{0{,}286}\right]} = 745\,\text{m/s}$$

$$v_2 = v_1 \cdot \left(\frac{p_1}{p_2}\right)^{0{,}71} = 0{,}1645\,\text{m}^3/\text{kg} \cdot \left(\frac{10\,\text{bar}}{1\,\text{bar}}\right)^{0{,}71} = 0{,}84\,\frac{\text{m}^3}{\text{kg}}$$

$$A_2 = \frac{\dot{m} \cdot v_2}{c_2} = \frac{1\,\text{kg/s} \cdot 0{,}84\,\text{m}^3/\text{kg}}{745\,\text{m/s}} = 1{,}128 \cdot 10^{-3}\,\text{m}^2 \mathrel{\hat{=}} d_2 = 38\,\text{mm}\varnothing$$

Beispiel 4.2

In einem Überschalldiffusor, in dem ein mit Überschallgeschwindigkeit zuströmendes Fluid abgebremst werden und der Druck ansteigen soll, muss der Querschnitt zunächst verengt werden, bis die Geschwindigkeit auf Schallgeschwindigkeit verringert hat. Anschließend wird der Diffusor erweitert.

Gegeben: $\dot{m}$ = 0,5 kg/s, p_1 = 1 bar, T_1 = 293 K, c_1 = 700 m/s, R = 287 J/kgK, $c^2 = 0$

Gesucht:

a) der Enddruck p_2

$$\frac{c_2^2}{2} - \frac{c_1^2}{2} = \frac{\kappa}{\kappa - 1} \cdot R \cdot T_1 \left[1 - \left(\frac{p_2}{p_1}\right)^{\frac{\kappa-1}{\kappa}}\right]$$

$$0 = 700\,\text{m/s} + \frac{2 \cdot 1{,}4}{0{,}4} \cdot 287\,\frac{\text{J}}{\text{kg} \cdot \text{K}} \cdot 293\,\text{K} \cdot \left[1 - \left(\frac{p_2}{1}\right)^{0{,}286}\right]$$

p_2 = 8,33 bar

b) Endtemperatur T_2

$$T_2 = T_1 \cdot \left(\frac{p_2}{p_1}\right)^{\frac{\kappa-1}{\kappa}} = 293\,\text{K} \cdot \left(\frac{8{,}33\,\text{bar}}{1\,\text{bar}}\right)^{0{,}286} = 536{,}7\,\text{K} \mathrel{\hat{=}} 263{,}7\,^\circ\text{C}$$

c) Druck im engsten Querschnitt p_{min}

$$p_L = p_2 \cdot \left(\frac{2}{\kappa+1}\right)^{\frac{\kappa}{\kappa-1}} = 8{,}33\,\text{bar} \cdot \left(\frac{2}{2{,}4}\right)^{3{,}5} = 4{,}4\,\text{bar}$$

d) Temperatur im engsten Querschnitt T_{min}

$$T_L = T_1 \cdot \left(\frac{p_{min}}{p_1}\right)^{\frac{\kappa-1}{\kappa}} = 293\,\text{K} \cdot \left(\frac{4{,}4\,\text{bar}}{1{,}0\,\text{bar}}\right)^{0{,}286} = 447{,}6\,\text{K} \mathrel{\hat{=}} 174{,}6\,^\circ\text{C}$$

e) Geschwindigkeit im engsten Querschnitt

$$c_L = \sqrt{\kappa \cdot R \cdot T_L} = \sqrt{1{,}4 \cdot 287\,\text{J} \cdot \text{kg/K} \cdot 447{,}6\,\text{K}} = 424{,}1\,\text{m/s} = a$$

f) engster Diffusorquerschnitt A_{min}

$$A_{min} = \frac{\dot{m} \cdot v_L}{a} = \frac{0{,}5\,\text{kg/s} \cdot 0{,}292\,\text{m}^3/\text{kg}}{424{,}1\,\text{m/s}} = 3{,}44 \cdot 10^{-4}\,\text{m}^2 \mathrel{\hat{=}} d = 21\,\text{mm}\varnothing$$

$$v_L = \frac{R \cdot T_L}{p_L} = \frac{287\,\text{J/kg} \cdot \text{K} \cdot 447{,}6\,\text{K}}{4{,}4 \cdot 10^5\,\text{Pa}} = 0{,}292\,\text{m}^3/\text{kg}$$

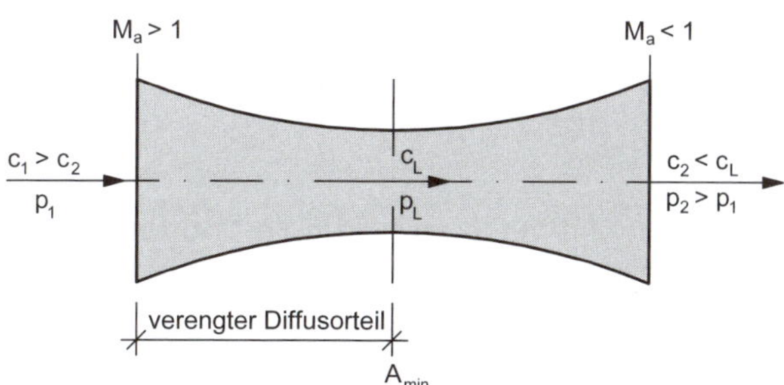

Abb. 4.4: Überschalldiffusor

Beispiel 4.3

Gegeben: Ein Unterschalldiffusor gem. Abbildung 4.2 mit den Werten $\dot{m}$ = 0,1 kg/s, c_1 = 200 m/s, c_2 = 50 m/s, T_1 = 300 K, p_1 = 1 bar

Gesucht: a) der Verdichtungsdruck, b) die Endtemperatur, c) die Ein- und Austrittsdurchmesser für Luft

Lösung:

a) Verdichtungsdruck p_2 (isentropisch)

$$\frac{c_1^2}{2}-\frac{c_2^2}{2}=\frac{\kappa}{\kappa-1}\cdot R\cdot T_1\left[\left(\frac{p_2}{p_1}\right)^{\frac{\kappa-1}{\kappa}}-1\right]$$

$$\frac{(200\,\mathrm{m/s})^2}{2}-\frac{(50\,\mathrm{m/s})^2}{2}=\frac{1{,}4}{0{,}4}\cdot 287\frac{\mathrm{J}}{\mathrm{kg\cdot K}}\cdot 300\,\mathrm{K}\left[\left(\frac{p_2}{1}\right)^{0{,}286}-1\right]$$

p_2 = 1,24 bar

b) Endtemperatur T_2

$$T_2=T_1\cdot\left(\frac{p_2}{p_1}\right)^{\frac{\kappa-1}{\kappa}}=300\,\mathrm{K}\cdot\left(\frac{1{,}24\,\mathrm{bar}}{1{,}0\,\mathrm{bar}}\right)^{0{,}286}=319\ \mathrm{K}$$

c) Eintrittsdurchmesser d_1, Austrittsdurchmesser d_2

$$A_1=\frac{\dot m\cdot v_1}{c_1}=\frac{0{,}1\,\mathrm{kg/s}\cdot 0{,}86\,\mathrm{m^3/kg}}{200\,\mathrm{m/s}}=430{,}5\,\mathrm{mm}^2;\quad d_1=23{,}4\,\mathrm{mm}\varnothing$$

$$v_1=\frac{R\cdot T_1}{p_1}=\frac{287\frac{\mathrm{J\cdot kg}}{\mathrm{K}}\cdot 300\,\mathrm{K}}{1\cdot 10^5\,\mathrm{Pa}}=0{,}86\,\mathrm{m^3/kg}$$

$$A_2=\frac{\dot m\cdot v_2}{c_2}=\frac{0{,}1\cdot 0{,}8}{50}=0{,}0016\,\mathrm{m}^2;\quad d_2=46{,}2\,\mathrm{mm}\varnothing$$

$$v_2=\frac{287\frac{\mathrm{J\cdot kg}}{\mathrm{K}}\cdot 319\ \mathrm{K}}{1{,}24\cdot 10^5\,\mathrm{Pa}}=0{,}74\,\mathrm{m^3/kg}$$

Die Austrittsgeschwindigkeiten mit Verlusten bei Düsen bzw. Diffusoren sind geringer als mit den Isentropengleichungen gerechnet.

Diffusorwirkungsgrade η_{Di} = ca. 0,85

Düsenwirkungsgrade $\eta_{\mathrm{Dü}}$ = ca. 0,9

Beispiel 4.4

Gegeben: Ein Kompressor liefert $\dot m = 0{,}12\,\mathrm{kg/s}$ Druckluft in einem Druckluftbehälter mit p_1 = 10 bar(ü), t_1 = 150 °C, t_0 = 20 °C, $p_2 = p_b$ = 1 bar, ρ_b = 1,2 kg/m³

An dem Behälter wird eine Laval-Düse installiert, um einen Luftstrahl mit maximaler Geschwindigkeit zu erzeugen.

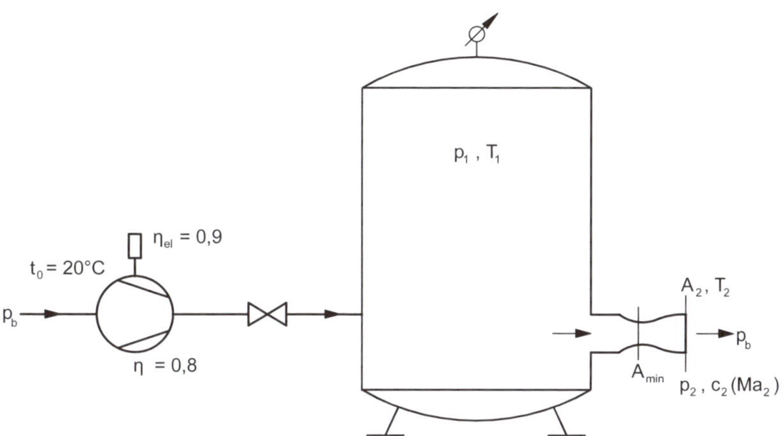

Abb. 4.5: Darstellung zu Beispiel 4.4

Gesucht:

a) elektrische Antriebsleistung des Verdichters

Gemäß Gleichung 4.3 als Kompressionsströmung ist die spez. Verdichterarbeit w_t

$$w_t = \int_1^2 v \cdot dp = \frac{\kappa}{\kappa - 1} \cdot p_b \cdot \frac{1}{\rho_b}\left[\left(\frac{p_2}{p_1}\right)^{\frac{\kappa-1}{\kappa}} - 1\right]$$

$$= \frac{1{,}4}{0{,}4} \cdot 1 \cdot 10^5 \,\text{Pa} \cdot 0{,}833\,\text{m}^3/\text{kg} \cdot \left[\left(\frac{11}{1}\right)^{0{,}286} - 1\right] = 287{,}28 \cdot 10^3 \text{ J/kg}$$

$$P_{el} = \frac{\dot{m} \cdot w_t}{\eta_v \cdot \eta_{el}} = \frac{0{,}12\,\text{kg/s} \cdot 287280\,\text{J/kg}}{0{,}8 \cdot 0{,}9} = 47880\,\text{J/s} = 47{,}88\,\text{kW}$$

b) $T_1' = 293\,\text{K} \cdot \left(\frac{11}{1}\right)^{0{,}286} = 581{,}7\,\text{K} \mathrel{\hat{=}} 308{,}7\,°\text{C}$

Diese Temperatur ist in der Praxis viel zu hoch. Man kühlt deshalb während der Verdichtung das Fluid mit Nachkühlung, sodass die Verdichtungsendtemperatur bei t_1 = 150 °C ($\hat{=}$ 423 K) liegt.

$$T_2 = T_1 \cdot \left(\frac{p_2}{p_1}\right)^{0{,}286} = 423\,\text{K} \cdot \left(\frac{1\,\text{bar}}{11\,\text{bar}}\right)^{0{,}286} = 213\,\text{K} \mathrel{\hat{=}} -60\,°\text{C}$$

c) Schallgeschwindigkeit bezogen auf A_2

$$a_2 = \sqrt{\kappa \cdot R \cdot T_2} = \sqrt{1{,}4 \cdot 287\,\text{J/kgK} \cdot 213} = 292{,}55\,\text{m/s}$$

d) Überschallgeschwindigkeit c_2

$$c_2 = \sqrt{2 \cdot \frac{\kappa}{\kappa - 1} \cdot v_1 \cdot p_1 \cdot \left[1 - \left(\frac{p_2}{p_1}\right)^{\frac{\kappa-1}{\kappa}}\right]}$$

$$= \sqrt{2 \cdot \frac{1,4}{0,4} \cdot 11 \cdot 10^5\,\text{Pa} \cdot 0,11 \frac{\text{m}^3}{\text{kg}} \cdot \left[1 - \left(\frac{1\text{bar}}{11\text{bar}}\right)^{0,286}\right]} = 648,36\,\text{m/s}$$

$$v_1 = \frac{287\,\text{J/kgK} \cdot 423\text{K}}{11 \cdot 10^5\text{Pa}} = 0,11\text{m}^3/\text{kg}$$

$$Ma_2 = \frac{648,36\,\text{m/s}}{292,55\,\text{m/s}} = 2,22$$

e) Schallgeschwindigkeit $c_L = a$

$$c_L = a = \sqrt{2 \cdot \frac{1,4}{0,4} \cdot 11 \cdot 10^5\,\text{Pa} \cdot 0,11 \frac{\text{m}^3}{\text{kg}} \cdot \left[1 - (0,528)^{0,286}\right]} = 376\,\text{m/s}$$

$$v_1 = \frac{R \cdot T_1}{p_1} = \frac{287 \cdot 423}{11 \cdot 10^5} = 0,11\text{m}^3/\text{kg}$$

f) engster Querschnitt A_{min}

$$A_{min} = \frac{\dot{m} \cdot v_L}{c_L} = \frac{0,12\text{kg/s} \cdot 0,1736\text{m}^3/\text{kg}}{376\text{m/s}} = 55,4 \cdot 10^{-6}\,\text{m}^2\ ;\ d_{min} = 8,4\,\text{mm}^2$$

$$v_L = \frac{0,11\text{m}^3/\text{kg}}{(5,808/11)^{0,7142}} = 0,1736\text{m}^3/\text{kg}$$

g) Austrittsquerschnitt A_2

$$A_2 = \frac{\dot{m} \cdot v_2}{c_2} = \frac{0,12\text{kg/s} \cdot 0,61\text{m}^3/\text{kg}}{648,36\text{m/s}} = 112,87 \cdot 10^{-6}\,\text{m}^2\ ;\ d_2 = 12\,\text{mm}\varnothing$$

$$v_2 = \frac{0,1736}{(1/5,808)^{0,7142}} = 0,61\text{m}^3/\text{kg}$$

4.2 Kompressible Rohrströmung

für **stationäre Strömung** in Rohren mit Kreisquerschnitt

Bei der Fortleitung von kompressiblen Fluiden mit konstantem Querschnitt liegt im Unterschall eine **Expansionsströmung** vor, da der Druck infolge der Druckverluste in Strömungsrichtung abnimmt.

Die Massenstromdichte bleibt nach der Kontinuitätsgleichung (Gleichung 1.1) konstant. Ändert sich der Gasdruck, so ändern sich gemäß Gleichung 4.4 $p = \rho \cdot R \cdot T$ auch die Dichte und die Temperatur. Da die Geschwindigkeit nach $\dot{m} = A \cdot c \cdot \rho = \text{konst.}$ bei gleichem Durchmesser ansteigt, ergeben sich gegenüber der inkompressiblen Strömung verstärkte Druckverluste.

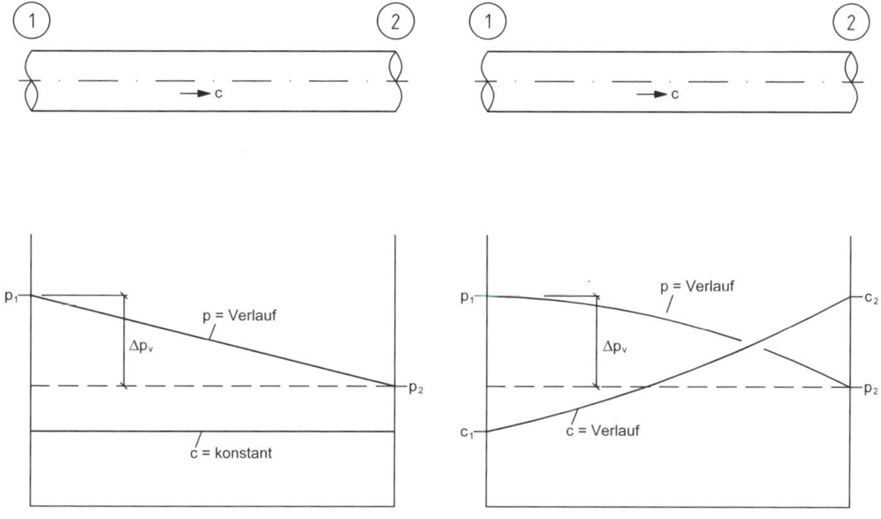

Abb. 4.6: Vergleich zwischen inkompressibler und kompressibler Rohrströmung (Unterschall)

In der Praxis gibt es zwei typische Rohrleitungsarten:

a) die **nichtisolierte** Rohrleitung, durch die über die Rohrwand ein Wärmeaustausch stattfindet. Die Temperatur des Strömungsmediums T_i gleicht sich allmählich an die Außentemperatur T_a an. Die Strömung wird mit guter Näherung als **isotherm** bezeichnet (z. B. Druckluftleitungen, Ferngasleitungen).

b) die **isolierte** Rohrleitung, durch die über die Rohrwand kein Wärmeaustausch stattfindet. Wärmeisolierte Rohrleitungen dienen der Fortleitung heißer oder kalter Gase und Dampf. Die Strömung wird auch mit guter Näherung als **adiabat** bezeichnet (z. B. Kältemittelgase, Dampfleitungen).

Nach Gleichung 1.9 beträgt der Druckverlust eines Rohrelementes von der Länge dl infolge Reibung:

$$dp = -\lambda \cdot \frac{dl}{d} \cdot \frac{\rho}{2} \cdot c^2$$

Das (-) steht für abnehmenden Druck mit zunehmendem l.

Nach Gleichung 4.4 ist $\rho = \frac{p}{R \cdot T}$ bzw. $\rho_1 = \frac{p_1}{R \cdot T_1}$

mit $R = \frac{p}{\rho \cdot T} = \frac{p_1}{\rho_1 \cdot T_1}$ und $\rho = \rho_1 \cdot \frac{T_1}{T} \cdot \frac{p}{p_1}$

Mit Gleichung 1.1 bei A = konst. ist $c \cdot \rho = c_1 \cdot \rho_1$ und

$$c = c_1 \cdot \frac{\rho_1}{\rho} = c_1 \cdot \rho_1 \cdot \frac{T \cdot p_1}{\rho_1 \cdot T_1 \cdot p} = c_1 \cdot \frac{T \cdot p_1}{T_1 \cdot p}$$

Durch Einsetzen von c und ρ in die Druckverlustgleichung $\mathrm{d}p = -\lambda \cdot \frac{\mathrm{d}l}{d} \cdot \frac{\rho}{2} \cdot c^2$ erhält man:

$$\mathrm{d}p = -\lambda \cdot \frac{1}{d} \cdot \frac{\rho_1}{2} \cdot \frac{T_1 \cdot p}{T \cdot p_1} \cdot \frac{c_1^2 \cdot T^2 \cdot p_1^2}{T_1^2 \cdot p^2}$$

$$= -\lambda \cdot \frac{\rho_1 \cdot c_1^2 \cdot p_1 \cdot T}{2 \cdot d \cdot T_1 \cdot p} \cdot \mathrm{d}l$$

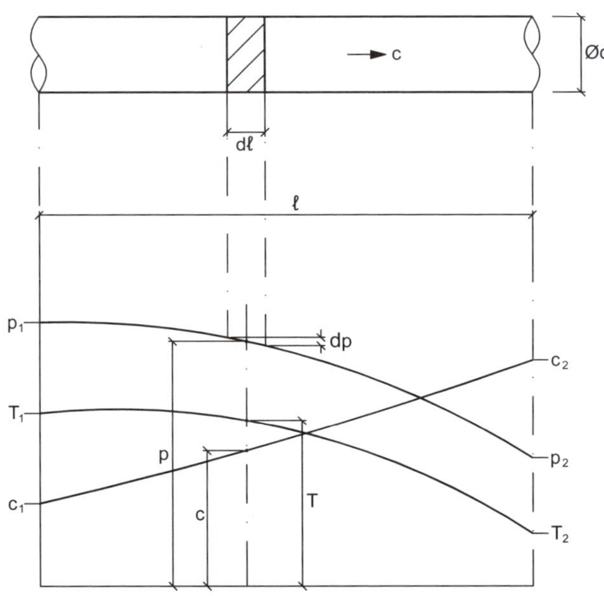

Abb. 4.7: Druck-, Geschwindigkeits-, Temperaturverlauf bei kompressibler Unterschallrohrströmung (Expansionsströmung)

Mit λ = konst. und $T = \frac{T_1 + T_2}{2}$ wird v. g. Gleichung zu

$$\frac{1}{p_1} \cdot \int_1^2 p \cdot \mathrm{d}p = -\lambda \cdot \frac{\rho_1 \cdot c_1^2}{2 \cdot d} \cdot \frac{T}{T_1} \cdot \int \mathrm{d}l \text{ und}$$

$$\frac{p_1^2 - p_2^2}{2p_1} = \lambda \cdot \frac{l}{d} \cdot \rho_1 \cdot \frac{c_1^2}{2} \cdot \frac{T}{T_1} \qquad (4.6)$$

Die Begriffe isotherme bzw. adiabate Strömung beziehen sich auf die sogenannten **Systemgrenzen**, d. h. auf die Umgebungstemperatur T_u. Bei einem unisolierten Rohr beeinflusst T_u die Innentemperatur des Fluids T_i, die sich am Ende T_u angleicht (also isotherm); bei dem isolierten Rohr erfolgt kein Wärmeaustausch von T_i nach T_u (also adiabat). Aber bei jeder **Expansionsströmung** kühlt sich die Innentemperatur des Gases von T_1 auf T_2 ab. (In der Literatur bezeichnet man z. T. die Gleichung 4.6 ohne T/T_1 als Gleichung der isothermen Strömung; was m. E. nicht korrekt ist.)

Man kann in vielen Praxisfällen mit der inkompressiblen Druckverlustgleichung Gl.1.9 ≙ der rechten Seite der Gl. 4.6 ohne T/T_1 rechnen.

Verwendet man Gleichung 4.6, so ist der Fehler:

$$\frac{p_2^2 - p_1^2}{2p_1} = \frac{(p_2 + p_1)\cdot(p_2 - p_1)}{2p_1} \approx \frac{2p_1}{2p_1}\cdot\frac{\Delta p}{2p_1} = 0,5\cdot\frac{\Delta p}{p_1}$$

Zu beachten ist auch hier die Änderung der λ-Rohrreibungszahl der gemäß Abschnitt 1.2.1 von der Re-Zahl abhängig ist.

Beispiel 4.5

Druckabfall einer Druckluftströmung

Gegeben:

Ein Verdichter liefert einen Volumenstrom $\dot{V}_n = 2\cdot 10^4\,\mathrm{m^3/h}$ Luft mit 6 bar(ü) und einer Temperatur von 100 °C. Luft als ideales Gas angenommen mit $\kappa = 1{,}4$. R beträgt 287 J/kgK.

Das Rohrleitungssystem: $l = 100$ m Stahlrohr ($\lambda = 0{,}014$), 2 Stück Absperrarmaturen ($\zeta = 0{,}2$/St.) 16 Stück Bögen ($\zeta = 0{,}25$/St.).

Gesucht:

a) Druckverlust Δp_v mit der Strömungsgeschwindigkeit $c_1 = 10$ m/s.

b) Wie zuvor, jedoch mit $c_1 = 30$ m/s und $p_1 = 10$ bar (ü)

Zu a)

Betriebsvolumenstrom $\dot{V}_1$ am Rohreintritt

$$\dot{V}_1 = \dot{V}_n \cdot \frac{p_0 \cdot T_1}{T_n \cdot p_1} = 2\cdot 10^4 \cdot \frac{101325\cdot 373}{7\cdot 10^5 \cdot 273} = 3955\,\frac{\mathrm{m^3}}{\mathrm{h}} = 1{,}1\,\mathrm{m^3/s}$$

Wie bereits erwähnt kühlt man die Druckluft während der Verdichtung und nachher ab, da die Verdichtungsendtemperatur (hier $T_1 = T_0\left(p_1 / p_0\right) = 476{,}3\,\mathrm{K} = 203{,}3\ °\mathrm{C}$) in der Praxis zu hoch wäre.

Massenstrom $\dot{m}$

$$\dot{m} = \dot{V}_1 \cdot \rho_1\ ;\ \rho_1 = \frac{p_1}{R\cdot T_1} = \frac{7\cdot 10^5\,\mathrm{Pa}}{287\,\mathrm{J/kgK}\cdot 373\,\mathrm{K}} = 6{,}54\,\mathrm{kg/m^3}$$

$$= 1{,}1\cdot 6{,}54 = 7{,}193\,\mathrm{kg/s}$$

Durchmesser d_i

$$d_i = \sqrt{\frac{\dot{V}_1}{c_1\cdot\pi/4}} = 0{,}374\,\mathrm{m}\varnothing$$

In der Drucklufttechnik wird mit wesentlich höheren Strömungsgeschwindigkeiten gearbeitet (c = ca. 30 bis 40 m/s), was hier ein DN65-Rohr bedeuten würde.

Druckverlust $\Delta p_{vko} = p_1 - p_2$

Gemäß Gleichung 4.6

$$\frac{p_1^2 - p_2^2}{2p_1} = (0{,}014 \cdot \frac{100\,m}{0{,}374\,m} + 4{,}4) \cdot \frac{6{,}54\,kg/m^3}{2} \cdot (10\,m/s)^2 = 2{,}66 \cdot 10^3\,Pa$$

$$p_2 = \sqrt{49 \cdot 10^{10}\,Pa^2 - 2{,}66 \cdot 10^3 \cdot 2 \cdot 7 \cdot 10^5\,Pa^2} = 6{,}972 \cdot 10^5\,Pa$$

$$\Delta p_v = 7 \cdot 10^5\,Pa - 6{,}972 \cdot 10^5\,Pa = 0{,}028\,bar$$

Temperaturabsenkung: $T_2 = 373 \cdot \left(6{,}97/7\right)^{0{,}286} = 372{,}6\,K$

$\Delta T = 0{,}4\,K$

zu b)

$$\dot{V}_1 = 2 \cdot 10^4 \cdot \frac{101325 \cdot 373}{11 \cdot 10^5 \cdot 273} = 2517 \frac{m^3}{h} = 0{,}7\,m^3/s$$

$$\dot{m} = \dot{V}_1 \cdot \rho_1 \,;\, \rho_1 = \frac{p_1}{R \cdot T_1} = \frac{11 \cdot 10^5\,Pa}{287\,J/kgK \cdot 373\,K} = 10{,}28\,kg/m^3$$

$$= 0{,}7\,m^3/s \cdot 10{,}28\,kg/m^3 = 7{,}19\,kg/s$$

$$d_i = \sqrt{\frac{0{,}7\,m^3/s}{30\,m/s \cdot \pi/4}} = 0{,}172\,m\varnothing$$

$$\frac{p_1^2 - p_2^2}{2p_1} = (0{,}014 \cdot \frac{100\,m}{0{,}172\,m} + 4{,}4) \cdot \frac{10{,}28\,kg/m^3}{2} \cdot (30\,m/s)^2 = 0{,}58\,bar$$

$$p_2 = \sqrt{11^2 \cdot 10^{10} - 12{,}76 \cdot 10^{10}} = 10{,}40 \cdot 10^5\,Pa$$

$$\Delta p_{vko} = p_1 - p_2 = 11 - 10{,}4 = 0{,}6\,bar$$

$$T_2 = 373 \cdot \left(\frac{10{,}4}{11}\right)^{0{,}286} = 367{,}1\,K$$

Temperaturabfall ca. 6 K

Man erkennt: Bei höheren Drücken ist mit Gleichung 4.6 zu rechnen, anstelle der Gleichung 1.13.

Beispiel 4.6

Gegeben:

Durch eine Dampfleitung DN150 strömen $\dot{m} = 40\,t/h$ Dampf. Die Rohrlänge beträgt l = 500 m und die Widerstandswerte $\Sigma\zeta = 40$ mit t_1 = 250 °C, p_1 = 40 bar Sattdampf und κ = 1,265 sowie λ = 0,0185.

Gesucht:

a) Endtemperatur T_2 sowie b) der Druckverlust Δp_{vko}

Lösung:

zu a)

Um die etwaige Temperatur zu ermitteln, verwendet man die Gleichung 1.13:

$$\Delta p_v = \left(\lambda \cdot \frac{l}{d} + \sum \zeta\right) \cdot \frac{\rho_1}{2} \cdot c_1^2$$

ρ_1 = 20 kg/m³ wird aus der Sattdampftafel entnommen.

$$c_1 = \frac{\dot{m}}{\rho_1 \cdot d^2 \cdot \pi/4} = \frac{40000\,\text{kg/h}}{20\,\text{kg/m}^3 \cdot (0{,}15\,\text{m})^2 \cdot \pi/4 \cdot 3600\,\text{s}} = 31{,}45\,\text{m/s}$$

$$\Delta p_{\text{vin}} = (0{,}0185 \cdot \frac{500\,\text{m}}{0{,}15\,\text{m}} + 40) \cdot \frac{20\,\text{kg/m}^3}{2} \cdot (31{,}45\,\text{m/s})^2 = 10\,\text{bar}$$

$$T_2 = T_1 \cdot \left(\frac{p_2}{p_1}\right)^{0{,}21} = 523\,\text{K} \cdot \left(\frac{30\,\text{bar}}{40\,\text{bar}}\right)^{0{,}21} = 492{,}34\,\text{K} \triangleq 219{,}34\ {}^\circ\text{C}$$

Die Endtemperatur T_2 beträgt 219,34 °C.

zu b) mit Gleichung 4.6

$$\frac{p_1^2 - p_2^2}{2p_1} = \left(\lambda \cdot \frac{l}{d} + \Sigma\zeta\right) \cdot \frac{\rho_1}{2} \cdot c_1^2 \cdot \frac{T}{T_1}; \quad T = \frac{T_1 + T_2}{2} = 507{,}67\,\text{K}$$

$$= (0{,}0185 \cdot \frac{500\,\text{m}}{0{,}15\,\text{m}} + 40) \cdot \frac{20\,\text{kg/m}^3}{2} \cdot (31{,}45\,\text{m/s})^2 \cdot \frac{507{,}67\,\text{K}}{523\,\text{K}}$$

$$p_2 = \sqrt{40^2 \cdot 10^{10} - 780{,}9 \cdot 10^{10}} = 28{,}62 \cdot 10^5\,\text{Pa}$$

$$\Delta p_{\text{vko}} = p_1 - p_2 = 40 - 28{,}62 = 11{,}38\,\text{bar}$$

Fehler $0{,}5 \cdot \frac{\Delta p}{p_1} = 0{,}5 \cdot \frac{10}{40} = 12{,}5\,\%$ im Vergleich Δp_{vin} zu Δp_{vko}

Der Druckverlust beträgt 11,38 bar.

Beispiel 4.7

In einer Ferngasleitung DN500 strömen $\dot{V} = 38\,\text{m}^3/\text{s}$ unterirdisch bei einer Umgebungstemperatur von 20 °C. Mit p_1 = 6 bar, l = 2,3 km, Erdgas (CH_4) κ = 1,308, R = 518 J/kgK, λ = 0,0238, p_0 = 1,013 bar

Bedingt durch die Expansion des Erdgases bei Druckminderung kühlt sich dieses weiter ab. Ist nun eine Rohrleitung sehr lang im Verhältnis zum Durchmesser und die Umgebungstemperatur etwa konstant, dann kann bei unisolierter Leitung ständig von außen Wärme zugeführt werden und die Fluidtemperatur gleicht sich allmählich der Außentemperatur an. Man kann die Strömung als isotherm bezeichnen. Es gilt dann die Gleichung 4.6 ohne T/T_1.

Normdichte $\rho_n = \frac{101325\,\text{Pa}}{518\,\text{J/kgK} \cdot 273\,\text{K}} = 0{,}716\,\text{kg/m}^3$

Massenstrom $\dot{m} = \dot{V}_n \cdot \rho_n = 38\,\text{m}^3/\text{s} \cdot 0{,}716\,\text{kg/m}^3 = 27{,}21\,\text{kg/s}$

Betriebsdichte $\rho_1 = \dfrac{p_1}{R \cdot T_1} = \dfrac{6 \cdot 10^5\,\text{Pa}}{518\,\text{J/kg} \cdot \text{K} \cdot 293\,\text{K}} = 3{,}95\,\text{kg/m}^3$

Strömungsgeschwindigkeit $c = \dfrac{\dot{m}}{\rho_1 \cdot d^2 \cdot \pi/4} = \dfrac{27{,}21\,\text{kg/s}}{3{,}95\,\text{kg/m}^3 \cdot (0{,}5\,\text{m})^2 \cdot \pi/4} = 35{,}1\,\text{m/s}$

Druckverluste

$$\Delta p_{\text{vin}} = \left(0{,}0238 \cdot \frac{2300\,\text{m}}{0{,}5\,\text{m}}\right) \cdot \frac{3{,}95\,\text{kg/m}^3}{2} \cdot (35{,}1\,\text{m/s})^2 = 2{,}66\,\text{bar}$$

Der Druckverlust wäre mit Gleichung 1.13 „inkompressibel".

Δp_{vko} :

$$\frac{p_1^2 - p_2^2}{2p_1} = \left(0{,}0238 \cdot \frac{2300\,\text{m}}{0{,}5\,\text{m}}\right) \cdot \frac{3{,}95\,\text{kg/m}^3}{2} \cdot (35{,}1\,\text{m/s})^2 = 2{,}66 \cdot 10^5\,\text{Pa}$$

$$p_2 = \sqrt{6^2 \cdot 10^{10} - 2 \cdot 6 \cdot 10^5 \cdot 2{,}66 \cdot 10^5} = 2{,}02\,\text{bar}$$

$$\Delta p_{\text{vko}} = p_1 - p_2 = 6 - 2{,}02 = 3{,}98\,\text{bar}$$

Bei langen Leitungen muss man kompressibel rechnen.

Beispiel 4.8

Gegeben ist ein Rohrnetz einer Hochdruckdampfverteilung, deren Rohrdurchmesser zu berechnen sind.

Richtwerte für Strömungsgeschwindigkeiten:

Brüden- und Abdampfleitungen, Entspannungsdampf in Kondensatleitungen	15 bis 25 m/s
Sattdampfleitungen	15 bis 40 m/s
Heißdampfleitungen	35 bis 50 m/s
Heißdampfleitungen großer Leistung	50 bis 65 m/s

Das Beispiel zeigt eine einfache Methode bei der Ermittlung der Rohrdimensionen, die für die Praxis genügt. Eine genauere Berechnungen mit Gleichung 1.13 bzw. Gleichung 4.6 ergab keine Änderung der Rohrdimension.

Bei den Verbrauchern wird ein Druck am Verteiler von 3 bar gefordert.

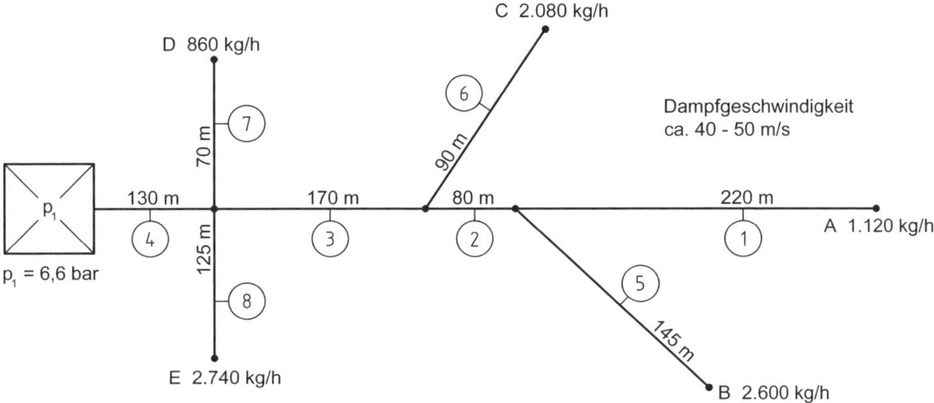

Abb. 4.8: Darstellung 1 zu Beispiel 4.8

Der Anteil der Einzelwiderstände wird mit 20 % angenommen, sodass das mittlere Druckgefälle zum ungünstigsten Strang A mit

$$R = 0,8 \cdot \frac{(6,6 - 3,0) \cdot 10^5\,\text{Pa}}{600\,\text{m}} = 480\,\text{Pa/m} \text{ beträgt.}$$

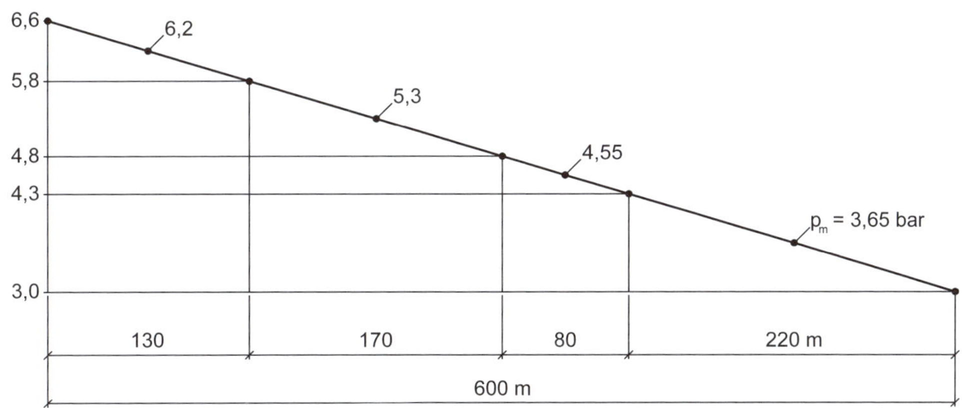

Abb. 4.9: Darstellung 2 zu Beispiel 4.8

Mit dem Dampfdruckverlustdiagramm ergibt sich nachstehende Tabelle:

Teilstrecke	Rohrlänge m	$\dot{m}_D$ kg/h	p_m bar	Rohrdurchmesser DN
1	220	1120	3,65	65
2	80	3720	4,55	100
3	170	5800	5,30	125
4	130	9400	6,20	150

Sind die Einzelwiderstände gegeben, so wird mit der gleichwertigen Rohrlänge $l_{glw} = \zeta \cdot \frac{d}{\lambda}$ und soweit $l_{ges} = l_{glw} + l$ gerechnet.

Die Zweigleitungen werden nach derselben Methode wie die Hauptleitung berechnet, z. B. die Teilstrecke 5:

$$R = 0{,}8 \cdot \frac{(4{,}3 - 3{,}0) \cdot 10^5 \, \text{Pa}}{145 \, \text{m}} = 717 \, \text{Pa/m} \quad \rightarrow \text{DN80}$$

Für die Bemessung der Kondensatleitungen sind der Druck am Anfang und Ende der Leitungen, die Anfangstemperatur und die Nachverdampfung zu berücksichtigen. Genaue Berechnungen sind schwierig. Der Richtwert des Dampfes am Ende der Kondensatleitung beträgt c = 10...30 m/s.

5 Kältetechnik

Die **Klimakälte** ist heute ein Teil der Gebäudesystemtechnik. Die Kühlung erfolgt fast ausschließlich durch kompakt gebaute Kälteanlagen (Kältesätze). Kältesätze stellen einen in sich geschlossenen Kreisprozess dar, welcher durch Zufuhr von Antriebsenergie dem zu kühlenden Fluid (Luft oder Wasser) Wärme entzieht durch zwei Systeme:

- direkte Kühlung

  und

- indirekte Kühlung durch Zwischenschaltung einer mittels Kältesatz gekühlten Flüssigkeit (Wasser, Sole, Gemische etc.).

Die große Bedeutung der Kältetechnik liegt in der

a) **Industriekälte**

- Kunststoff-Alu-Spritzereien
- Formen-Hydraulikkühlung
- Textilindustrie
- Reinraumtechnik
- Rechenzentren
- chemische Verfahrenstechnik (Gaskühlung, Gasverflüssigung etc.)

b) **Lebensmittelkälte**, ohne die heute eine Lebensmittelversorgung nicht denkbar wäre,

- Kühl- und Gefriergutlagerung
- Brauereien, Mälzereien
- Backwaren, Milchindustrie

  sowie weitere Branchen wie Bergbau, Bauindustrie, Kunsteisbahnen etc.

In all diesen Bereichen der Kältetechnik treten fast ausschließlich **Rohrströmungen** auf, deren Berechnung gem. Abschnitt 1.1 durchgeführt wird. Man vernachlässigt bei den Kältemittel-Saug- und Druckgasen deren Kompressibilität gemäß Kapitel 1 und 4 bei der Druckverlustermittlung.

Ein Druckabfall tritt auf in der

- **Druckleitung** (gasförmiges Fluid) vom Verdichter zum Verflüssiger
- **Flüssigkeitsleitung** vom Verflüssiger zum Verdampfer
- **Saugleitung** (Gas) vom Verdampfer zum Verdichter

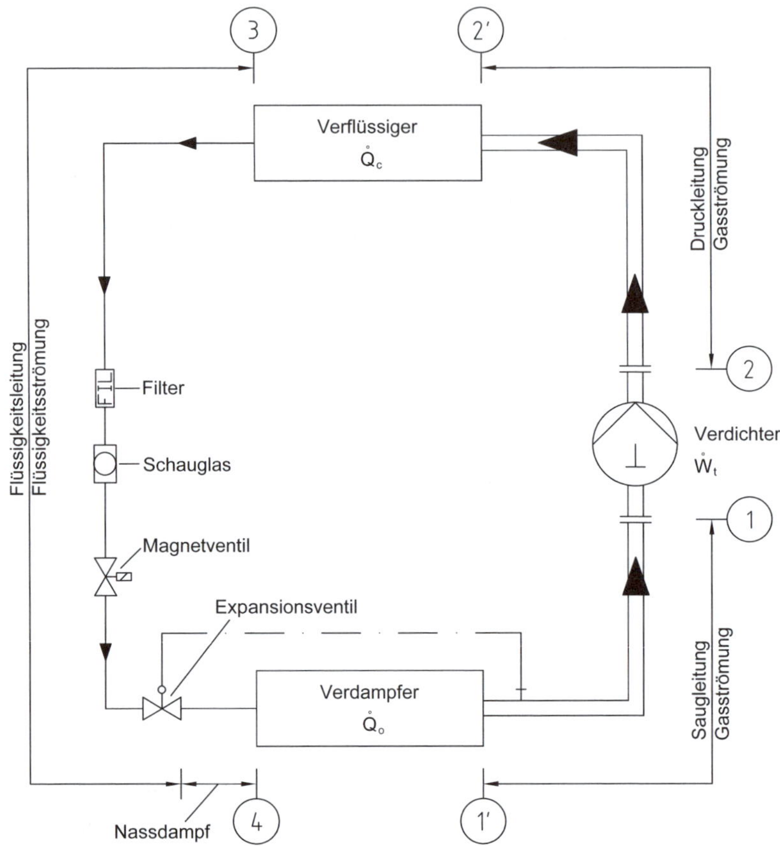

Abb. 5.1: Kältekreisschema mit Saug-, Druck-Flüssigkeitsleitung

5.1 Grundlagen

Der Kälteprozess ist ein linksherumlaufender Kreisprozess, der sogenannte **Wärmeprozess**, im Gegensatz zu dem rechtsherumlaufenden, dem sogenannten **Kraftprozess** (Turbinen, Motoren). Basis ist der **Carnot-Kältekreisprozess** als Idealprozess.

Abweichend vom idealen Carnotprozess ist der reale Kältemaschinenprozess (oder auch Wärmepumpenprozess) im Dampfdiagramm des jeweiligen Kältemittels darstellbar.

In der Kältetechnik wird mit dem lg p, h-Diagramm (Abbildung 5.3) gearbeitet.

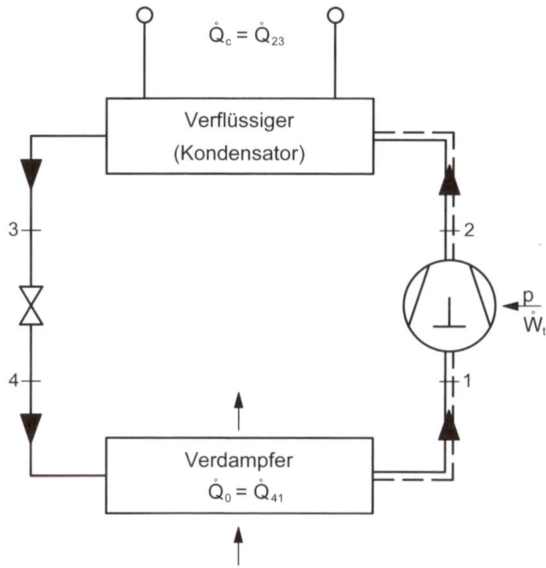

Abb. 5.2: Schema einer einstufigen Verdichterkältemaschine (Kaltdampfkreisprozess)

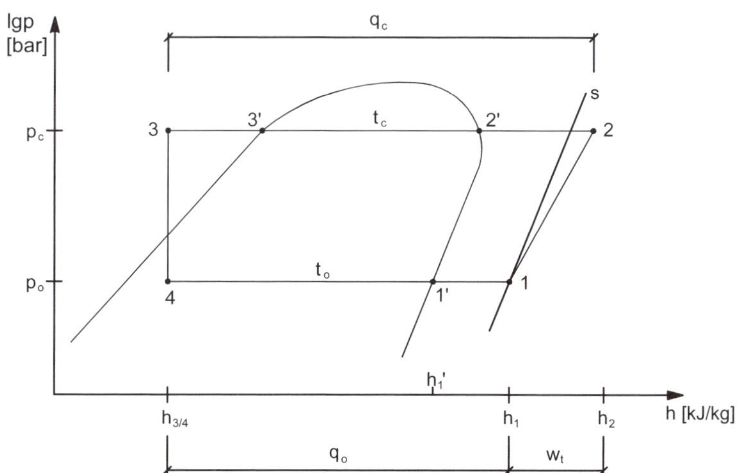

Abb. 5.3: Vergleichsprozess des Kaltdampf-Verdichterverfahrens
4 – 1' Verdampfungswärme
1' – 1 Saugdampfüberhitzung
1 – 2 Verdichtung
2 – 2' Überhitzungswärme
2' – 3' Verflüssigerwärme
3' – 3 Unterkühlungswärme
3 – 4 Drosselung

Kälteleistung $\dot{Q}_0 = \dot{m} \cdot q_0 = \dot{m} \cdot \left(h_1 - h_{3/4} \right)$ in kW (5.1)

Kondensatorleistung (Verflüssigerleistung) $\dot{Q}_c = \dot{m} \cdot q_c = \dot{m} \cdot \left(h_2 - h_3 \right)$ in kW (5.2)

Verdichterleistung $P = \dot{W}_t = \dot{m} \cdot \left(h_2 - h_1 \right)$ in kW (5.3)

Leistungsbilanz $\dot{Q}_c = P + \dot{Q}_0$ in kW (5.4)

$\dot{m} =$ Kältemittelmassenstrom in kg/s

$q_0 =$ spez. Verdampferenergie $= \underbrace{\left(h_1 - h_{3/4} \right)}_{\text{spez. Enthalpiedifferenz}}$ in kJ/kg

$q_c =$ spez. Verflüssigerenergie $= \left(h_2 - h_3 \right)$ in kJ/kg

$\dot{W}_t =$ Verdichterantriebsleistung in kW

$\triangleq$ Gleichung 4.3 als Kompressionsströmung

Die **energetische Bewertungsgröße** ist:

die **Kälteleistungszahl** $\varepsilon_0 = \frac{\dot{Q}_0}{P}$ ($\triangleq$ EER-Wert: energy efficiency ratio) (5.5)

bzw.

die **Wärmepumpenleistungszahl** $\varepsilon_c = \frac{\dot{Q}_c}{P}$ ($\triangleq$ COP-Wert: coefficient of performance) (5.6)

Der reale abgewandelte Carnot-Kreisprozess der Kältetechnik gem. Abbildung 5.3:
Kaltdampfkreisprozess

1-2 polytropische Verdichtung

2-3 isobare isotherme Wärmeabgabe (Verflüssigung)

3-4 isenthalpe Entspannung ($\Delta p = p_c - p_0$)

s. Abschnitt 4.1 die Expansionsströmung

$p_0 =$ Verdampfungsdruck in bar

$p_c =$ Verflüssigerdruck in bar

4-1 isobare isotherme Wärmeaufnahme (Verdampfung)

Der Kaltdampfkreisprozess mit den Kaltdampfkompressionskältemaschinen hat die größte Bedeutung.

In Abbildung 5.4 erkennt man im lg p, h-Diagramm die Druckverluste der Saug-, Druck-, Flüssigkeitsleitungen analog Abbildung 5.1 sowie die Druckverluste des Verdampfers und des Kondensators.

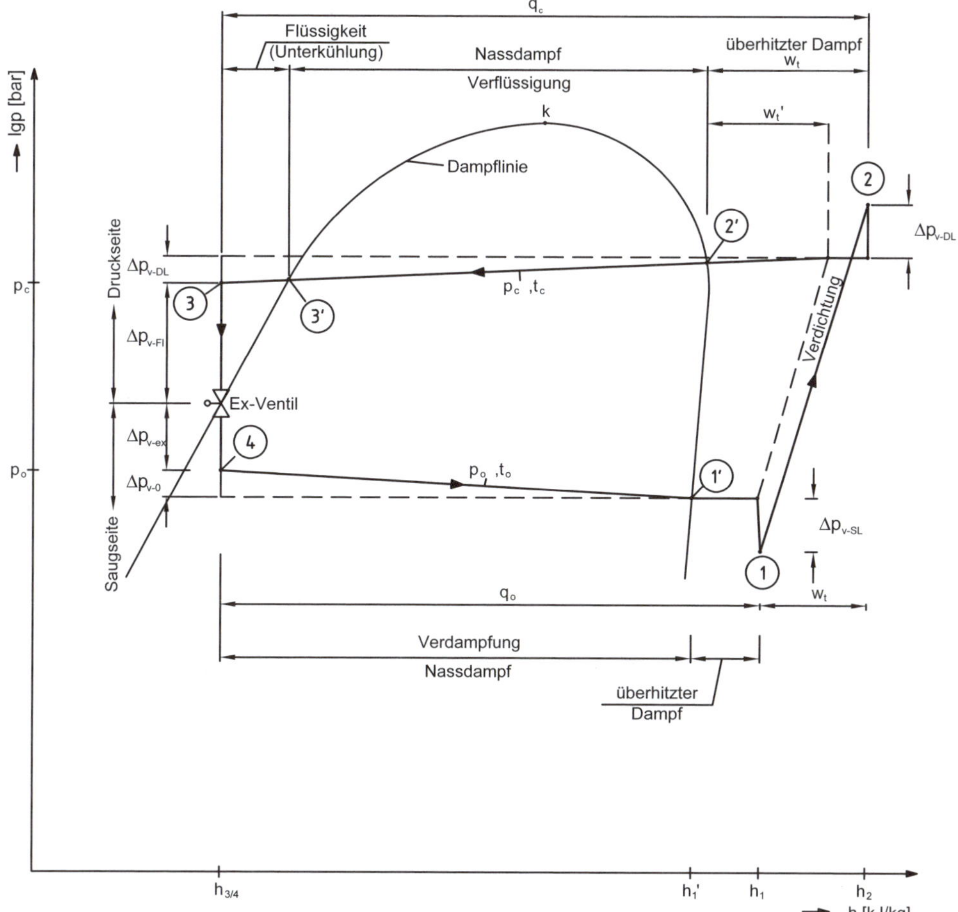

Abb. 5.4: Druckverlustanteile der Abb. 5.1 im lg p, h-Diagramm eines Kältemittels

Die **Enthalpiedifferenz** $(h_1 - h_{1'})$ ist die Überhitzung des Sattdampf-Austrittes 1 am Verdampfer, damit der Verdichter „trockenen" Dampf ansaugt.

Die heutigen Kältemaschinen:

a) Mechanische Verdichter (Kompressoren)
   - Verdrängungsverdichter wie Hubkolben-, Schrauben-, Rollkolben-, Drehkolben-, Spiralverdichter
   - Turboverdichter (-kompressoren)

b) Thermische Kältemaschinen
   - Absorptions-, Adsorptionsverdichter
   - Dampfstrahlkälteprozess

Kältemittel

Kältemittel sind die umlaufenden Arbeitsmittel (Fluide) der Kompressionskältemaschinen. Das Wichtigste für die Berechnung sind ihre Dampfdruckkurven bzw. Dampftabellen.

Man unterscheidet:

- Natürliche Kältemittel, wie Ammoniak NH_3, Kohlendioxid CO_2, Propan, Wasser etc.
- Synthetische Kältemittel, vor allem fluorierte Kohlenwasserstoffe, wie H-FKW R134a, R404A etc.

Bei der Rohrnetzberechnung gem. Gleichung

$\Delta p_v = \lambda \cdot \frac{l + l_{gl}}{d} \cdot \frac{\rho}{2} \cdot c^2$ interessieren die Reibungszahl λ und die Fluiddichte ρ des Kältemittelgases bzw. der Kältemittelflüssigkeit.

Da λ eine Re-Funktion ist, entnimmt man die kinematische Viskosität des jeweiligen Kältemittels den Kältetabellen, die Dichte ρ ebenfalls den jeweiligen Kältemittel-Dampfdiagrammen für gasförmiges bzw. flüssiges Fluid.

Um einerseits den Druckabfall klein zu halten, andererseits die Material- und Verlegungskosten nicht zu hoch zu treiben, werden die Rohrleitungen bei Halogenkältemitteln nach folgenden Richtgeschwindigkeiten zur Mindestgeschwindigkeit bezüglich „Öltransport" bemessen:

	Saugleitung (SL)	Druckleitung (DL)	Flüssigkeitsleitung (FL)
R134a	6...10 m/s	10...12 m/s	0,4 ... 0,6 m/s
R404A	8...12 m/s	12...15 m/s	0,4 ... 0,6 m/s

5.2 Rohrströmung – Druckverlustberechnungen

5.2.1 Direkte Kühlung

Unter direkter Kühlung bzw. Verdampfung versteht man die Heranführung des Kältemittels an das zu kühlende Medium (Flüssigkeit, Gase, Luft), wobei es in direktem thermischem Kontakt verdampft.

Man unterscheidet:

- Flutverdampfer (überflutete Verdampfung)
- Direktverdampfer (trockene Verdampfung)
- VRV/VRF-Systeme (variabler Volumenstrom)

Die direkte Kühlung ist grundsätzlich energetisch günstiger (und wirtschaftlicher) als die indirekte Kühlung, da bei dieser eine zusätzliche Temperaturdifferenz vom Kältemittel zum Kälteträger und vom Kälteträger zum kühlenden Stoff – meist Luft – besteht. Dadurch tritt eine Reduzierung der Leistungsziffer ε_0 auf und Kälteträgerpumpen sind erforderlich.

Hauptanwendungen:

a) Gewerbekühlung – Industriekühlung

- Dezentrale Kälteanlagen in der Nähe des Verdampfers, Lebensmittelkühlung und Lagerung
- Zentrale Kälteanlagen mit Kolben- oder Schraubenverdichter versorgen über Kältemittel-Pumpenanlagen diverse Verbraucher mit flüssigem Kältemittel, z. B. Ammoniak (NH_3) oder Kohlendioxid (CO_2), welche beim Verbraucher verdampfen (überflutete Verdampfung)
- Rückkühlung mit luftgekühltem Trockenverflüssiger (Kondensatoren), Hybridverflüssiger, Kühlturm etc.

b) Gebäudekühlung mit **Splitsystemen**

- Inneneinheit – Außeneinheit
  1. Variante mit Verdampfer und Verdichter als Inneneinheit und davon getrennt im Freien ein luftgekühlter Kondensator (Verdampfersatz) als Außeneinheit
  2. Variante mit Verdampfer als Inneneinheit und davon getrennt im Freien ein Verflüssigersatz (Verdichter mit luftgekühltem Kondensator) als Außeneinheit
- Kältemittelverrohrung im ersten Fall mit Flüssigkeitsleitung (FL) und Druckleitung (DL), im zweiten Fall mit Flüssigkeitsleitung (FL) und Saugleitung (SL)

Die Splitgeräte können durch Umschaltung des Kältemittelkreises (s. Beispiel 5.9) als **Wärmepumpenanlage** betrieben werden. Bei einer sogenannten Multi-Split-Anlage lassen sich mehrere Innengeräte an eine Außeneinheit anschließen. Beim VRF-Multi-Split-System (Variable Refrigeration Flow – variabler Kältevolumenstrom) mit drehzahlgeregeltem Verdichter (Inverter-System) können mehr als 60 Stück Innengeräte mit der Außeneinheit betrieben werden. Ein weiteres Anwendungsgebiet mit Kältesätzen für die Luftkühlung sind die sogenannten Klimaschränke mit eingebautem Kompressor, Kondensator und Verdampfer. Wenn anstelle des meist wassergekühlten Kondensators ein luftgekühlter verwendet wird, dann sind Luftein- und -austritt erforderlich oder ein Splitsystem.

Nach den Abbildungen 5.1 und 5.4:

- Ein Druckverlust in der Druckleitung $p_{v\text{-}DL}$ bewirkt eine Erhöhung des Enddrucks des Verdichters über den Flüssigkeitsdruck hinaus. Das bedeutet eine Verringerung der Leistungszahl ε_0.
- Ein Druckverlust in der Saugleitung $p_{v\text{-}SL}$ hat eine Verminderung der Förderleistung, also der Kälteleistung zur Folge, weil das spez. Volumen zunimmt.
- Beim Druckverlust in der Flüssigkeitsleitung vom Verflüssiger zum Expansionsventil besteht die Gefahr der Dampfblasenbildung bei nur wenig unterkühltem Kältemittel. Steigende Leitungen senken den hydrostatischen Druck und müssen durch Unterkühlung kompensiert werden, d. h., zum Rohrleitungsdruckverlust muss die hydrostatische Verlusthöhe $\rho \cdot g \cdot h$ berücksichtigt werden.

Ölrückführung

Für einen störungsfreien Betrieb ist auch die fachgerechte Verlegung der Rohrleitungen wichtig. Besonders zu beachten ist dabei die Ölrückführung. Bei allen öllöslichen Kältemitteln besteht die Gefahr, dass das aus dem Kompressor mitgerissene Öl sich an geeigneten Stellen ansammelt und nicht mehr in den Kreislauf zurückkehrt.

Bei steigenden Saugleitungen dürfen gewisse Strömungsgeschwindigkeiten nicht unterschritten werden (5...6 m/s), namentlich bei Teillast. Sogenannte Ölfallen in den Saugleitungen sammeln Öl an. Sobald die Falle voll ist, wird durch den Unterdruck das Öl hochgesaugt und fällt von oben in die Saugleitung.

Analog der Druckverlustberechnung bei den Heizungs-, Lüftungs-, Brauchwasseranlagen werden auch hier bei den überschlägigen Rohrnetzberechnungen ca. 2/3 vom Gesamtdruckverlust für die Einzelwiderstände und Formstücke in Ansatz gebracht. Empfohlen werden in Saug- und Druckleitungen ca. 0,2...0,3 bar, in Flüssigkeitsleitungen ca. 0,35 bar, gesamter Druckverlust ca. 0,7 bar.

Beispiel 5.1

Kälteleistung $\dot{Q}_0 = 12\,\text{kW}$ mit R134a, Verdampfungstemperatur $t_0 = -10\,°\text{C}$.

Aus Abbildung A.5 (siehe Anhang) entnimmt man:

Flüssigkeitsleitung 15-1 mm, $\Delta p_{\text{v-FL}} = 7\,\text{mbar/m}$

Druckleitung 22-1 mm, $\Delta p_{\text{v-DL}} = 25\,\text{mbar/m}$

Saugleitung 35-1,5 mm, $\Delta p_{\text{v-SL}} = 10\,\text{mbar/m}$

5.2.1.1 Äquivalente gesättigte Temperaturdifferenz

Eine in der Kältetechnik übliche Methode ist, den Druckverlust Δp_v der Saug-, Druck- und Flüssigkeitsleitung in **äquivalenter, gesättigter Temperaturdifferenz** auszudrücken. Da praktisch für die Berechnung der Rohrleitung die verschiedenen Betriebstemperaturen zugrunde gelegt werden, ist es sinnvoll, die Druckdifferenz in den kälteführenden Rohrleitungen durch eine äquivalente Temperaturdifferenz anzugeben.

Ein Beispiel: Kältemittel R134a, Verdampfungstemperatur $t_0 = -10\,°\text{C}$, Kondensationstemperatur $t_\text{c} = 40\,°\text{C}$

Aus dem lg p, h-Diagramm bzw. der R134a Dampftafel:

Aus $p_0 = 2{,}006\,\text{bar}$ bei $t_0 = -10\,°\text{C}$ und $p_0' = 1{,}928\,\text{bar}$ bei $t_0 = -11\,°\text{C}$ folgt

$\Delta p_0 = 0{,}078\,\text{bar/K}$

Aus $p_\text{c} = 10{,}166\,\text{bar}$ bei $t_\text{c} = 40\,°\text{C}$ und $p_0' = 9{,}896\,\text{bar}$ bei $t_\text{c} = 39\,°\text{C}$ folgt

$\Delta p_\text{c} = 0{,}27\,\text{bar/K}$

Der **Temperaturgradient** ergibt sich nun

für die Saugleitung: $\Delta T_{\text{o-SL}} = \dfrac{\Delta p_{\text{v-SL}}}{\Delta p_0\,/\,\text{K}}$, für die Druckleitung: $\Delta T_{\text{c-DL}} = \dfrac{\Delta P_{\text{v-DL}}}{\Delta P_\text{c}\,/\,\text{K}}$,

für die Flüssigkeitsleitung: $\Delta T_{\text{c-FL}} = \dfrac{\Delta p_{\text{v-FL}}}{\Delta p_\text{c}\,/\,\text{K}}$

Nun wird empfohlen, die äquivalente Temperaturdifferenz bei den v. g. Leitungsabschnitten mit $\Delta T = 1...2\,\text{K}$ anzusetzen, was im Beispiel folgenden Druckverlust bedeutet:

- Saugleitung $\Delta p_{\text{V-SL}} = 2 \cdot \Delta p_0\,/\,\text{K} = \Delta p_{\text{v-SL}}^{\max} = 0{,}156\,\text{bar}$

- Druckleitung $\Delta p_{v\text{-}DL} = 2 \cdot \Delta p_c \,/\, K = \Delta P_{v\text{-}DL}^{max} = 0{,}54$ bar

  Man erkennt, dass die Druckleitung hier das 3-Fache des empfohlenen Druckverlustes aufweisen kann.

- Flüssigkeitsleitung $\Delta p_{v\text{-}FL} = 2 \cdot \Delta p_c \,/\, K = \Delta p_{v\text{-}FL}^{max} = 0{,}54$ bar

  bis zum Expansionsventil (s. Abbildung 5.4). Empfohlen wird $\Delta p_{v\text{-}FL}^{max} = 0{,}35$ bar.

  Der Druckverlust des Expansionsventils $\Delta p_{v\text{-}ex}^{min}$ ist beim Hersteller zu erfragen. Für das Ex-Ventil steht zur Verfügung:

  $\Delta p_{v\text{-}ex} = \left(p_c - p_o\right) - \Delta p_{v\text{-}FL}$ und $\Delta p_{v\text{-}FL}^{ges} = \Delta p_{v\text{-}FL} + \Delta p_{v\text{-}ex}$

  und die erforderliche Unterkühlung

  $$\Delta T_u = \frac{\Delta p_{v\text{-}FL}^{ges}}{\Delta p_c / K}$$

Die Verdichterantriebsleistung gem. Abbildung 5.4: $\dot{W}_t = \dot{m} \cdot \dfrac{n}{n-1} \cdot v_1 \cdot p_1 \left[\left(p_2 \,/\, p_1 \right)^{\frac{n-1}{n}} - 1 \right]$ entspricht der Gleichung 2.10 mit n = Polytropenexponent anstelle von

κ = Isentropenkoeffizient.

Die reale Antriebsleistung:

$P_e = \dot{W}_t \,/\, \eta_v; \quad \eta_v$ = Verdichterwirkungsgrad

$v_1 = 1 / \rho_1$ = spez. Ansaugvolumen bei Pkt. 1 und p_1

$\dot{m}$ = Kältemittelmassenstrom in kg/s

$p_1 = p_o - \Delta p_{v\text{-}SL}$ in bar

$p_2 = p_c - \Delta p_{v\text{-}DL}$ in bar

5.2.1.2 Kältemittel-Pumpenanlagen

Weitverzweigte Kältebedarfsstellen, wie sie in der industriellen Kälte vorliegen, werden über Pumpenanlagen versorgt, wenn die zu überwindenden Strömungswiderstände durch die Verdampfer mit Zu- und Ableitungen für die Verdichter unwirtschaftlich werden. Das ist energetisch günstiger, da bei gleicher Druckerhöhung und gleichen Massenströmen die Pumpe wesentlich weniger Antriebsleistung benötigt als der Verdichter. Außerdem ist es möglich, den Kältemittelstrom durch die Pumpe und den Verdampfer unabhängig vom primären Kältemittelstrom durch den Verdichter zu regeln.

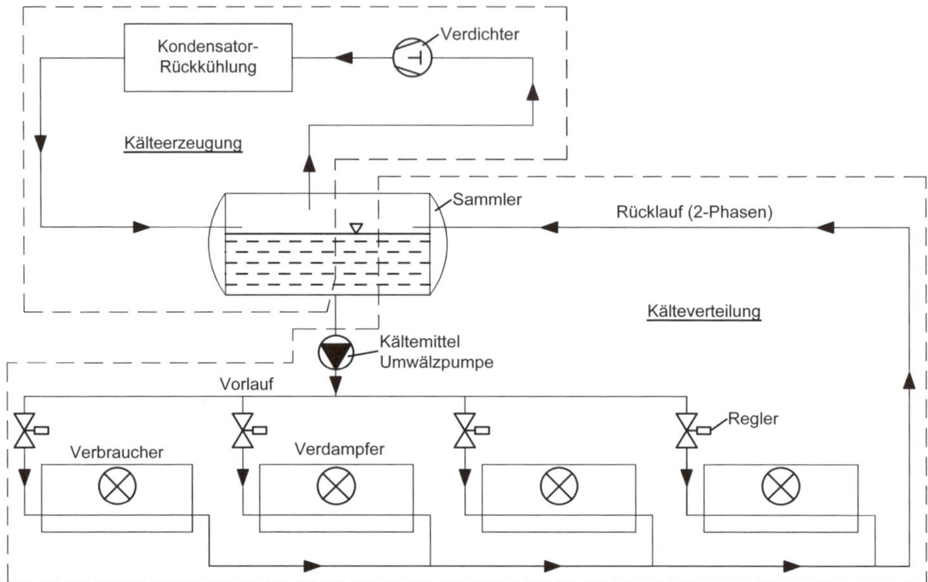

Abb. 5.5: Kältemittel-Pumpenanlage

Das Prinzip einer Pumpenkälteanlage besteht in der Anordnung eines **Zentralverdampfers**, der zugleich Flüssigkeitssammler und Abscheider ist.

Im Flüssigkeitssammler herrschen Verdampfungstemperatur und Verdampfungsdruck. Drosseldampfanteil und Flüssigkeit werden getrennt. Der Drosseldampfanteil wird vom Verdichter angesaugt und im Kondensator verflüssigt. Die unter dem Verdampferdruck stehende Flüssigkeit wird von der Kältemittelpumpe den diversen Verbrauchern (überflutete Verdampfer) zugeführt. Aus den Verbrauchern strömt ein Gemisch aus nicht verdampfter Flüssigkeit und Nassdampf (Zweiphasengemisch) in den Abscheider zurück.

Man unterscheidet hier zwei Kältemittelkreisläufe, den **Primärkreis** Kälteerzeugung und den **Sekundärkreis** Kältemittelverteilung. Im Verteilerkreislauf wird ein größerer Kältemittelmassenstrom umgewälzt als derjenige, der in den Verdampfern verdampfen könnte. Der erhöhte Massenstrom $\dot{m}_p$ (2...8-fach) hat eine hohe Strömungsgeschwindigkeit in den Verdampfern zur Folge. Dadurch werden höhere Wärmeübergangskoeffizienten erzielt. Als Kältemittelpumpen werden gasdichte Kreiselpumpen verwendet. Der Pumpendruck liegt bei ca. 1...2 bar über dem Verdampferdruck (Druck im Abscheider). Bezüglich Kavitation gilt das Gleiche wie im Abschnitt 2.4.1 aufgeführt.

Der Arbeitsstoff flüssiger Kältemittel ist ein Kälteträger **mit Latentwärme** im Vergleich zu den Kälteträgern **ohne Latentwärme**, z. B. Wasser oder Sole (s. Beispiel 5.2). Verdampft der Kälteträger Kältemittel am Ort des Kältebedarfs, wird die umzuwälzende Menge wesentlich kleiner als mit dem Kälteträger Wasser bzw. Sole:

$$\dot{Q}_0 = \dot{m}_k \cdot h_v = \dot{m}_s \cdot c \cdot \Delta t;$$

$$\frac{\dot{m}_k}{\dot{m}_s} = \frac{c \cdot \Delta t}{h_v}$$

mit

$\dot{Q}_0$ = Kälteleistung

$\dot{m}_k$ = Kältemittelmassenstrom

$h_v = \left(h_1 - h_{3/4}\right)$ Verdampfungsenthalpie oder Verdampfungswärme (Abbildungen 5.3/5.4)

$\dot{m}_s$ = Kälteträgermassenstrom, z. B. Sole

c = spez. Wärmekapazität der z. B. Sole

Δt = Temperaturdifferenz (Ein-/Austritt) am Wärmeübertrager, z. B. Luftkühler

5.2.2 Indirekte Kühlung

Die indirekte Kühlung spielt heute in zwei Bereichen eine bedeutende Rolle:

- in der technischen Gebäudeausrüstung,
- im Bereich Gewerbe und Industrie
  - Maschinen- und Hydraulikkühlung
  - Verfahrensindustrie
  - Lebensmittelkühlung

Darüber hinaus kann mit Kälteträgern wie Sole mit tiefsten Temperaturen gearbeitet werden.

Die Kältesätze werden eingeteilt:

- luftgekühlt mit externem Rückkühlwerk
- luftgekühlt mit internem Rückkühlwerk
- wassergekühlt

Die Leistungszahlen ε_0 bei Kältesätzen liegen je nach Vorlauftemperaturen bei 3,3...3,6, die Kälteleistungen bei 50...500 kW bei luftgekühlten Maschinen, bei wassergekühlten Kältemaschinen bis mehrere Megawatt mit

- Verdrängungsverdichter (hermetische, halbhermetische, offene Kompressoren)
- Strömungsverdichter (Turbomaschinen)
- Thermischem Verdichter (Absorptions- und Adsorptions-Kältemaschinen)

Druckverlustberechnungen gem. Abschnitt 3.1 und Abbildung 3.10. Die Rohre für Kalt- und Kühlwasser sind überwiegend aus Stahl oder Kupfer. Zu beobachten ist, dass die Rohrreibungszahl λ gem. Abschnitt 1.2.1 bei Kalt- und Solewasser bis zu 50 % größer wird.

Bei turbulenter Strömung (Re-Zahl > 2320) gilt Gleichung 1.11.

Vergleich der Kälteträger bei $d = 50\ \text{mm}\varnothing$, $c = 2\ \text{m/s}$

- Wasser von 10 °C; $\nu = 1{,}31 \cdot 10^{-6}\ \text{m}^2/\text{s}$

- $\text{Re} = \dfrac{c \cdot d}{\nu} = \dfrac{2\,\text{m/s} \cdot 0{,}05\,\text{m}}{1{,}31 \cdot 10^{-6}\,\text{m}^2/\text{s}} = 0{,}076 \cdot 10^6$

- $\lambda = \frac{0{,}3164}{\sqrt[4]{76000}} = 0{,}019$

- Wasser-Sole-Gemisch von -20 °C; $\nu = 4 \cdot 10^{-6}\ \mathrm{m^2/s}$

- $\mathrm{Re} = \frac{2 \cdot 0{,}05}{4 \cdot 10^{-6}} = 0{,}025 \cdot 10^6$

- $\lambda = \frac{0{,}3164}{\sqrt[4]{25000}} = 0{,}025$

- Wasser von 80 °C; $\nu = 0{,}66 \cdot 10^{-6}\ \mathrm{m^2/s}$

- $\mathrm{Re} = \frac{2 \cdot 0{,}05}{0{,}66 \cdot 10^{-6}} = 0{,}15 \cdot 10^6$

- $\lambda = \frac{0{,}3164}{\sqrt[4]{150000}} = 0{,}016$

Ein weiterer Kälteträger ist das sogenannte **Binäreis**. Es handelt sich um einen pumpfähigen Eisbrei und bietet am Verbraucherort eine Enthalpiedifferenz, die sich aus fühlbarer Wärme $(q = c \cdot \Delta t)$ der Sole plus der Schmelzwärme q_s des anteiligen geschmolzenen Eises zusammensetzt. $q_{ges} = c \cdot \Delta t + q_s$ im Vergleich zum Wasser-Sole-Gemisch $q_{ges} = c \cdot \Delta t$.

Der Druckverlust im Rohrnetz ist mit konventioneller Methode schwierig zu berechnen. Man ist hier auf empirische Erfahrungen oder Hersteller-Angaben angewiesen, z. B. bei 20 % Additiven und 25 % Eiskonzentration ist $\Delta p_v = 0{,}4\ \mathrm{bar/m}$.

Indirekter Kühler ersetzt Verdampfer

Seit dem Inkrafttreten der F-Gase-Verordnung mit fluorierten Kältemitteln (F-Gase) steigt die Anzahl der Soleluftkühler. Das heißt, die Kältemittelverdampfer werden auch im Tiefkühlbereich durch Soleluftkühler ersetzt.

Wie bereits dargelegt ist die indirekte Kühlung mit einem Zwischenmedium ohne Latentwärme (Verdampfungswärme) gegenüber den Kältemitteln nachteilig, weil der umzuwälzende Volumenstrom um den Faktor $\frac{c \cdot \Delta t}{h_v}$ kleiner wird.

Für die Berechnung und Planung von Kälteübertragungssystemen unter 0 °C sind – wie Nachstehendes zeigt – die richtige Wahl des kälteübertragenden Mediums und die Kenntnis dessen thermophysikalischer Eigenschaften von großer Wichtigkeit.

Die bei den Planungen von Sole-Anlagen wichtigsten Größen

- Druckverlust Δp_v
- Wärmeübertragungskoeffizient α
- die Rohrdimension d

sind mit den konventionellen Berechnungsmethoden, wie sie bei inkompressiblen Fluiden (z. B. Wasser) üblich sind, nur schwierig zu ermitteln. Man ist hier auf **empirische** Erfahrungen angewiesen.

Für die überschlägige Berechnung wird Wasser mit einer Temperatur von 5 °C für das *relative* Verhältnis zum Kälteträger für turbulente Strömungen (Index w für Wasser) zugrunde gelegt:

- Relativer Druckverlust

$$\frac{\Delta p_v}{p_{v\text{-}w}} = \left(\frac{c_w}{c}\right)^{1,75} \cdot \left(\frac{\rho_w}{\rho}\right)^{0,75} \cdot \left(\frac{\nu}{\nu_w}\right)^{0,25} \quad (5.7)$$

- Relativer Rohrdurchmesser

$$\frac{d}{d_w} = \left(\frac{\nu}{\nu_w}\right)^{0,053} \cdot \left(\frac{\rho_w}{\rho}\right)^{0,37} \cdot \left(\frac{c_w}{c}\right)^{0,58} \quad (5.7a)$$

- Relativer Wärmeübertragungskoeffizient

$$\frac{\alpha}{\alpha_w} = \left(\frac{\lambda}{\lambda_w}\right)^{0,6} \cdot \left(\frac{c_w \cdot \rho_w \cdot \nu_w}{c \cdot \rho \cdot \nu}\right)^{0,4} \quad (5.7b)$$

mit

c = spez. Wärmekapazität in kJ/kgK

ρ = Dichte in kg/m³

ν = kinematische Viskosität in m²/s

λ = Wärmeleitkoeffizient in W/mK

Δp_v = Druckverlust in Pa

d = Rohrdurchmesser in m

α = Wärmeübertragungskoeffizient in W/m²K

Die v. g. Stoffwerte findet man für Wasser in den einschlägigen Tabellen, für den jeweiligen Kälteträger je nach Temperatur und je nach prozentiger Mischung mit Wasser beim Hersteller oder in den DKV-Blättern.

Der Einfluss der Viskosität, wie in Abschnitt 2.4.2 und Beispiel 2.12 aufgezeigt, verändert die Pumpenkennlinie hinsichtlich Förderstrom, Förderhöhe, Wirkungsgrad und Antriebsleistung im Vergleich zu Wasser. Eine Berechnung der Kennlinie ist nicht möglich (s. Abschnitt 2.4.2).

Beispiel 5.2

Vergleich zweier Kälteträger (z. Zt. sind mehr als 10-erlei Kälteträger im Handel) hinsichtlich Druckverlust und Rohrdimension.

a) Kälteträger „Antifrogen L“ mit 50 % Wassermischung bei –20 °C

Dichte ρ = 1080 kg/m³

Spez. Wärmekapazität c = 3,3 kJ/kgK

Kinematische Viskosität $\nu = 85 \cdot 10^{-6}\ \text{m}^2/\text{s}$

$$\frac{\Delta p_v}{\Delta p_{v\text{-}w}} = \left(\frac{4,2}{3,3}\right)^{1,75} \cdot \left(\frac{1000}{1080}\right)^{0,75} \cdot \left(\frac{85 \cdot 10^{-6}}{1,5 \cdot 10^{-6}}\right)^{0,25} = 3,96$$

Ein 3,96-facher Druckverlust gegenüber Wasser.

$$\frac{d}{d_w} = \left(\frac{85 \cdot 10^{-6}}{1,5 \cdot 10^{-6}}\right)^{0,053} \cdot \left(\frac{1000}{1080}\right)^{0,37} \cdot \left(\frac{4,2}{3,3}\right)^{0,58} = 1,38$$

Beispiel: Was beim Wassertransport ein DN50-Rohr ist, wäre bei Antifrogen L ein DN65-Rohr.

Der Wärmeübergangskoeffizient bei Antifrogen ist nur 16 % dessen von Wasser. Das bedeutet wesentlich größere Wärmeübertragungsflächen.

b) Kälteträger „Antifrogen kF", sonst wie zuvor mit

Dichte ρ = 1200 kg/m³

spez. Wärmekapazität c = 3,1 kJ/kgK

kinematische Viskosität $\nu = 4 \cdot 10^{-6}\ m^2/s$

$$\frac{\Delta p_v}{\Delta p_{v\text{-}w}} = \left(\frac{4,2}{3,1}\right)^{1,75} \cdot \left(\frac{1000}{1200}\right)^{0,75} \cdot \left(\frac{4 \cdot 10^{-6}}{1,5 \cdot 10^{-6}}\right)^{0,25} = 1,9$$

$$\frac{d}{d_w} = \left(\frac{4 \cdot 10^{-6}}{1,5 \cdot 10^{-6}}\right)^{0,053} \cdot \left(\frac{1000}{1200}\right)^{0,37} \cdot \left(\frac{4,2}{3,1}\right)^{0,58} = 1,17$$

Der Wärmeübertragungskoeffizient bei Antifrogen kF ist nur 67 % dessen von Wasser.

Man erkennt, Druckverlust und Rohrdurchmesser hängen im Wesentlichen von der kinematischen Viskosität ab.

Die Ergebnisse sind Größenordnungen, sie zeigen jedoch, wie wichtig die Auswahl des Kälteträgers ist.

Beispiel 5.3

Vergleich von Kälteträgern bei einer Kälteträger-Anlage

Gegeben: Kälteleistung $\dot{Q}_o = 1\,MW$, Fluidtemperatur –20 °C (flüssig), Leitungslänge bis zur Verteilung l_{glw} = 1000 m, Pumpenwirkungsgrad $\eta_p = 0,75$, Strömungsgeschwindigkeit c = 1 m/s

Ammoniak (flüssig) NH_3 gem. Abschnitt 5.2.1.2

Dichte ρ = 650 kg/m³, kinematische Viskosität $\nu = 0,35 \cdot 10^{-6}\ m^2/s$, Umwälzfaktor $x = \dot{m}_p / \dot{m}_k = 1,1$
Verdampfungsenthalpie h_v = 1300 kJ/kg

Rohrdimension:

Kältemassenstrom $\dot{m}_k = \frac{\dot{Q}_o}{h_v} = \frac{1000\,kW}{1300\,kJ/kg} = 0,77\ kg/s$

Umwälzpumpenmassenstrom $\dot{m}_p = x \cdot \dot{m}_k = 1,1 \cdot 0,77\ kg/s = 0,85\,kg/s$

Umwälzvolumenstrom $\dot{V} = \frac{\dot{m}_p}{\rho} = \frac{0,85\,kg/s}{650\,kg/m^3} = 13 \cdot 10^{-4}\ m^3/s$

Rohrdurchmesser $d = \sqrt{\frac{\dot{V}}{\pi / 4 \cdot c}} = \sqrt{\frac{4 \cdot 13 \cdot 10^{-4} m^3/s}{\pi \cdot 1 m/s}} = 4 \cdot 10^{-2}$ m gewählt d = 40 mm∅

Antriebsleistung der Pumpe:

$$P = \frac{\Delta p_v \cdot \dot{V}}{\eta_p}$$

$$\Delta p_v = \lambda \cdot \frac{l_{glw}}{d} \cdot \frac{\rho}{2} \cdot c^2$$

$$\lambda = \frac{0,3164}{\sqrt[4]{Re}};\ Re = \frac{c \cdot d}{\nu} = \frac{1\,m/s \cdot 0,04\,m}{0,35 \cdot 10^{-6}\,m^2/s} = 114268$$

$$\lambda = \frac{0,3164}{\sqrt[4]{114268}} = 0,017$$

$$\Delta p_v = 0,017 \cdot \frac{1000\,m}{0,04\,m} \cdot \frac{650\,kg/m^3}{2} \cdot (1\,m/s)^2 = 1,38\ bar$$

$$P = \frac{1,38 \cdot 10^5\,Pa \cdot 13 \cdot 10^{-4}\,m^3/s}{0,75} = 0,24\ kW$$

Kohlendioxid (flüssig) CO_2 gem. Abschnitt 5.2.1.2

Dichte ρ = 1000 kg/m³, kinematische Viskosität $\nu = 0,12 \cdot 10^{-6}\ m^2/s$, Umwälzfaktor x = 1,6, Verdampfungsenthalpie h_v = 282 kJ/kg

Rohrdimension:

Kältemassenstrom $\dot{m}_k = \frac{\dot{Q}_o}{h_v} = \frac{1000}{282} = 3,55\ kg/s$

Umwälzmassenstrom $\dot{m}_p = 1,6 \cdot 3,55\,kg/s = 5,68\ kg/s$

Umwälzvolumenstrom $\dot{V} = \frac{5,68\,kg/s}{1000\,kg/m^3} = 5,68 \cdot 10^{-3}\ m^3/s$

Rohrdurchmesser $d = \sqrt{\frac{4 \cdot 5,68 \cdot 10^{-3}}{\pi \cdot 1}} = 0,085\ m\varnothing$ gewählt DN80

Antriebsleistung der Pumpe:

$$\Delta p_v = \lambda \cdot \frac{l_{glw}}{d} \cdot \frac{\rho}{2} \cdot c^2$$

$$Re = \frac{1 \cdot 0,08}{0,12 \cdot 10^{-6}} = 666667$$

$$\lambda = \frac{0,3164}{\sqrt[4]{666667}} = 0,011$$

$$\Delta p_v = 0,011 \cdot \frac{1000\,m}{0,080\,m} \cdot \frac{1000\,kg/m^3}{2} \cdot (1\,m/s)^2 = 0,69\ bar$$

$$P = \frac{0,69 \cdot 10^5\,Pa \cdot 5,68 \cdot 10^{-3}\,m^3/s}{0,75} = 0,52\ kW$$

Sole (50 % Antifrogen kF/Wassergemisch, s. Beispiel 5.2)

Dichte ρ = 1200 kg/m³, kinematische Viskosität $\nu = 4 \cdot 10^{-6}$ m²/s, spez. Wärmekapazität c = 3,1 kJ/kgK, Temperaturdifferenz $\Delta t = 5$ k

Rohrdimension:

Kälteträgermassenstrom $\dot{m}_s = \frac{\dot{Q}_o}{c \cdot \Delta t} = \frac{1000\,\text{kW}}{3{,}1\,\text{kJ/kg} \cdot \text{K} \cdot 5\,\text{K}} = 64{,}5\,\text{kg/s}$

Umwälzvolumen $\dot{V} = \frac{\dot{m}_s}{\rho} = \frac{64{,}5\,\text{kg/s}}{1200\,\text{kg/m}^3} = 0{,}054\,\text{m}^3/\text{s}$

Druckverlust bei Wasser gem. Bsp. 5.2 mit $\lambda = 0{,}019$

$$\Delta p_{\text{v-w}} = 0{,}019 \cdot \frac{l_{\text{glw}}}{d} \cdot \rho_w \cdot \frac{c^2}{2}$$

$$d_w = \sqrt{\frac{4 \cdot \dot{V}_w}{\pi \cdot 1}}\;;\; \dot{V}_w = \frac{\dot{Q}_o}{c_w \cdot \rho \cdot \Delta t} = \frac{1000\,\text{kW}}{4{,}2\,\text{kJ/kg} \cdot \text{K} \cdot 1000\,\text{kg/m}^3 \cdot 5\,\text{K}} = 0{,}0476\,\text{m}^3/\text{s}$$

$$= \sqrt{\frac{4 \cdot 0{,}0476\,\text{m}^3/\text{s}}{\pi \cdot 1\,\text{m/s}}} = 0{,}246\,\text{m}\varnothing$$

$$\Delta p_{\text{v-w}} = 0{,}019 \cdot \frac{1000\,\text{m}}{0{,}246\,\text{m}} \cdot 1000\,\frac{\text{kg}}{\text{m}^3} \cdot \frac{(1\,\text{m/s})^2}{2} = 0{,}386\,\text{bar}$$

Druckverlust mit der Sole:

$$\Delta p_v = 0{,}386\,\text{bar} \cdot \left(\frac{4{,}2\,\text{kJ/kg} \cdot \text{K}}{3{,}1\,\text{kJ/kg} \cdot \text{K}}\right)^{1{,}75} \cdot \left(\frac{1000\,\text{kg/m}^3}{1200\,\text{kg/m}^3}\right)^{0{,}75} \cdot \left(\frac{4 \cdot 10^{-6}\,\text{m}^2/\text{s}}{1{,}5 \cdot 10^{-6}\,\text{m}^2/\text{s}}\right)^{0{,}25} = 0{,}73\,\text{bar}$$

Rohrdurchmesser mit der Sole:

$$d = 0{,}246\,\text{m} \cdot \left(\frac{4 \cdot 10^{-6}}{1{,}5 \cdot 10^{-6}}\right)^{0{,}053} \cdot \left(\frac{1000}{1200}\right)^{0{,}37} \cdot \left(\frac{4{,}2}{3{,}1}\right)^{0{,}58} = 0{,}29\,\text{m}\varnothing \text{ gewählt DN250}$$

Antriebsleistung der Pumpe:

$$P = \frac{0{,}73 \cdot 10^5\,\text{Pa} \cdot 0{,}054\,\text{m}^3/\text{s}}{0{,}75} = 5{,}26\,\text{kW}$$

Man erkennt den Einfluss der Verdampfungsenthalpie auf die Rohrdimensionierung.

Beispiel 5.4

Ermittlung der Rohrdimensionen einer R134a-Kälteanlage

Kälteleistung $\dot{Q}_o = 12{,}5\,\text{kW}$

Verdampfungstemperatur $t_o = -15\,°\text{C}$

Verdichtereintritt $t_{v1} = -5\,°\text{C}$

Verdichteraustritt $t_{v2} = 75°C$

Verflüssigungstemperatur $t_c = 40°C$

Unterkühlungstemperatur $t_u = 35°C$

Aus der R134a-Dampftafel bzw. dem lg p, h-Diagramm (s. Abbildung 5.4)

$t_o = -15°C \quad h_1 = 398,8 \text{ kJ/kg}, \ \rho_1 = 8,5 \text{ kg/m}^3$

$h_{3/4} = 249,2 \text{ kJ/kg}, \ \rho_u = 1168,8 \text{ kg/m}^3$

$t_{v1} = -5°C \quad h_{v1} = 398,8 \text{ kJ/kg}, \ \rho_{v1} = 7,9 \text{ kg/m}^3$

$t_{v2} = 75°C \quad h_{v2} = 452 \text{ kJ/kg}, \ \rho_{v2} = 50 \text{ kg/m}^3$

$t_c = 40°C \quad h_{3'} = 256,6 \text{ kJ/kg}, \ \rho_{3'} = 1146,1 \text{kg/m}^3$

$t_u = -5°C \quad h_3 = 249,2 \text{ kJ/kg}, \ \rho_3 = 1168 \text{ kg/m}^3$

Kältemittelmassenstrom

$$\dot{m} = \frac{\dot{Q}_o}{h_1 - h_{3/4}} = \frac{12,5 \text{kW}}{398,8 \text{kJ/kg} - 249,2 \text{kJ/kg}} = 0,084 \text{ kg/s}$$

Einspritzleitung (zwei Phasen)

$$\dot{V}_{ex} = \frac{(1-x) \cdot \dot{m}}{\rho''} + \frac{x \cdot \dot{m}}{\rho'} ; \rho'' \text{ und } \rho' \text{ aus der R134a-Sattdampftafel}$$

Gewählte Strömungsgeschwindigkeiten

$c_{ex} = 8,75 \text{ m/s}, \ c_{SL} = 12,5 \text{ m/s}, \ c_{DL} = 8,3 \text{ m/s}, \ c_{FL} = 0,5 \text{ m/s}$

Rohrdurchmesser

$$\dot{V}_{ex} = \frac{(1-0,35) \cdot 0,084 \text{kg/s}}{8,29 \text{kg/m}^3} + \frac{0,35 \cdot 0,084 \text{kg/s}}{1340,8 \text{kg/m}^3} = 0,0066 \text{ m}^3\text{/s}$$

$$d_{ex} = \sqrt{\frac{\dot{V}_{ex}}{c_{ex} \cdot \pi / 4}} = \sqrt{\frac{0,0066 \text{m}^3\text{/s}}{8,75 \text{m/s} \cdot 0,785}} = 0,031 \text{m}\varnothing \text{, gewählt } 28\varnothing \text{x} 1,5$$

$$\dot{V}_{SL} = \frac{\dot{m}}{\rho_{m\text{-}SL}} ; \rho_{m\text{-}SL} = \frac{\rho_1 + \rho_{v1}}{2} = \frac{8,5 \text{kg/m}^3 + 7,9 \text{kg/m}^3}{2} = 8,2 \text{ kg/m}^3$$

$$V_{SL} = \frac{0,084 \text{kg/s}}{8,2 \text{kg/m}^3} = 0,010 \text{ m}^3\text{/s}$$

$$d_{SL} = \sqrt{\frac{0,010 \text{m}^3\text{/s}}{12,5 \text{m/s} \cdot 0,785}} = 0,032 \text{ m}\varnothing \text{, gewählt } 35\varnothing \text{x} 1,5$$

$$\dot{V}_{DL} = \frac{\dot{m}}{\rho_{m\text{-}DL}}; \rho_{m\text{-}DL} = \frac{\rho_2 + \rho_{v2}}{2} = \frac{42\,kg/m^3 + 50\,kg/m^3}{2} = 46\ kg/m^3$$

$$\rho_2 = 42\frac{kg}{m^3} \text{ bei } p_c \triangleq 70°C$$

$$V_{DL} = \frac{0{,}084\,kg/s}{46\,kg/m^3} = 0{,}00183\ m^3/s$$

$$d_{DL} = \sqrt{\frac{0{,}00183\,m^3/s}{8{,}3\,m/s \cdot 0{,}785}} = 0{,}017\ m\varnothing\text{, gewählt } 18\varnothing \times 1$$

$$\dot{V}_{FL} = \frac{\dot{m}}{\rho_u} = \frac{0{,}084\,kg/s}{1168\,kg/m^3} = 7{,}19 \cdot 10^{-5}\ m^3/s$$

$$d_{FL} = \sqrt{\frac{7{,}19 \cdot 10^{-5}\,m^3/s}{0{,}5\,m/s \cdot 0{,}785}} = 0{,}0135\ m\varnothing\text{, gewählt } 15\varnothing \times 1$$

Anmerkung: Für die Ermittlung von d_{SL} und d_{DL} bzw. $\dot{V}_{SL}$ und $\dot{V}_{DL}$ wird mit der mittleren Dichte $\rho_{m\text{-}s}$ und $\rho_{m\text{-}DL}$ gerechnet. Diese wird ermittelt gem. Abbildung 5.4 zwischen h_1 bei p_o und h_1 bei p_1 bzw. t_{v1} und $\rho_{m\text{-}DL}$ zwischen h_2 bei p_2 bzw. t_{v2} und bei p_c überhitzt.

Beispiel 5.5

Bei einer R404A-Kälteanlage mit 3 m ansteigender Saugleitung und leistungsgeregeltem Verdichter bis 1/3 $\dot{Q}$ ist die Saugleitung $54\ mm\varnothing \times 2\ mm$.

Gegeben:

Kälteleistung $\dot{Q}_o = 20\ kW$

Spez. Kältearbeit $q_o = 101{,}57\ kJ/kg$

Verdampfungstemperatur $t_o = -28°C$

Überhitzung auf $t_1 = -21°C$

Verdichtungsansaugtemperatur $t_{v1} = -5°C$

Mittlere Saugleitungstemperatur $t_{SL} = \frac{t_1 + t_{v1}}{2} = \frac{-26°C}{2} = -13°C$

Mittlere Dichte bei $t_{SL} = -13°C$ $\quad \rho_{m\text{-}SL} = 10\ kg/m^3$

Gesucht:

Die Strömungsgeschwindigkeit der Saugleitung c_{SL} bei $\dot{Q}_o$ und bei 1/3 $\dot{Q}_o$ sowie die Rohrdimensionen der Saugleitung bei 1/3 Q_o mit $c_{SL}^{min} = 7\,m/s$.

Lösung:

a) c_{SL} bei $\dot{Q}_o$

$$\dot{m} = \frac{\dot{Q}_o}{q_o} = \frac{20\,kW}{101{,}57\,kJ/kg} = 0{,}197\ kg/s$$

$$\dot{V}_{SL} = \frac{\dot{m}}{\rho_{m\text{-}SL}} = \frac{0{,}197\,\text{kg/s}}{10\,\text{kg/m}^3} = 0{,}0197\ \text{m}^3/\text{s}$$

$$c_{SL} = \frac{\dot{V}_{SL}}{d_{SL}^2 \cdot \pi/4} = \frac{0{,}0197\,\text{m}^3/\text{s}}{(0{,}05\,\text{m})^2 \cdot \pi/4} = 10\ \text{m/s}$$

b) c'_{SL} bei 1/3 $\dot{Q}_0$

$$\dot{m}' = \frac{0{,}197}{3} = 0{,}066\ \text{kg/s}$$

$$\dot{V}'_{SL} = \frac{0{,}066}{10} = 0{,}0066\ \text{m}^3/\text{s}$$

$$c'_{SL} = \frac{0{,}0066}{0{,}05^2 \cdot \pi/4} = 3{,}36\ \text{m/s}$$

Mit c'_{SL} ist der Öltransport nicht gesichert. Abhilfe bietet das Splitting der Saugleitung!

Splitting der Steigleitung:

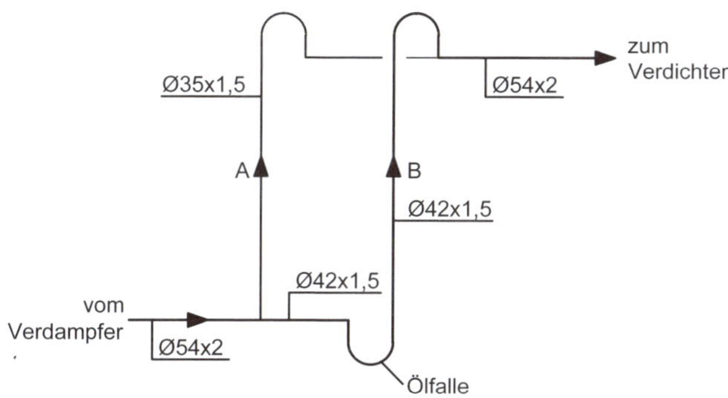

Abb. 5.6: Darstellung zu Beispiel 5.5

$$c_{SL}^{min} = 7\ \text{m/s}$$

$$d_A = \sqrt{\frac{0{,}0066\,\text{m}^3/\text{s}}{7\text{m/s} \cdot \pi/4}} = 0{,}035\ \text{m}\varnothing\text{, gewählt }\ 35\ \text{mm}\varnothing \times 1{,}5\ \text{mm}$$

$$d_B:\ \dot{V}_{SL} - \dot{V}'_{SL} = 0{,}0197\,\text{m}^3/\text{s} - 0{,}0066\,\text{m}^3/\text{s} = 0{,}013\ \text{m}^3/\text{s}$$

$$d_B = \sqrt{\frac{0{,}013\,\text{m}^3/\text{s}}{7\,\text{m/s} \cdot \pi/4}} = 0{,}049\ \text{m}\varnothing\text{, gewählt }\ 42\ \text{mm}\varnothing \times 1{,}5\ \text{mm}$$

Beispiel 5.6

Gegeben:

Eine 20 m lange R23-Saugleitung mit $c_{SL} = 10$ m/s Strömungsgeschwindigkeit sowie äquivalenter, gesättigter Temperaturdifferenz mit

$t_o = -80°C$

$t = -73°C$ Überhitzung bei p_o

$\rho_{m\text{-}SL} = 5\,kg/m^3$

$d_{SL} = 54\,mm\varnothing\,x\,2\,mm$

$\lambda = 0,03, \quad \Delta p = 0,06\,bar/K$

Gesucht:

Der Saugleitungsdruckabfall $\Delta p_{v\text{-}SL}$

Lösung:

Druckverlust $\Delta p_{v\text{-}SL} = \lambda \cdot \frac{l}{d} \cdot \frac{\rho}{2} \cdot c_{SL}^2 = 0,03 \cdot \frac{20\,m}{0,05\,m} \cdot \frac{5\,kg/m^3}{2} \cdot (10\,m/s)^2 = 3000\,Pa$

Äquivalente Temperaturdifferenz $\Delta T = \frac{\Delta p_v}{\Delta p} = \frac{0,03\,bar}{0,06\,bar/K} = 0,5\,K$

Der Druckverlust beträgt 3000 Pa, die äquivalente Tempertaturdifferenz lautet 0,5 K.

Beispiel 5.7

Gegeben: Eine Flüssigkeitsleitung mit $l = 10\,m$ und

l_{glw} = Filter-Trockner 1,95 m

Schauglas 0,7 m

5 Bögen à 0,25 m →1,25m

Magnetventil $\Delta p_{v\text{-}MV} = 0,16\,bar$

Absperrventil 2,10 m

$h_{geo} = 4m,\ \lambda = 0,03,\ c_{FL} = 0,8\,m/s,\ d_{SL} = 13\,mm\varnothing(15\varnothing\,x\,1)$

Kondensationstemperatur t_c = 40 °C, $\rho_{FL} = 1004\,kg/m^3$

Unterkühlung t_u = 36 °C

Gesucht: der Druckverlust

Lösung:

$\Delta p = p_c - p_u = 0,446\,bar/K$

$$\Delta p_{v\text{-}FL} = \lambda \cdot \frac{l + l_{glw}}{d_{FL}} \cdot \frac{\rho}{2} \cdot c_{FL}^2 + h_{geo} \cdot \rho \cdot g + \Delta p_{v\text{-}MV}$$

$$= 0,03 \cdot \frac{10\,m + 6\,m}{0,013\,m} \cdot \frac{1004\,kg/m^3}{2} \cdot (0,8\,m/s)^2 + 4\,m \cdot 1004\,kg/m^3 \cdot 9,81\,m/s^2 + 0,16 \cdot 10^5\,Pa$$

$$= 67259,61\,Pa = 0,67\,bar$$

$$\Delta T = \frac{\Delta p_{\text{v-FL}}}{\Delta p} = \frac{0{,}67\,\text{bar}}{0{,}446\,\text{bar/K}} = 1{,}5\,\text{K}$$

Der Druckverlust beträgt 0,67 bar bis zum Ex-Ventil. Bleibt noch ca. 1 bar für das Ex-Ventil.

Beispiel 5.8

Gegeben:

Eine R134a-Druckleitung mit 4 m Steigleistung hat eine

$l_{\text{ges}} = l + l_{\text{glw}} = 8{,}85\ \text{m},\ c_{\text{DL}} = 10\ \text{m/s},\ \lambda = 0{,}03$ mit

$\Delta p = p_c - p_c' = 0{,}39\ \text{bar/K}\ \left(p_c \mathrel{\hat{=}} 60°\text{C},\ p_c' \mathrel{\hat{=}} 59°\text{C}\right)$

Kälteleistung $\dot{Q}_o = 15\,\text{kW},\ 25\,\%\ \dot{Q}_o$ geregelt

Kondensationstemperatur $t_c = 60°\text{C}$

Verdichteransaugtemperatur $t_{v1} = 10°\text{C}$

Verdichteraustrittstemperatur $t_{v2} = 85°\text{C}$

$\rho_{\text{m-DL}} = 80\ \text{kg/m}^3\ \left(\rho_m \text{ aus } t_{v2} \text{ und } t_2 \text{ bei } p_c\right)$

Gesucht:

$\Delta T_{\text{äq}}$ und $\Delta p_{\text{v-DL}}$ bei $t_o = 5°\text{C}$ und $t_u = 58°\text{C}$

Lösung:

Aus dem R134a-Diagramm bzw. R134a-Tafel:

$$q_o = h_1 - h_{3/4} = 450\,\text{kJ/kg} - 285\,\text{kJ/kg} = 165\ \text{kJ/kg}$$

$$\dot{m} = \frac{\dot{Q}_o}{q_o} = \frac{15\,\text{kW}}{165\,\text{kJ/kg}} = 0{,}091\,\text{kg/s}$$

$$\dot{V}_{\text{DL}} = \frac{\dot{m}}{\rho_{\text{m-DL}}} = \frac{0{,}091\,\text{kg/s}}{80\,\text{kg/m}^3} = 0{,}0011\,\text{m}^3/\text{s}$$

$$d_{\text{DL}} = \sqrt{\frac{0{,}0011\,\text{m}^3/\text{s}}{10\,\text{m/s}\cdot\pi/4}} = 0{,}012\ \text{m}\varnothing,\ \text{gewählt } 15\ \text{mm}\varnothing \text{x} 1\,\text{mm}$$

$$\Delta p_{\text{v-DL}} = \lambda\cdot\frac{l + l_{\text{glw}}}{d}\cdot\frac{\rho}{2}\cdot c_{\text{DL}}^2 = 0{,}03\cdot\frac{8{,}85\,\text{m}}{0{,}013\,\text{m}}\cdot\frac{80\,\text{kg/m}^3}{2}\cdot(10\,\text{m/s})^2 = 0{,}82\,\text{bar}$$

$$\Delta T_{\text{äq}} = \frac{\Delta p_{\text{v-DL}}}{\Delta p} = \frac{0{,}82\,\text{bar}}{0{,}39\,\text{bar/K}} = 2{,}1\text{K} \quad \left(\text{ggf. } d_{\text{DL}} = 18\ \text{mm}\varnothing \text{x} 1\,\text{mm}\right)$$

Der Druckverlust beträgt 0,82 bar und die äquivalente Temperaturdifferenz lautet 2,1 K.

Beispiel 5.9

Heiz- und Kühlfunktion mit einer Wärmepumpe resp. Kältemaschine im Splitsystem für eine RLT-Anlage.

Aufbauend auf Abschnitt 3.4:

Es ist der heutige Trend bei RLT-Anlagen, die benötigte Frischluftmenge auf die Personenzahl bezogen auszulegen. Das heißt, das zentrale Luftaufbereitungsgerät wird mit reiner Außen- bzw. Fortluft gefahren. Die internen Heiz- und Kühllasten werden dezentral mittels Heiz- bzw. Kühlkörper abgeführt.

Anstelle einer **rekuperativen oder regenerativen Wärmerückgewinnung** (WRG) – aus der Fortluft für die Vorwärmung der Außenluft – kann man auch eine Luft/Luft-Wärmepumpe mit Heiz- und Kühlfunktion mittels einer Kältemaschine im Splitsystem arbeitend projektieren. Es wird dabei die Durchflussrichtung des Kältemittels umgekehrt, so übernimmt beim Umschalten vom Kühlbetrieb auf Heizbetrieb der Luftkühler die Verflüssigerfunktion und der Lufterhitzer die Verdampferfunktion.

Im Nachstehenden – mit den üblichen Parametern – wird eine Gebäude-RLT-Anlage aufgezeigt mit dieser v. g. Variante.

Parameter:

Zuluftmenge = Außenluftmenge	30.000 m³/h
Abluftmenge = Fortluftmenge	30.000 m³/h
Außenluftkonditionen	i. S. 32 °C/40 % r. F.
	i. W. -12 °C/90 % r. F.

Realistische Zustandsänderungen im h,x-Diagramm Abb. 5.7:

- Zulufttemperatur 15 °C bei 32 °C/40 % r. F. Außenluft im Sommer
- Sich ergebende Zulufttemperatur im Winter von 18 °C bei -12 °C Außentemperatur

Mit den v. g. Daten errechnet sich:

Die Kälteleistung $\dot{Q}_0 = \dot{V}_L \cdot \rho_L \cdot \Delta h$; Δh = Enthalpiedifferenz in kJ/kg aus Abbildung 5.7

$$\rho_L = \frac{1{,}15 + 1{,}21}{2} = 1{,}18 \text{ kg/m}^3$$

$$\dot{Q}_0 = \frac{30000 \text{ m}^3\text{/h}}{3600} \cdot 1{,}18 \text{ kg/m}^3 \cdot 23 \text{ kJ/kg} = 226{,}17 \text{ kW}$$

Die Antriebsleistung bei $\varepsilon_0 = 3{,}0$ Kälteleistungszahl

$$P = \frac{226{,}17 \text{ kW}}{3{,}0} = 75{,}39 \text{ kW}$$

Und die Kondensatorleistung:

$$\dot{Q}_c = \dot{Q}_0 + P = 226{,}17 \text{ kW} + 75{,}39 \text{ kW} = 301{,}56 \text{ kW}$$

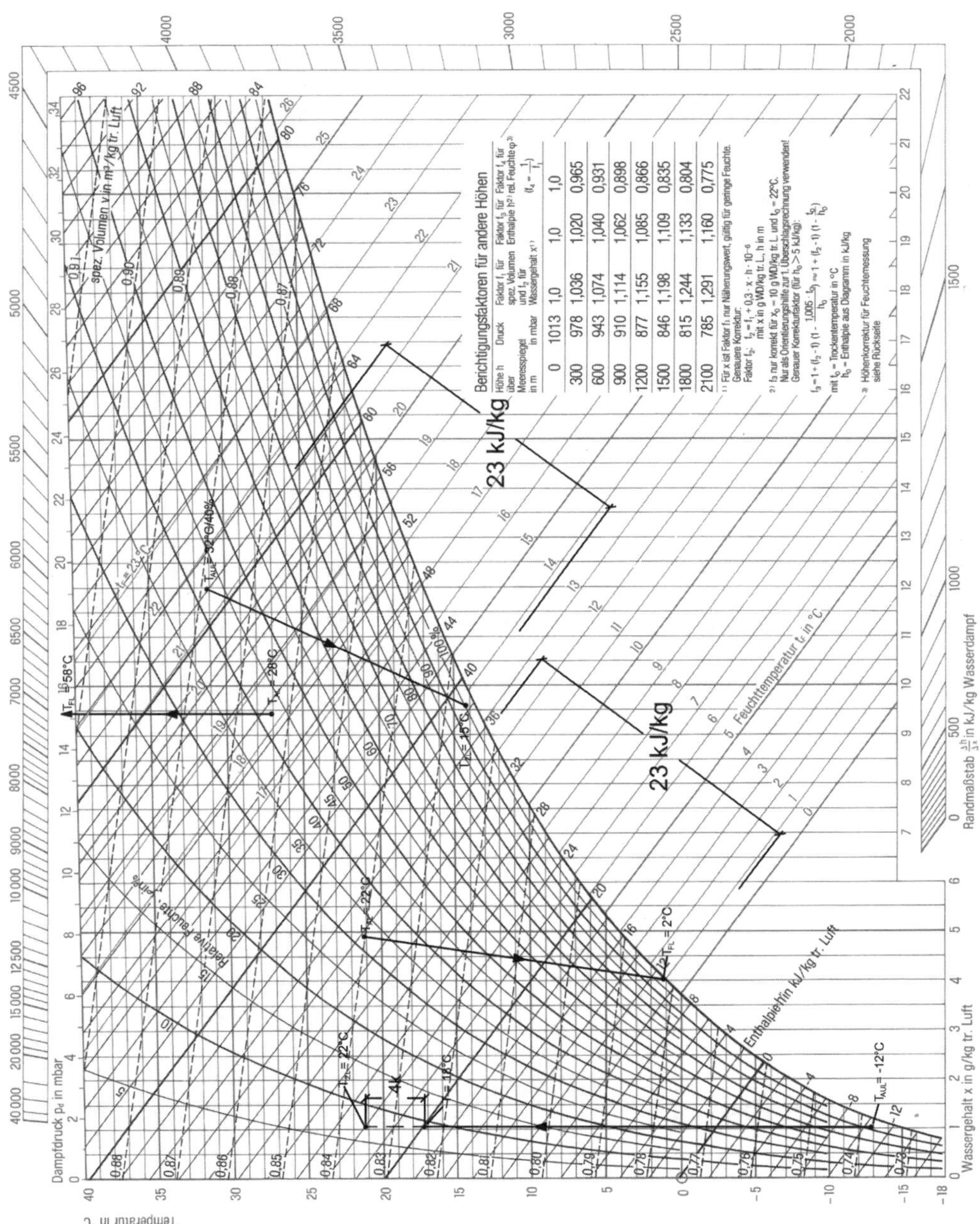

Abb. 5.7: h,x-Diagramm für feuchte Luft

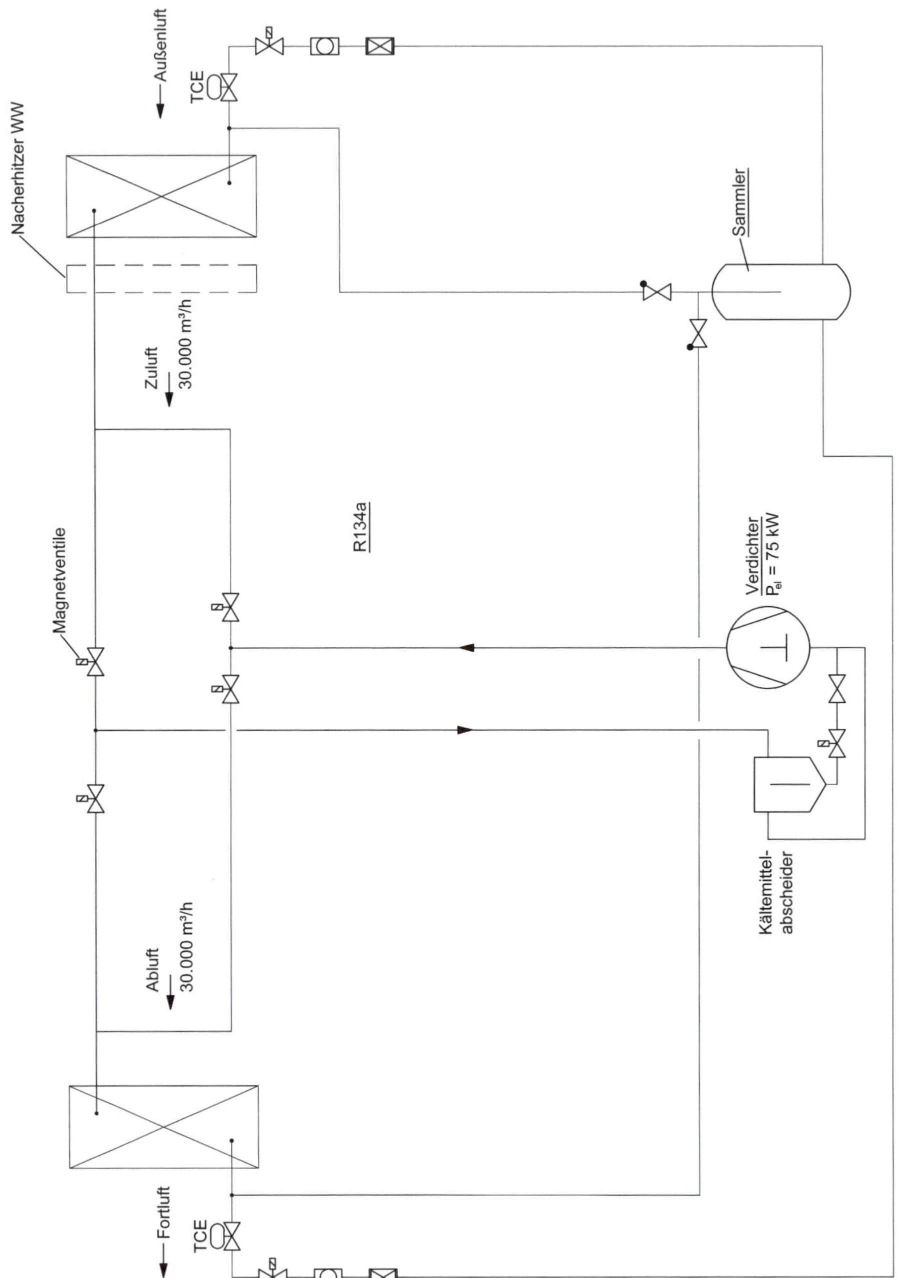

Abb. 5.8: Splitsystem Kälteschema für Heiz- und Kühlfunktion

Die Abbildung 5.8 zeigt den grundsätzlichen Systemaufbau; die Abbildungen 5.9/5.10 zeigen den Kältemittelfluss im Sommer- bzw. Winterbetrieb.

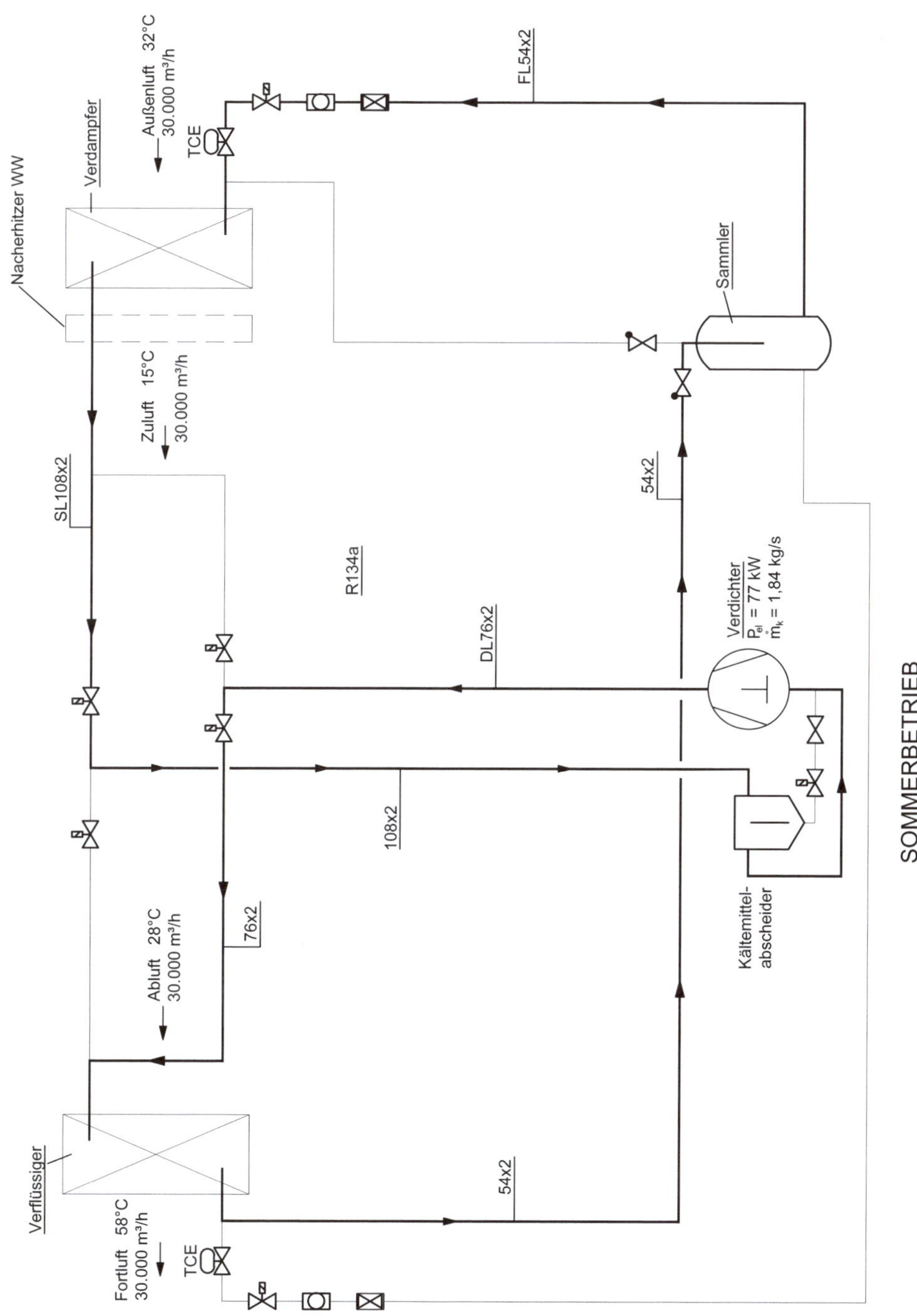

Abb. 5.9: Sommerbetrieb

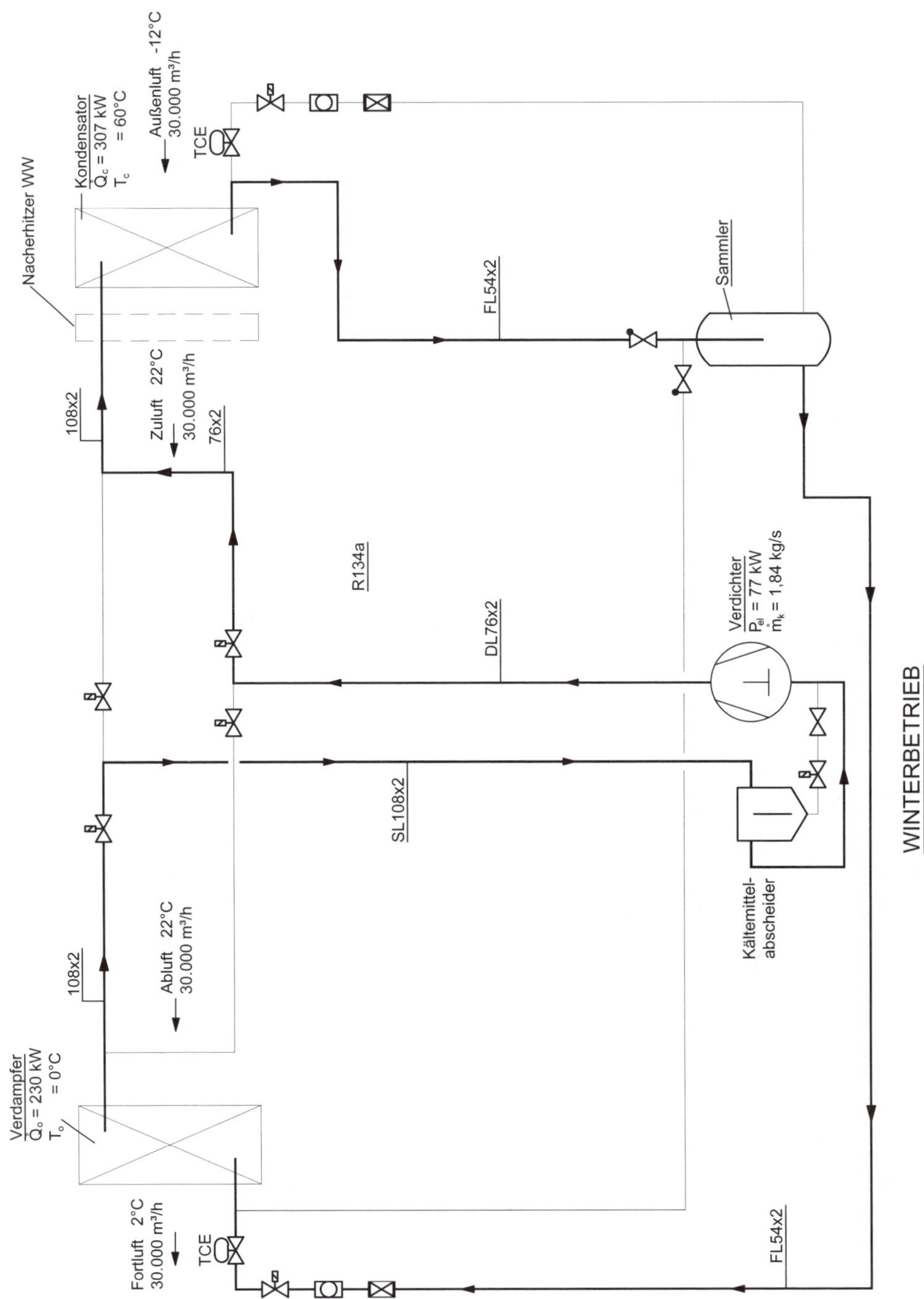

Abb. 5.10: Winterbetrieb

Auslegung der Anlage

Daten aus dem lg p,h-Diagramm R134a:

Kälteleistung	$\dot{Q}_o = 226{,}17\ \text{kW}$
Kondensatorleistung	$\dot{Q}_c = 301{,}56\ \text{kW}$
Verdampfungstemperatur	$t_o = 0°\text{C}$
Überhitzungstemperatur	$t_ü = 10°\text{C}$
Kondensationstemperatur	$t_c = 60°\text{C}$
Unterkühlungstemperatur	$t_u = 56°\text{C}$
Verdampfungsdruck	$p_o = 2{,}93\ \text{bar}$
Kondensationsdruck	$p_c = 16{,}81\ \text{bar}$
z. Verf. stehender Flüssigkeitsdruck	$p_{FL} = 1{,}53\ \text{bar}$

$h_{geo} = 2\ \text{m}$ für die Flüssigkeitsleitung

Sonstiges: $c_{SL} = c_{DL} = 10\ \text{m/s},\ c_{FL} = 1\ \text{m/s},\ l_{ges} = l + l_{glw} = 50\ \text{m}$

Für je Saug-, Druck-, Flüssigkeitsleitung $\lambda = 0{,}03$

Druckverlust $\Delta p_{v\text{-}FL}^{max} = 0{,}5\ \text{bar}$ bis zum Expansionsventil

Äquivalente Temperaturdifferenz $\Delta T_{äq\text{-}SL} = 2{,}0 \qquad \Delta T_{äq\text{-}DL} = 1{,}0$

Kältearbeit $q_o = h_1 - h_{3/4} = 405\ \text{kJ/kg} - 280\ \text{kJ/kg} = 125\ \text{kJ/kg}$

Kältemittelmassenstrom $\dot{m} = \dfrac{\dot{Q}_o}{q_o} = \dfrac{226{,}17\ \text{kW}}{125\ \text{kJ/kg}} = 1{,}81\ \text{kg/s}$

Mittlere Dichte: $\rho_{m\text{-}SL} = 13\ \text{kg/m}^3,\ \rho_{m\text{-}DL} = 80\ \text{kg/m}^3,\ \ \rho_{m\text{-}FL} = 1078\ \text{kg/m}^3$

a) Flüssigkeitsleitung

$$\Delta p_{v\text{-}FL} = \lambda \cdot \frac{l_{ges}}{d_{FL}} \cdot \frac{\rho_{FL}}{2} \cdot c_{FL}^2 + h_{geo} \cdot \rho_{FL} \cdot g$$

$$= 0{,}03 \cdot \frac{50\ \text{m}}{d_{FL}} \cdot \frac{1078\ \text{kg/m}^3}{2} \cdot (1\ \text{m/s})^2 + 2\ \text{m} \cdot 1078\ \text{kg/m}^3 \cdot 9{,}81\ \text{m/s}^2$$

$$d_{FL} = \sqrt{\frac{\dot{m}}{\rho_{FL} \cdot c_{FL} \cdot \pi/4}} = \sqrt{\frac{1{,}81\ \text{kg/s}}{1078\ \text{kg/m}^3 \cdot 1\ \text{m/s} \cdot \pi/4}} = 0{,}0463\ \text{m}\varnothing \text{, gewählt } 54\ \text{mm}\ \varnothing \times 2\ \text{mm}$$

Korrektur der Strömungsgeschwindigkeit c_{FL} :

$$c_{FL} = \frac{\dot{m}}{\rho_{FL} \cdot d_{FL}^2 \cdot \pi/4} = \frac{1{,}81\,\text{kg/s}}{1078\,\text{kg/m}^3 \cdot (0{,}05\,\text{m})^2 \cdot \pi/4} = 0{,}86\,\text{m/s}$$

$$\Delta p_{v\text{-}FL} = 0{,}03 \cdot \frac{50}{0{,}05} \cdot \frac{1078}{2} \cdot 0{,}8^2 + 2 \cdot 1078 \cdot 9{,}81 = 0{,}33\,\text{bar}$$

b) Saugleitung

$$\Delta p_{v\text{-}SL} = 0{,}03 \cdot \frac{50}{d_{SL}} \cdot \frac{\rho_{m\text{-}SL}}{2} \cdot c_{SL}^2$$

$$d_{SL} = \sqrt{\frac{\dot{m}}{\rho_{m\text{-}SL} \cdot c_{SL} \cdot \pi/4}} = \sqrt{\frac{1{,}81}{13 \cdot 10 \cdot \pi/4}} = 0{,}133\,\text{m}\varnothing \text{, gewählt 108 mm} \varnothing \text{ x 2 mm}$$

$$c_{SL} = \frac{1{,}81}{13 \cdot 0{,}104^2 \cdot \pi/4} = 16{,}4\,\text{m/s}$$

$$\Delta p_{v\text{-}SL} = 0{,}03 \cdot \frac{50}{0{,}104} \cdot \frac{13}{2} \cdot 16{,}4^2 = 0{,}25\,\text{bar}$$

0 °C mit 2,83 bar und 1 °C mit 2,93 bar ergibt Δp_o = 0,1 bar/K

$$\Delta T_{äq\text{-}SL} = \frac{\Delta p_{v\text{-}SL}}{\Delta p_o} = \frac{0{,}25\,\text{bar}}{0{,}1\,\text{bar/K}} = 2{,}5\,\text{K}$$

Die ermittelte äquivalente Temperaturdifferenz ist zu hoch, daher d_{SL} größer wählen.

c) Druckleitung

$$\Delta p_{v\text{-}DL} = 0{,}03 \cdot \frac{50}{d_{DL}} \cdot \frac{\rho_{m\text{-}DL}}{2} \cdot c_{DL}^2$$

$$d_{DL} = \sqrt{\frac{\dot{m}}{\rho_{m\text{-}DL} \cdot c_{DL} \cdot \pi/4}} = \sqrt{\frac{1{,}81}{80 \cdot 10 \cdot \pi/4}} = 0{,}054\,\text{m}\varnothing \text{, gewählt 76 mm} \varnothing \text{ x 2 mm}$$

$$c_{DL} = \frac{1{,}81}{80 \cdot 0{,}072^2 \cdot \pi/4} = 5{,}56\,\text{m/s}$$

$$\Delta p_{v\text{-}DL} = 0{,}03 \cdot \frac{50}{0{,}072} \cdot \frac{80}{2} \cdot 5{,}56^2 = 0{,}26\,\text{bar}$$

60 °C mit 16,81 bar und 59 °C mit 16,42 bar ergibt Δp_c = 0,39 bar/K

$$\Delta T_{äq\text{-}DL} = \frac{\Delta p_{v\text{-}DL}}{\Delta p_c} = \frac{0{,}26}{0{,}39} = 0{,}67\,\text{K}$$

d) Verdichterleistung

$p_1 = p_o - \Delta p_{v\text{-SL}} = 2{,}93 - 0{,}25 = 2{,}68$ bar

$p_2 = p_c + \Delta p_{v\text{-DL}} = 16{,}81 + 0{,}26 = 17{,}07$ bar

Polytropenexponent $n = 1{,}2$ (aus Tabelle)

$$\dot{W}_t = P = \dot{m} \cdot \frac{n}{n-1} \cdot \frac{1}{\rho_{m\text{-SL}}} \cdot p_1 \cdot \left[\left(p_2 / p_1 \right)^{\frac{n-1}{n}} - 1 \right]$$

$$= 1{,}81 \text{kg/s} \cdot \frac{1{,}2}{0{,}2} \cdot \frac{1}{13 \text{kg/m}^3} \cdot 2{,}68 \cdot 10^5 \text{Pa} \cdot \left[\left(\frac{17{,}07 \text{bar}}{2{,}68 \text{bar}} \right)^{\frac{0{,}2}{1{,}2}} - 1 \right] = 81 \text{kW}$$

$$= 1{,}81 \text{kg/s} \cdot 44{,}7 \text{ kJ/s} = \dot{m} \cdot \left(h_2 - h_1 \right)$$

Leistungszahlkorrektur $\varepsilon_o = \frac{\dot{Q}_o}{P}$; $\varepsilon_o = \frac{226{,}17 \text{kW}}{81 \text{kW}} = 2{,}79$

$$\varepsilon_c = \frac{\dot{Q}_c}{P}; \; \varepsilon_c = \frac{226{,}17 + 81}{81} = 3{,}79$$

6 Instationäre Strömung in Rohrleitungen

Bei den technischen Anwendungen kommt man meist mit den *stationären Strömungen* aus. Zu den instationären Strömungen – im Rahmen dieses Buches – gehören die Anfahrvorgänge und Druckstöße beim raschen Abschalten durchströmter Rohrleitungen.

Zu den drei Energieformen in der Bernoulli-Gleichung für stationäre Strömung

- kinetische Energie,
- potentielle Energie (Lageenergie) und
- Druckenergie

kommt bei der instationären Strömung noch der Energieaufwand für die **Beschleunigung** der Strömung hinzu (z. B. die Anlaufströmung in einem Rohr nach der Ventilöffnung).

Die nachstehende Gleichung nach *L. Euler*

$$g \cdot \delta z + \frac{\delta p}{\rho} + \delta \cdot \left(\frac{c^2}{2} \right) + \underbrace{\frac{\delta c}{\delta t} \cdot \delta s}_{\text{lokale Beschleunigung}} = 0$$

beschreibt die spez. Energieform der **eindimensionalen, instationären, inkompressiblen Strömung** und mit Reibung in der Druckdimension wird Gleichung 1.5a zu:

$$p_1 + \rho \cdot g \cdot h_1 + \frac{\rho}{2} \cdot c_1^2 = p_2 + \rho \cdot g \cdot h_2 + \frac{\rho}{2} \cdot c_2^2 + \rho \int_{s_1}^{s_2} \frac{\delta c}{\delta t} \cdot ds + \Delta p_v \qquad (6.1)$$

s = Weg in m

Diese Gleichung wird z. B. bei exakter Bestimmung der Förderarbeit von Pumpen mit gestörten Zu- und/oder Abströmungen verwendet.

Bei stationären Strömungen entfällt die lokale Beschleunigung $\frac{\delta c}{\delta t}$, d. h., die Geschwindigkeit ändert sich nur mit dem Ort und es entfallen $\frac{\delta c}{\delta t} \cdot \delta s$ und die partiellen Differentiale. Es gilt die bekannte Bernoulli-Gleichung.

6.1 Anlaufströmung ohne Reibung

Gemäß Abbildung 6.1: Nach plötzlichem Öffnen des Kugelhahnes kommt die Rohrströmung, beginnend mit $c = 0$ zur Zeit $t = 0$, in Gang und erreicht nach einer Zeit asymptotisch den stationären Endzustand c_2:

$c_{2\text{-stat}} = \sqrt{2 \cdot g \cdot (h_1 - h_2)}$ reibungsfrei

$c_{2\text{-stat}}$ = stationäre Endgeschwindigkeit in m/s

mit Reibung: $(h_1 - h_2) \cdot \rho \cdot g = \frac{\rho}{2} \cdot c_2^2 + \left(\lambda \cdot \frac{l}{d} + \Sigma\zeta\right) \cdot \frac{\rho}{2} \cdot c_2^2$

$$c_{2-stat} = \sqrt{\frac{2g \cdot (h_1 - h_2)}{\left(1 + \lambda \cdot \frac{l}{d} + \Sigma\zeta\right)}}$$

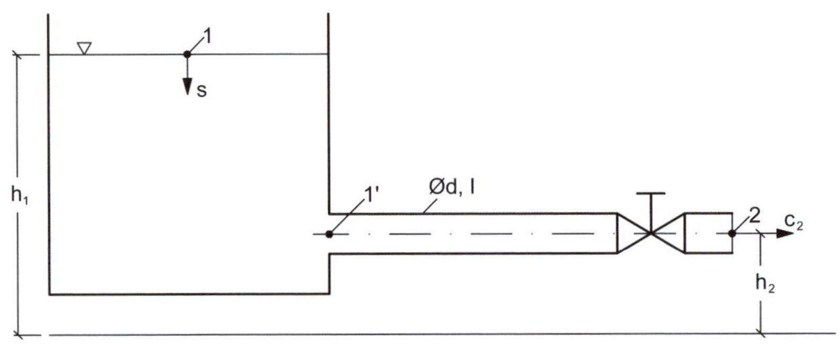

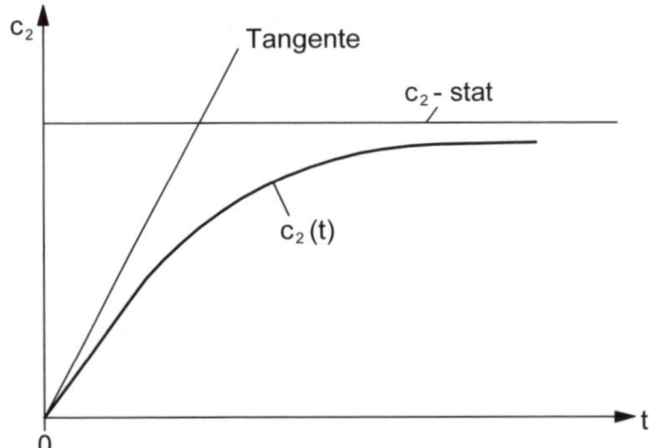

Abb. 6.1: Instationäre Strömung in einem Rohr

Die Flüssigkeitsmasse im Rohr $m = d^2 \cdot \pi/4 \cdot l \cdot$ muss beschleunigt werden:

$$a(t) = \frac{\mathrm{d}c(t)}{\mathrm{d}t} = \dot{c}_2 \cdot (t)$$

Mit der Gleichung 6.1: $p_1 = p_2 = 0$ und $h_2 = 0$ sowie $h_1 = h$ und $c_1 = 0$

nach Abbildung 6.1 ohne Reibung:

$$\rho \cdot g \cdot h = \frac{\rho}{2} \cdot c_2^2(t) + \rho \int_0^{s_2} \frac{\delta c}{\delta t} \cdot ds$$

$$\int_0^{s_2} \frac{\delta c}{\delta t} \cdot ds = \dot{c}_2(t) \int_1^2 ds = \dot{c}_2(t) \cdot l$$

$$g \cdot h = \frac{c_2^2}{2}(t) + \dot{c}_2(t) \cdot l$$

$$\dot{c}_2(t) + \frac{1}{2 \cdot l} \cdot c_2^2(t) = \frac{g \cdot h}{l} \tag{6.2}$$

Bei $t = 0$ gilt $c_2(t=0) = \frac{g \cdot h}{l} = \frac{c_{2\text{-stat}}}{T_{a,th}}$

$$T_{a,th} = \frac{l \cdot c_{2\text{-stat}}}{g \cdot h} \text{ theoretische Anlaufzeit} \tag{6.3}$$

6.2 Anlaufströmung mit Reibung

Bei Berücksichtigung der Reibung in der Anlaufströmung ist in der Gleichung 6.2 lediglich der Term $\frac{c_{2\text{-stat}}^2}{2l}$ ersetzt durch $\frac{c_{2-stat}^2}{2l \cdot \left(1 + \lambda \cdot \frac{l}{d} + \Sigma\zeta\right)}$

Man erkennt, dass Reibung den *Anstieg* der Anlaufströmungskurve nicht beeinflusst.

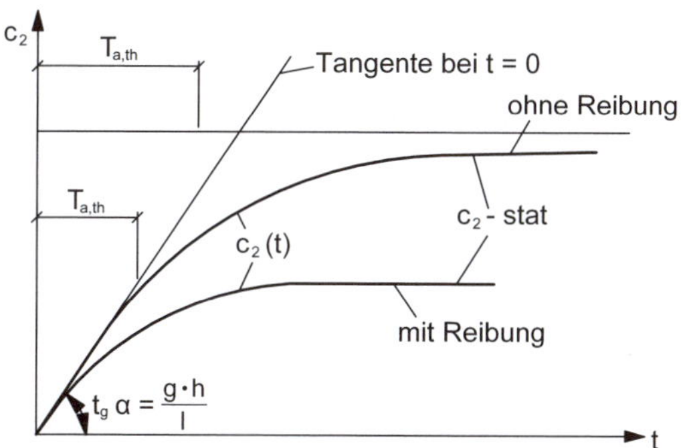

Abb. 6.2: Verlauf der Anlauf-Strömungskurve mit und ohne Reibung $T_{a,th}$ theoretische Anlaufzeit

Die stationäre Endgeschwindigkeit $c_{2\text{-stat}}$ ändert sich je nach Größe von λ und ζ.

Beispiel 6.1

Hochbehälter zur Wasserversorgung mit h = 20 m, d = 200 mm∅, l = 3 km, λ = 0,02, $\Sigma\zeta$ = 4,5

Stationäre Endgeschwindigkeit ohne Reibung:

$$c_{2\text{-stat}} = \sqrt{2 \cdot g \cdot h} = \sqrt{2 \cdot 9{,}81 \cdot 20} = 19{,}8\ \text{m/s}$$

Stationäre Endgeschwindigkeit mit Reibung:

$$c_{2\text{-stat}} = \frac{c_{2-\text{stat}}^2}{2l \cdot \left(1 + \lambda \cdot \dfrac{l}{d} + \Sigma\zeta\right)} = \sqrt{\frac{2 \cdot 9{,}81\text{m/s}^2 \cdot 20\text{m}}{\left(1 + 0{,}02 \cdot \dfrac{3000\text{m}}{0{,}2\text{m}} + 4{,}5\right)}} = 1{,}13\ \text{m/s}$$

Anstieg der Strömungsgeschwindigkeit nach plötzlichem Öffnen am Ende durch den Kugelhahn $\dot{c}_2\left(t = 0\right)$

$$\dot{c}_2\left(t = 0\right) = \frac{g \cdot h}{l} = \frac{9{,}81\text{m/s}^2 \cdot 20\text{m}}{3000\text{m}} = 0{,}0654\ \text{m/s}^2\ \text{Beschleunigung}$$

$$T_{\text{a,th}} = \frac{3000\text{m} \cdot 1{,}13\text{m/s}}{9{,}81\text{m/s}^2 \cdot 20\text{m}} = 17{,}3\ \text{s}\ \text{mit Reibung}$$

$$T_{\text{a,th}} = 303\text{s}\ \text{(5 min) ohne Reibung}$$

6.3 Druckstoß in Flüssigkeits-Rohrleitung

Wenn der Kugelhahn im v. g. Abschnitt schnell geschlossen wird, kann der Druck am Kugelhahn schlagartig stark ansteigen (auf der Zuströmseite) bzw. stark abfallen (auf der Abströmseite), evtl. sogar unter Dampfbildung. Bisher wurden die Flüssigkeiten als inkompressibel vorausgesetzt. Sehr schnelle Vorgänge in Flüssigkeiten sind nur verständlich, wenn man auch Flüssigkeiten als *kompressibel* annimmt. Das heißt, auch Flüssigkeiten haben eine **Schallgeschwindigkeit** wie Gase. Für Wasser hat die Schallgeschwindigkeit große Werte, ca. 1400 m/s.

Rasches Schließen bzw. Öffnen durch Absperrorgane in langen Rohrleitungen kann zu hohen instationären Strömungsvorgängen und zu Drucksprüngen von z. B. 20 bar führen. Man nennt dies **Druckstoß**.

Die Schallgeschwindigkeit in Flüssigkeiten:

$$a = \sqrt{\frac{E}{\rho}};\quad E = \text{Elastizitätsmodul der Flüssigkeit}$$

ρ = Dichte

Beispiel Wasser: ρ = 1000 kg/m³, $E = 2{,}05 \cdot 10^9\ \text{N/m}^2$

$$a = \sqrt{\frac{2{,}05 \cdot 10^9}{1000}} = 1432\ \text{m/s}$$

Gemäß Abbildung 6.1 strömt das Wasser zunächst stationär. Zur Zeit $t = 0$ wird der Kugelhahn plötzlich geschlossen. Die gesamte Wassermasse $m = d^2 \cdot \pi/4 \cdot l \cdot \rho$ oder $m = A \cdot l \cdot \rho$ im Rohr mit ihrer kinetischen Energie $\frac{m}{2} \cdot c^2 = \frac{\rho}{2} \cdot A \cdot l \cdot c^2$ wird abgebremst. Durch das plötzliche Absperren entsteht ein **unelastischer Stoß** (s. Abschnitt 1.2.2) und die kinetische Energie wird in Dissipations- und Druckenergie umgewandelt. Im Wasser stromaufwärts läuft ein **Drucksprung** mit Schallgeschwindigkeit dem behälterseitigen Rohranschluss entgegen.

Laufzeit der Druckwelle vom Kugelhahn bis zur Behältermündung $\Delta t = l / a$. Am Behälter angekommen dehnt sich das Wasser wieder aus, d. h., Druckenergie wird wieder in kinetische Energie umgewandelt. Jetzt ist die Strömungsgeschwindigkeit jedoch *zum Behälter hin* gerichtet.

Es entsteht daher nach Rückkehr des Stoßes am Kugelhahn ein **Unterdruckstoß** derselben Größe wie vorher der **Überdruckstoß** unmittelbar nach dem plötzlichen Schließen des Kugelhahnes.

Nach einigen zehn Hin- und Rückläufen ist die Energie der Druckstöße durch Reibung aufgebraucht.

Die Größe des Druckstoßes (s. Abschnitt 1.2.2):

Für die Rohrmasse gilt der Impulssatz

$$m \cdot (c_2 - c_1) = \int_{t_1}^{t_2} F \cdot \mathrm{d}t$$

$t_1 = 0$ und $c_1 = c$; $t_2 \rightarrow c_2 = 0$

$$A \cdot l \cdot \rho \cdot (0 - c) = \Delta p \cdot A \cdot \Delta t$$

Der Abbremsvorgang dauert so lange (Δt), bis die schwingende Rohrwassermasse abgebremst ist. Dies ist der Fall, wenn der Druckstoß mit Schallgeschwindigkeit bis zum Rohrende am Behälter vorgedrungen ist, dann ist überall $c = 0$.

Für die Laufzeit Δt des Druckstoßes vom Kugelhahn zum Rohranfang:

$$\Delta t = \frac{l}{a} \text{ bzw. } \frac{2 \cdot l}{a} \quad \text{(hin und zurück)}$$

Damit wird

$$\Delta p = \rho \cdot a \cdot c \quad \text{Stoßdruckformel nach } \textit{Joukowsky} \qquad (6.4)$$

Beispiel 6.2

Welche Druckstoßamplitude Δp ergibt sich im Beispiel 6.1 beim plötzlichen Absperren? Und wie lange dauert der 1. Stoßdruckimpuls am Kugelhahn nach dessen Schließung an?

$$\Delta p = \rho \cdot a \cdot c = 1000\,\text{kg/m}^3 \cdot 1432\,\text{m/s} \cdot 1{,}13\,\text{m/s} = 16{,}2\,\text{bar}$$

$$\Delta t = \frac{2 \cdot l}{a} = \frac{6000}{1432} = 4{,}2\,\text{s}$$

Der Druckstoß Δp hängt nicht von der Leitungslänge ab.

Anhang

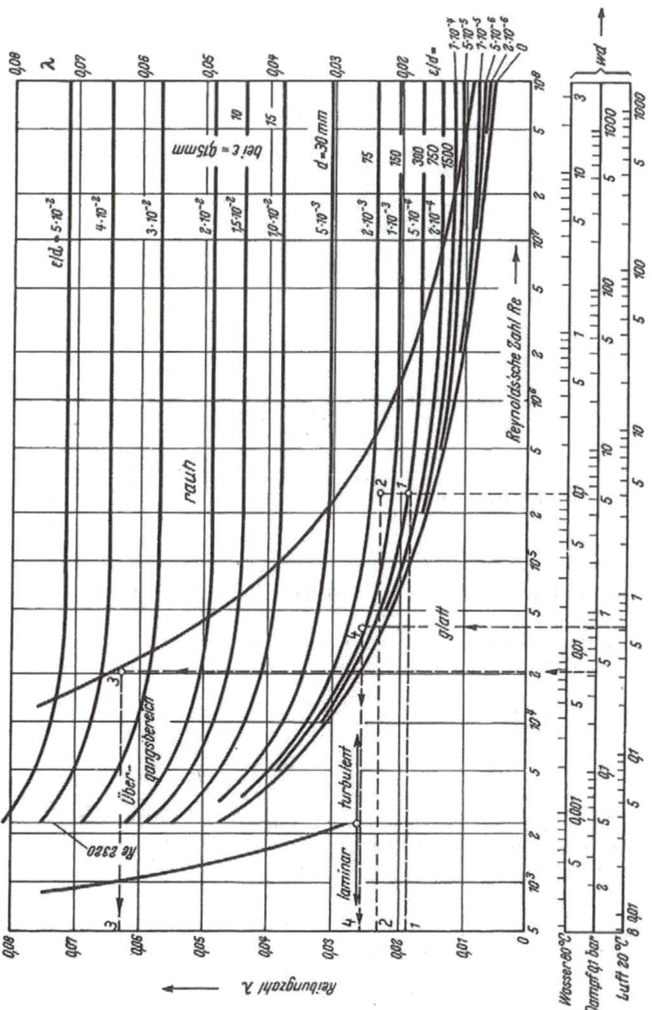

Abb. A.1: Die Reibungszahl λ bei geraden Rohren nach Prandtl, Kármán und Colebrook [1]

Beispiel:

1. Wie groß ist die Reibungszahl λ bei einem handelsüblichen Stahlrohr NW 100, wenn es von Wasser mit einer Temperatur 80 °C und mit einer Geschwindigkeit von w = 1 m/s durchströmt wird?

Innendurchmesser d = 0,1 m
Geschwindigkeit w = 1,0 m/s

Rauigkeit $\varepsilon = 4{,}5 \cdot 10^{-5}$ m

$wd = 0{,}1$ m²/s

$\varepsilon/d = 4{,}5 \cdot 10^{-4}$

Aus Abbildung A.1 ergibt sich nach dem eingezeichneten Weg (1) für dieses Beispiel Re = $2{,}7 \cdot 10^5$ und eine Reibungszahl $\lambda = 0{,}018$.

Anmerkung: Anstelle der im Buch mit „c" bezeichneten Strömungsgeschwindigkeit tritt im Anhang „w" als Strömungsgeschwindigkeit auf.

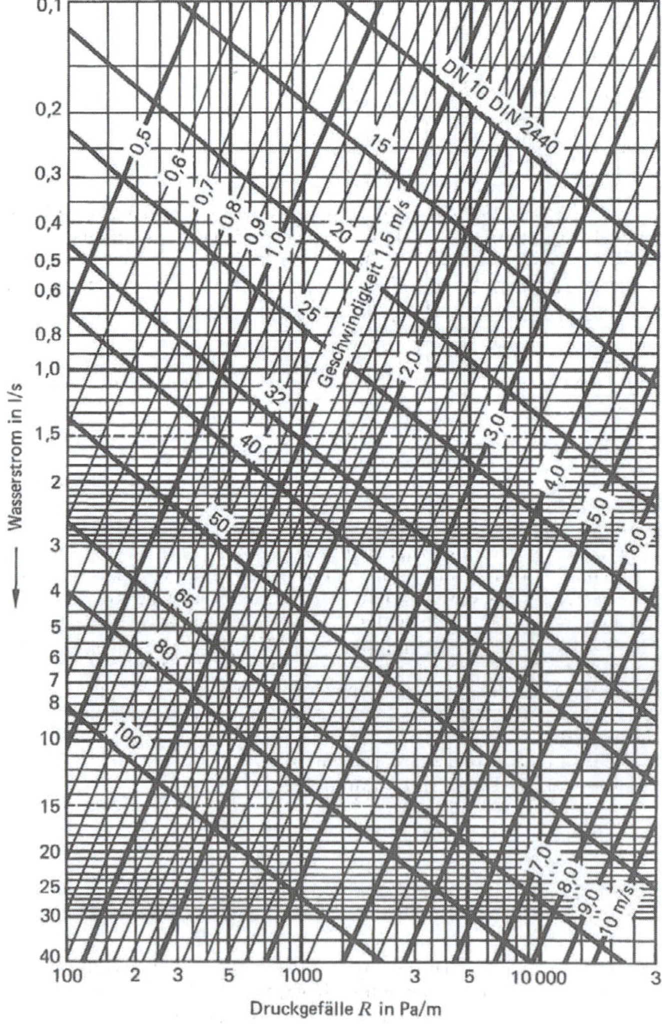

Abb. A.2: Das Druckgefälle R bei Strömung von Kaltwasser von 10 °C in Gewinderohren nach DIN 2440 [1] (jetzt DIN EN 10255) (Rauigkeit $\varepsilon = 0{,}15$ mm) 100 Pa/m = 1 mbar/m
Beispiel: Bei $\dot{m}$ = 1,5 l/s und w = m/s ist R = 370 Pa/m

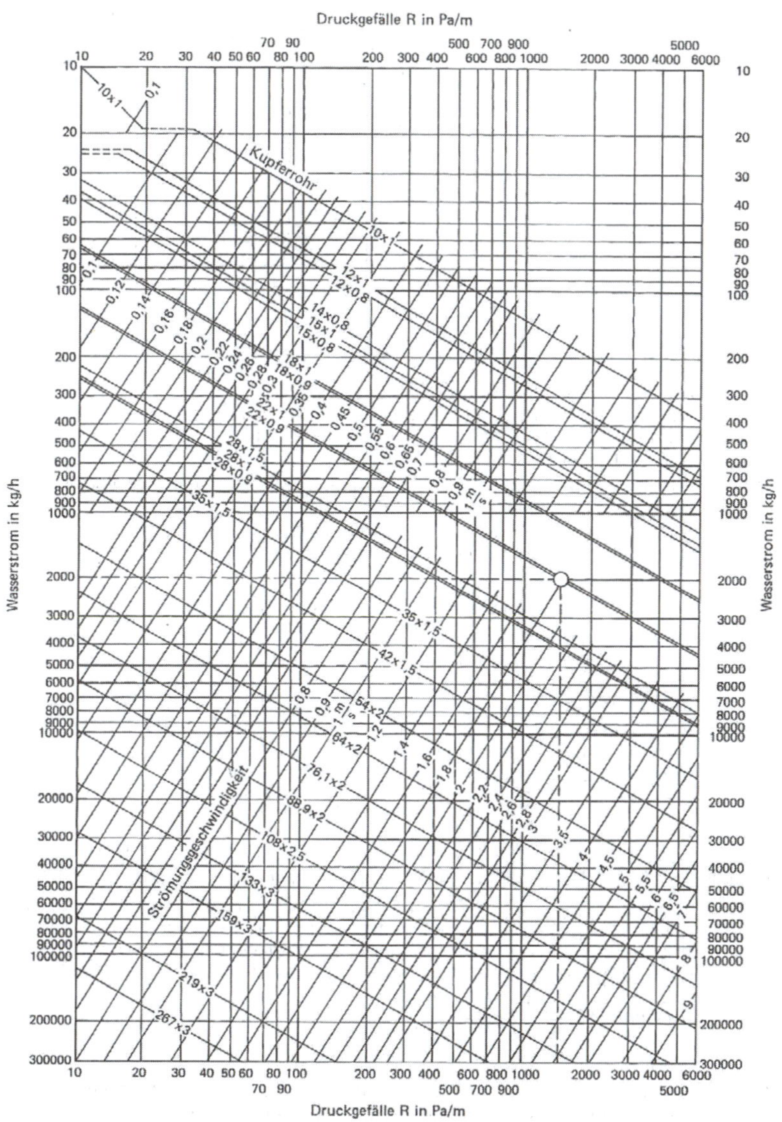

Abb. A.3: Rohrreibungs-Diagramm für Kupferrohre [1]
(Wassertemperatur 80 °C, Rauigkeit ε = 0,0015 mm)[1]
Beispiel:
Kupferrohr 22 × 1
Wasserstrom $\dot{m}$ = 2000 kg/h
Wassergeschwindigkeit 1,8 m/s
Druckgefälle 1400 Pa/m

1. Deutsches Kupfer-Institut: Kupferrohre in der Heizungstechnik 1985.

Tabelle A.1: Widerstandsbeiwerte ζ_u [1)] von Rohrleitungsteilen [1]

Teil	Darstellung	Widerstandsbeiwert ζ_u	Druckverlust Δp in N/m²
Bogen 90° glatt $r/d = 0{,}5$ 1,0 2,0 3,0		 1,0 0,35 0,20 0,15	(Umlenkverlust) $\Delta p = \zeta_u \cdot \frac{\varrho}{2} w^2$
Knie $\beta = 90°$ 60° 45°		1,3 0,8 0,4	$\Delta p = \zeta_u \frac{\varrho}{2} w^2$
Erweiterung, rund stetig $\beta = 10°$ (in einem 20° langen 30° Rohr) 40°		$A_1/A_2 = 0{,}5$ 0,25 ζ_1 [2)] = 0,12 0,24 0,17 0,37 0,21 0,46 0,27 0,60	$\Delta p = \zeta_1 \frac{\varrho}{2} w_1^2$
plötzlich (Borda-Carnot)	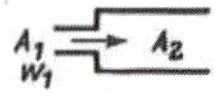	$\zeta_1 = \left(1 - \frac{A_1}{A_2}\right)^2$	$\Delta p = \zeta_1 \frac{\varrho}{2} w_1^2$
Ausströmung	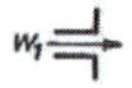	$\zeta_1 = 1{,}0$	$\Delta p = \frac{\varrho}{2} w_1^2$
Verengung, stetig $\beta = 20 \cdots 90°$		$A_2/A_1 = 0{,}2$ $\zeta_2 = 0{,}08$ 0,4 0,08 0,6 0,06 0,8 0,02	$\Delta p = \zeta_2 \frac{\varrho}{2} w_2^2$
plötzlich		$\zeta_2 = (1/\alpha - 1)^2 \cdot (1 - A_2/A_1)$	$\Delta p = \zeta_2 \frac{\varrho}{2} w_2^2$ Kante: scharf [3)] $\alpha = 0{,}59$ gebrochen $\alpha = 0{,}75$ gerundet $\alpha = 0{,}90$ düsenförmig $\alpha = 0{,}99$
Einströmung		$\zeta_2 = (1/\alpha - 1)^2$	
Blende, scharfkantig		$\zeta = \left(\frac{A}{\alpha A_0} - 1\right)^2$ $\zeta_2 = \left(\frac{A_2}{\alpha A_0} - 1\right)^2$	$\Delta p = \zeta \frac{\varrho}{2} w^2$ $\Delta p = \zeta_2 \frac{\varrho}{2} w_2^2$
Abzweigung, scharfkantig $w_2/w_1 = 0{,}5$ 1,0 2,0 3,0		$\beta = 90°$ | 60° | 45° 4,5 | 3,1 | 2,0 1,5 | 0,77 | 0,43 0,74 | 0,47 | 0,45 0,62 | 0,58 | 0,54	$\Delta p = \zeta_2 \cdot \frac{\varrho}{2} w_2^2$
Querwiderstand $a/b = 0{,}10$ 0,25 0,50		■ | ○ | 0,7 | 0,2 | 0,07 1,4 | 0,55 | 0,23 4,0 | 2,0 | 0,9	$\Delta p = \zeta \frac{\varrho}{2} w^2$

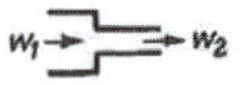

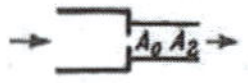

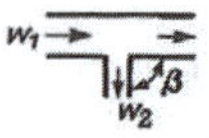

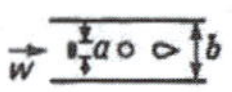

[1)] Rietschel-Raiss 1970. – Eck: Technische Strömungslehre Bd. 1. 1978. Bd. 2. 1981. – Richter, H.: Rohrhydraulik 1962. – Stradtmann: Stahlrohr-Handbuch 1982. – Idel'chik-Handbuch 1966. – Gersten, K.: Einführung in die Strömungsmechanik 1974. – Kalide, W.: Techn. Strömungslehre 1976 u. FLT-Handbuch 1988.
[2)] einschl. Rohrreibung ($\lambda = 0{,}02$); turbulentes Zuströmprofil.
[3)] Glück, B.: Druckverluste, VEB-Verlag, Berlin 1988.

Tabelle A.2: Widerstandsbeiwerte ζ_u von Armaturen [1]

Teil	Bild	ζ_u-Wert bei DN 25	50	100	200 mm
Kugelhahn		0	....	....	 0
Absperrklappe		–	0,8 ⋮ 1,5	0,27 ⋮ 0,4	0,15 ⋮ 0,3
Absperrventile Normalventil	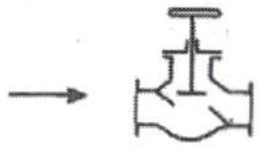	5,9	3,7	4,9	5,5
mit Faltenbalg und Standardkegel Durchgang Eckventil	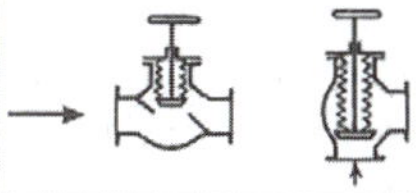	5,7 4,5	4,9 4,5	5,5 4,5	5,8 6,0
mit Faltenbalg und Drosselkegel Durchgang Eckventil	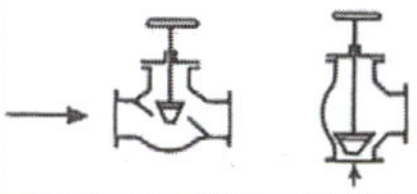	13 12	11 10	19 18	12 11
Schieber ohne Leitrohr mit Leitrohr	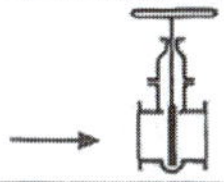		0,2 .... 0,1	....	.... 0,30 0,15
Rückschlagklappe Gummi Metall – 1 Flügel Metall – 2 Flügel	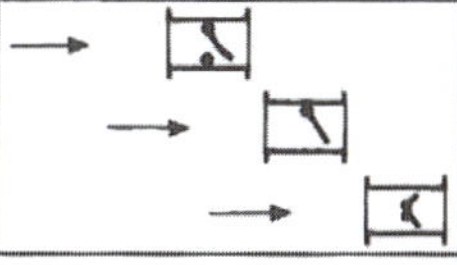	– – –	7,0 3,2 –	5,5 3,2 1,5	3,2 3,1 1,3
Rückschlagventil waagerecht senkrecht		10,5 3,7	10,3 3,4	8,0 –	5,0 –
Hahn	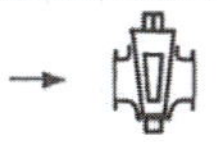	1,0	–	–	–
Lyrabogen glatt gefaltet	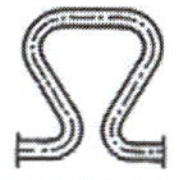	– –	0,75 1,5	0,75 1,5	0,75 1,5
Wellrohrausgleicher je Welle	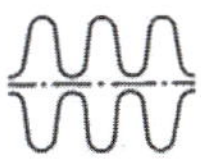	–	2,0	2,0	2,0
Wasserabscheider Eintritt normal Eintritt tangential	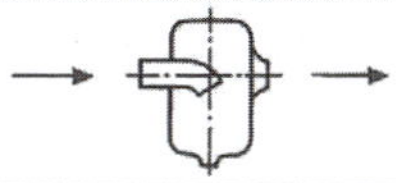	– –	3,0 5 ... 8	3,0 5 ... 8	3,0 5 ... 8

Tabelle A.3: ζ-Werte von Einzelwiderständen [1]

Krümmer	r/d	1	2	3	4	5	6
	ζ	0,5	0,35	0,3	0,3	0	0

Knie	DN	10 u. 15	20	25	32	40	50
	ζ	2,0	1,5	1,5	1,0	1,0	1,0

	Abzweig							Durchgang		
Trennung (w, w_d, w_a, 45°)	w_a/w	0,3	0,4	0,6	0,8	1,0	2,0	w_d/w	0,5	1,0
	ζ_a	7,0	4,0	1,5	0,8	0,6	0,5	ζ_d	0,5	0
Trennung (w, w_a, w_d)	w_a/w	0,3	0,4	0,6	0,8	1,0	2,0	w_d/w	0,5	1,0
	ζ_a	12,0	7,0	3,5	2,5	2,0	1,0	ζ_d	0,5	0

Vereinigung (d, V; d_d, V_d; d_a, V_a; 45°)	Abzweig ζ_a						Durchgang ζ_d			
	d_a/d \ $\dot{V}_a/\dot{V}$	0,1	0,2	0,3	0,4	0,5	d_d/d \ $\dot{V}_d/\dot{V}$	0,6	0,8	1,0
	0,3	0,3	0,8							
	0,4	–1	0,8	1,0	0,8		<1	0,3	0,3	
	0,5	–3	0,3	0,8	0,8					
	0,7		–0,5	0,5	1,0	1,0	1	0,5	0,3	0
	1,0			–1,0	1,3	1,5				

Vereinigung (w, w_d, w_a)		Abzweig ζ_a						Durchgang ζ_d					
	w_a/w	0,2	0,4	0,6	0,8	1,0	w_d/w	0	0,2	0,4	0,6	0,8	1,0
	ζ_a	–1	0,5	1	1,3	1,5	ζ_d	1,5	1,3	1,1	0,8	0,5	0

Trennung (w_a, w)	w_a/w	0,4	0,6	0,8	1,0	1,3	1,5	2,0
	ζ_a	6,5	3,0	1,8	1,3	1,0	0,8	0,5

Vereinigung ζ_a (d_a, V_a; d, V)	d_a/d \ V_a/V	0,3	0,5	0,7
	0,5	5,0	1,3	1,0
	0,7	6,5	2,0	1,3
	0,8	9,0	3,0	1,8
	1,0	15,0	5,0	3,0

	ζ		ζ
Schieber mit Einschnürung	≧ 0,3	Ausbiegestück	0,5
Schieber ohne Einschnürung	0,2	Kessel	2,5
Ventile, Geradsitz	2,5	Radiator	2,5
Ventile, Schrägsitz	2,0	Verteiler – Austritt	0,5
Ventile, Eckventil	1,5	Sammler – Eintritt	1,0
Heizkörperventil, Durchgang	4,0	Hähne	0,15
Heizkörperventil, Eckventil	2,0		
Rückschlagventil	4,0		

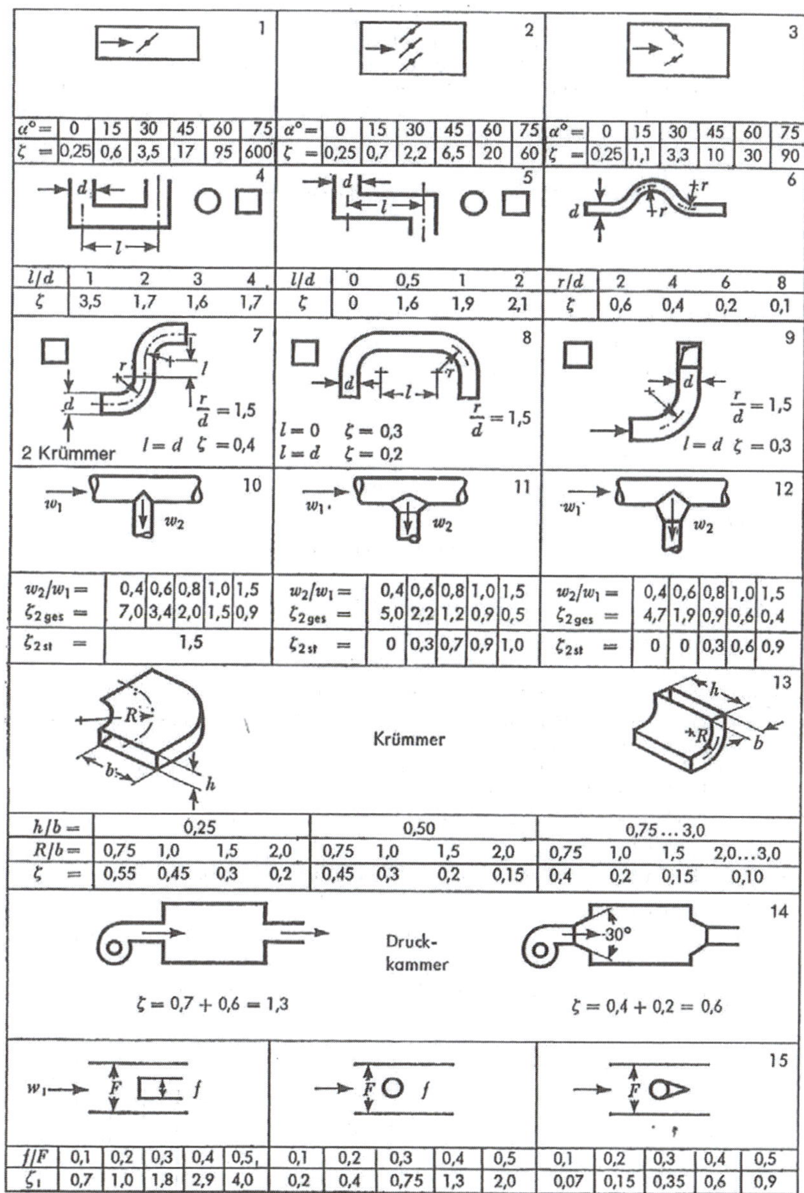

Nr.							
1	$\alpha°$ =	0	15	30	45	60	75
1	ζ =	0,25	0,6	3,5	17	95	600
2	$\alpha°$ =	0	15	30	45	60	75
2	ζ =	0,25	0,7	2,2	6,5	20	60
3	$\alpha°$ =	0	15	30	45	60	75
3	ζ =	0,25	1,1	3,3	10	30	90

Nr.					
4	l/d	1	2	3	4
4	ζ	3,5	1,7	1,6	1,7
5	l/d	0	0,5	1	2
5	ζ	0	1,6	1,9	2,1
6	r/d	2	4	6	8
6	ζ	0,6	0,4	0,2	0,1

Nr.						
10	w_2/w_1 =	0,4	0,6	0,8	1,0	1,5
10	ζ_{2ges} =	7,0	3,4	2,0	1,5	0,9
10	ζ_{2st} =	1,5				
11	w_2/w_1 =	0,4	0,6	0,8	1,0	1,5
11	ζ_{2ges} =	5,0	2,2	1,2	0,9	0,5
11	ζ_{2st} =	0	0,3	0,7	0,9	1,0
12	w_2/w_1 =	0,4	0,6	0,8	1,0	1,5
12	ζ_{2ges} =	4,7	1,9	0,9	0,6	0,4
12	ζ_{2st} =	0	0	0,3	0,6	0,9

13: h/b =	0,25				0,50				0,75 … 3,0			
R/b =	0,75	1,0	1,5	2,0	0,75	1,0	1,5	2,0	0,75	1,0	1,5	2,0 … 3,0
ζ =	0,55	0,45	0,3	0,2	0,45	0,3	0,2	0,15	0,4	0,2	0,15	0,10

15: f/F	0,1	0,2	0,3	0,4	0,5	0,1	0,2	0,3	0,4	0,5	0,1	0,2	0,3	0,4	0,5
ζ_1	0,7	1,0	1,8	2,9	4,0	0,2	0,4	0,75	1,3	2,0	0,07	0,15	0,35	0,6	0,9

Abb. A.4: Widerstandsbeiwerte ζ von Einzelwiderständen bei Strömung von Luft [1]

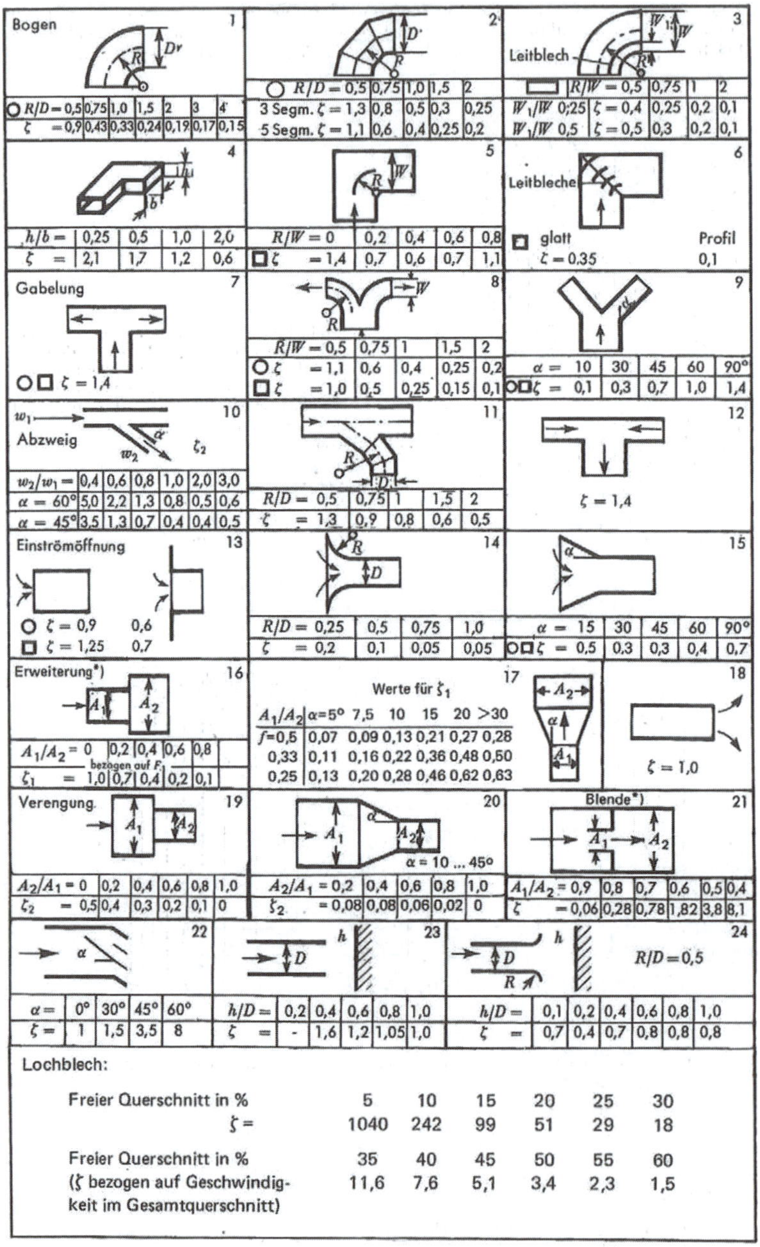

1 – Bogen

R/D =	0,5	0,75	1,0	1,5	2	3	4
○ ζ =	0,9	0,43	0,33	0,24	0,19	0,17	0,15

2

○ R/D =	0,5	0,75	1,0	1,5	2
3 Segm. ζ =	1,3	0,8	0,5	0,3	0,25
5 Segm. ζ =	1,1	0,6	0,4	0,25	0,2

3 – Leitblech

▭ R/W =	0,5	0,75	1	2
W_1/W 0,25 ζ =	0,4	0,25	0,2	0,1
W_1/W 0,5 ζ =	0,5	0,3	0,2	0,1

4

h/b =	0,25	0,5	1,0	2,0
ζ =	2,1	1,7	1,2	0,6

5

R/W =	0	0,2	0,4	0,6	0,8
□ ζ =	1,4	0,7	0,6	0,7	1,1

6 – Leitbleche

□	glatt	Profil
ζ =	0,35	0,1

7 – Gabelung

○□ ζ = 1,4

8

R/W =	0,5	0,75	1	1,5	2
○ ζ =	1,1	0,6	0,4	0,25	0,2
□ ζ =	1,0	0,5	0,25	0,15	0,1

9

α =	10	30	45	60	90°
○□ ζ =	0,1	0,3	0,7	1,0	1,4

10 – Abzweig (w_1, w_2, α, ζ_2)

w_2/w_1 =	0,4	0,6	0,8	1,0	2,0	3,0
α = 60°	5,0	2,2	1,3	0,8	0,5	0,6
α = 45°	3,5	1,3	0,7	0,4	0,4	0,5

11

R/D =	0,5	0,75	1	1,5	2
ζ =	1,3	0,9	0,8	0,6	0,5

12

ζ = 1,4

13 – Einströmöffnung

○ ζ =	0,9	0,6
□ ζ =	1,25	0,7

14

R/D =	0,25	0,5	0,75	1,0
ζ =	0,2	0,1	0,05	0,05

15

α =	15	30	45	60	90°
○□ ζ =	0,5	0,3	0,3	0,4	0,7

16 – Erweiterung*)

A_1/A_2 =	0	0,2	0,4	0,6	0,8
ζ_1 = (bezogen auf F_1)	1,0	0,7	0,4	0,2	0,1

17 – Werte für ζ_1

A_1/A_2	α=5°	7,5	10	15	20	>30
f=0,5	0,07	0,09	0,13	0,21	0,27	0,28
0,33	0,11	0,16	0,22	0,36	0,48	0,50
0,25	0,13	0,20	0,28	0,46	0,62	0,63

18

ζ = 1,0

19 – Verengung

A_2/A_1 =	0	0,2	0,4	0,6	0,8	1,0
ζ_2 =	0,5	0,4	0,3	0,2	0,1	0

20 (α = 10 ... 45°)

A_2/A_1 =	0,2	0,4	0,6	0,8	1,0
ζ_2 =	0,08	0,08	0,06	0,02	0

21 – Blende*)

A_1/A_2 =	0,9	0,8	0,7	0,6	0,5	0,4
ζ =	0,06	0,28	0,78	1,82	3,8	8,1

22

α =	0°	30°	45°	60°
ζ =	1	1,5	3,5	8

23

h/D =	0,2	0,4	0,6	0,8	1,0
ζ =	-	1,6	1,2	1,05	1,0

24 (R/D = 0,5)

h/D =	0,1	0,2	0,4	0,6	0,8	1,0
ζ =	0,7	0,4	0,7	0,8	0,8	0,8

Lochblech:

Freier Querschnitt in %	5	10	15	20	25	30
ζ =	1040	242	99	51	29	18
Freier Querschnitt in %	35	40	45	50	55	60
(ζ bezogen auf Geschwindigkeit im Gesamtquerschnitt)	11,6	7,6	5,1	3,4	2,3	1,5

Abb. A.4a: Widerstandsbeiwerte ζ von Einzelwiderständen [1]

*) Anmerkung zu Teilbild 16 und 21: Ausgleichlänge nach Erweiterung $L \approx 10\left(\sqrt{A_2}-\sqrt{A_1}\right)$; zu Teilbild 17: Ebene Leitbleche reduzieren ζ_1 bei α = 5...90° auf 75...65 %, Luftschwingungen jedoch dann möglich; Verluste einschließlich Rohrreibung bei turbulent ausgebildetem Zuströmprofil.

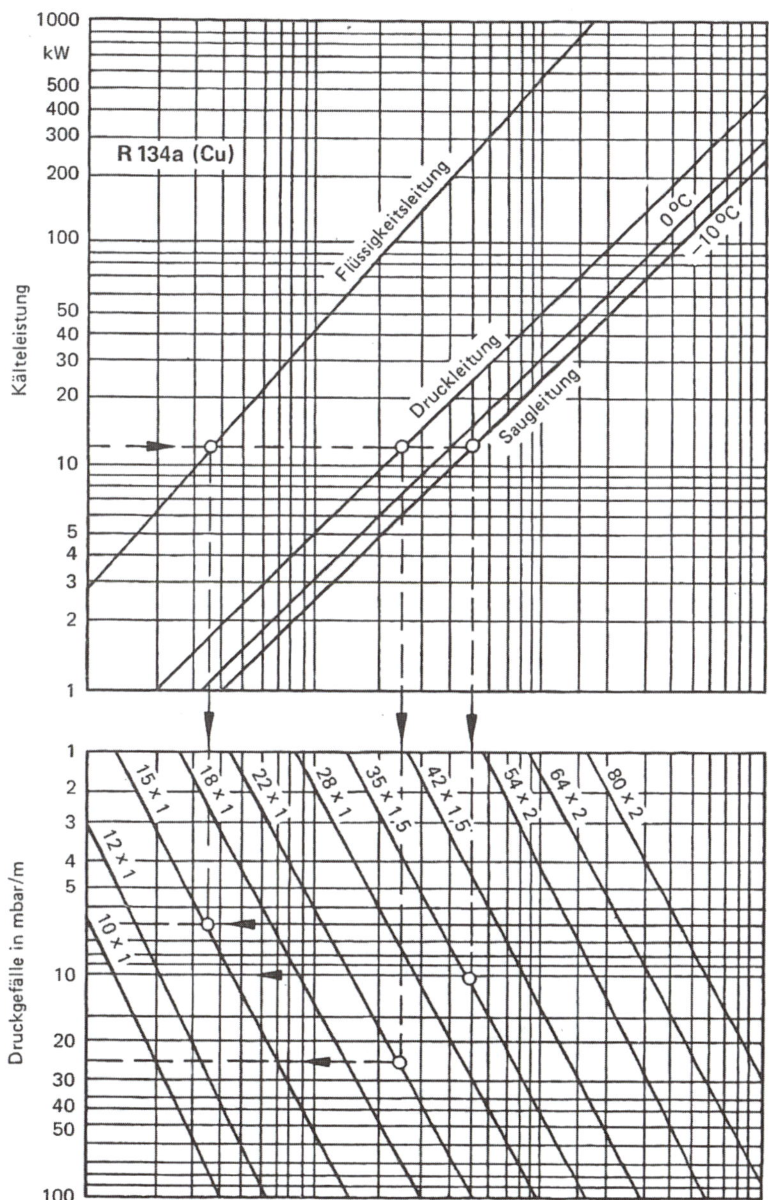

Abb. A.5: Rohrreibungsdiagramm aus Kupfer inkl. Formstücken für das Kältemittel R134a

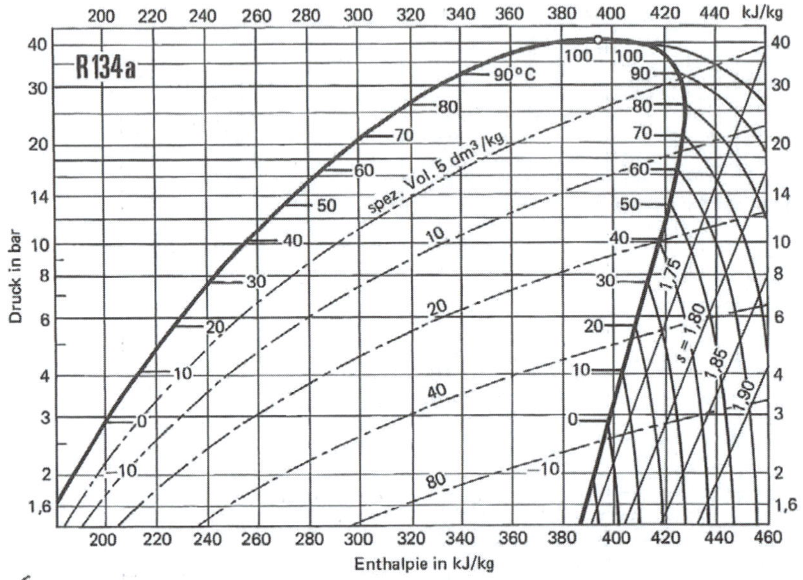

Abb. A.6: *h*, log *p*-Diagramm für R134a [1] *h'* = 200 kJ/kg bei 0 °C

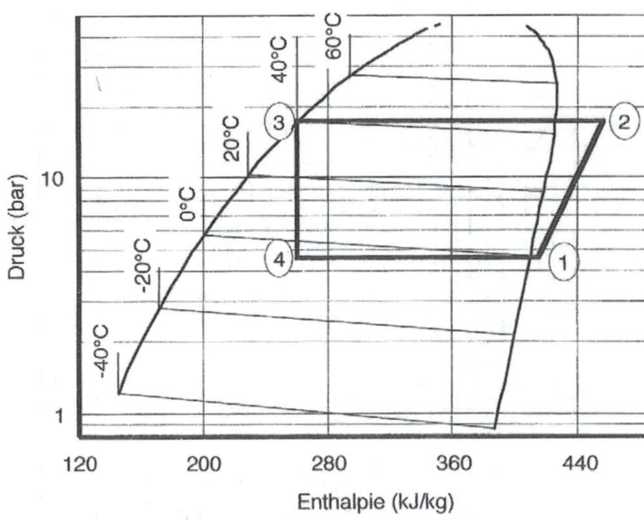

Abb. A.7: *h*, log *p*-Diagramm für R407C mit eingezeichnetem Kälteprozess [1]

Quelle: [1] *Recknagel, H.; Sprenger; E.; Schramek, R.*: Taschenbuch für Heizung + Klimatechnik 2009/2010, Oldenbourg Verlag. Mit freundlicher Genehmigung des Vulkan Verlags, Essen.

Stichwortverzeichnis